鄱阳湖流域干旱发生机制与模拟预测

李云良　邢子康　马苗苗　刘　波　姚　静　著

科学出版社
北　京

内 容 简 介

在长江经济带高质量发展等国家重大战略的推动下，近年来鄱阳湖流域的气象水文变化以及频繁发生的干旱事件受到广泛关注和高度重视。本书侧重探讨全球变暖背景下干旱现象的常态化问题，结合当前鄱阳湖流域的气象水文特征，采用多源观测、统计学模型和数值仿真模拟等研究手段，系统揭示了鄱阳湖流域季节尺度干旱的发生规律。从大气环流异常、遥相关型、水汽条件等角度深入阐述了流域季节尺度干旱的形成机制，构建了考虑大尺度气候因子的统计-动力混合预测模型。同时，针对该流域极端水文事件和典型干旱过程进行了综合分析和评估，并应用流域分布式水文模型和地下水数值模型，深入探究鄱阳湖流域 2022 年极端干旱事件对地表-地下水文情势的影响机制，并对未来气候变化和干旱情势进行了预测。此外，本书还围绕自然和人为强干扰作用下大湖流域气象水文的一些热点和关切问题展开客观分析和展望，为河湖流域的健康发展提供了有益参考。

本书适合气象学、水文学、地理学、湖泊学等相关学科领域的科研工作者、管理者以及高等院校相关专业的师生阅读使用。

审图号：GS 京（2024）2650 号

图书在版编目（CIP）数据

鄱阳湖流域干旱发生机制与模拟预测 / 李云良等著. 北京 : 科学出版社, 2024. 12. -- ISBN 978-7-03-080560-7

Ⅰ. P426.616

中国国家版本馆 CIP 数据核字第 2024G4Q658 号

责任编辑：黄　梅/责任校对：郝璐璐

责任印制：张　伟/封面设计：许　瑞

科学出版社 出版

北京东黄城根北街 16 号

邮政编码：100717

http://www.sciencep.com

北京汇瑞嘉合文化发展有限公司印刷

科学出版社发行　各地新华书店经销

*

2024 年 12 月第　一　版　开本：720×1000　1/16

2024 年 12 月第一次印刷　印张：14　3/4

字数：294 000

定价：199.00 元

（如有印装质量问题，我社负责调换）

序

气候变化是当今世界面临的最紧迫挑战之一，它不仅影响着全球的气候系统，也深刻地影响着人类社会的可持续发展。世界范围内干旱、高温热浪等极端气候事件呈频发态势，已对很多地区的生态环境与社会经济发展造成了严重影响。气候变化对流域干旱的影响复杂，旱涝急转等复合极端事件也经常发生。气候变化背景下流域干旱的成因、发展过程以及预测应对，既是当前国际水文科学领域关注的前沿科学问题和研究热点，也是保障国家水安全、粮食安全等重大需求的关键难点。

鄱阳湖流域是长江流域的主要水系之一，其涵盖江西省的大部分地区，生态环境、社会经济以及水资源的供给都与流域变化紧密相关。鄱阳湖流域作为受东亚季风气候影响的典型地区，近几年干旱灾害频发，同时旱涝急转现象也愈发显著，尤其是发生时间较近的2022年极端干旱，其对江西省的经济社会发展和人民生活生产均造成了严重影响。鄱阳湖流域是江西省的重要农业区，干旱导致水稻等农作物的灌溉水源减少，进而影响农业产量，甚至可能引发粮食危机，同时影响居民的用水安全、工业生产以及能源供应等方面。鄱阳湖流域干旱不仅影响其水资源变化，还可能破坏湿地生态系统，威胁水鸟等野生动植物的栖息地。因此，深入研究该流域的干旱问题和探索应对干旱的有效措施是极为必要的。

该书聚焦于鄱阳湖流域的极端干旱现象，探讨了流域干旱与气候变化之间的复杂关系，审视了气候变化对流域水资源的影响，特别是在气温升高、降水模式变化等多重胁迫作用下，开展了鄱阳湖流域的干旱演变特征和发生机制研究，揭示了不同尺度气候事件作用下鄱阳湖干旱的时空响应机制，进一步基于气候模型、水文模型和流域干旱预测模型等，定量评估了干旱对地表-地下水文水资源的影响。该书作者通过系统研究干旱的发生机制、影响因素及未来发展趋势，可为流域水资源管理、生态保护、农业生产和灾害应急管理等方面提供科学依据，提升应对气候变化和极端气候水文事件的能力。同时，书中提出了未来应加强鄱阳湖流域复合极端气候的发生机制及风险调控研究，探索鄱阳湖及其周边水体对极端气候的调节潜力及韧性提升路径，阐明鄱阳湖洪泛湿地水热传输过程对极端气候的缓解机制，侧重自然-人为强干扰下鄱阳湖地下水资源潜力及其生态效应问题，并提出应对极端旱涝事件影响的水库群联合调度研究，这些均是新时期我国河湖流域所面临的实际问题与挑战。

相信通过该书的讨论，一定能够引起读者对流域干旱及其气候响应机制的重视，并为应对日益严峻的气候挑战提供科学决策和实践的指导。该书的工作不仅丰富了对鄱阳湖流域干旱问题的认识，也为全球气候变化研究领域增添了新的篇章。希望该书对长期关注长江中游通江湖泊及其流域研究的广大读者有所帮助，共同为区域社会的可持续发展做出贡献。

中国工程院院士
英国皇家工程院外籍院士
张建云

前　言

干旱是全球分布最广、造成损失最为严重的常见自然灾害之一，具有发展缓慢、持续时间长、影响范围广等特征。随着全球气候变暖和极端气候事件频率的增加，干旱现象在许多地区变得更加频繁和严重。干旱对全球的综合影响广泛且深远，主要包括环境影响、社会影响、经济影响、生态影响 4 个方面。干旱作为气候变化的重要指示器和突出表现形式，深入探究其演变动态和内部机制可以帮助科学家更好地理解全球气候系统变化，也有助于干旱灾害事件的预测、应对和管控，从而提升对气候变化的适应能力。全球或区域尺度的干旱研究，有助于制定更有效的水资源管理和配置政策，确保水资源的可持续利用；有利于制定适应性农业政策，制定耐旱作物的种植方案，确保粮食安全。通过干旱的预测预报研究，可以建立更有效的早期预警系统，利于受灾区域提前采取措施，减轻干旱的负面影响。同时，在新技术开发方面，干旱研究激发了许多技术创新，如改良耐旱作物品种、节水技术和先进的水处理技术，有助于提高对干旱的适应能力。总之，多尺度干旱机制及预测研究对理解气候变化、优化资源管理、提升应对能力、推动科技创新及维护经济和社会稳定发展等诸多方面具有重要意义。

鄱阳湖流域处于长江中游的末端，是长江地区最大的湖泊型流域，也是长江中游自然-人为强干扰作用极为突出的大湖流域系统。鄱阳湖流域丰富的湿地生态系统是重要的鸟类栖息地，维持了多样的动植物群落。流域内农业发达，是中国重要的粮食生产基地和渔业生产区。鄱阳湖流域地处中国东部经济圈，地理位置优越，对区域经济联动和长江经济带绿色发展有重要贡献。鄱阳湖流域作为社会依赖性水资源短缺的代表性区域，其生产与生活方式均依赖充沛的水资源条件。但由于人口快速增长，工农业发展和能源需求增加，大范围高强度的人类活动增加了环境对干旱灾害的脆弱性，使得鄱阳湖流域的干旱灾害形势更加严峻。因此，保护鄱阳湖流域对于保障区域经济发展、维护生态平衡和应对气候变化至关重要。开展鄱阳湖流域干旱研究，对确保流域的供水安全、粮食安全、生态安全具有重要现实意义。积极开展鄱阳湖流域的干旱机制探索研究，有助于建立准确有效的早期预警系统，减少对区域生态环境和社会经济发展的负面影响，进而为政府和地方部门制定针对干旱的政策和应急响应措施提供依据。

本书内容主要来自国家自然科学基金面上项目“鄱阳湖洪泛系统水文连通性多维度耦联交互过程与动力学机制”（项目编号：42071036）、中国科学院青年创新促进会优秀会员项目（项目编号：Y2023084）、江西省“双千计划”人才项目（项目编号：jxsq2023101105）、中国科学院南京地理与湖泊研究所“十四五”揭榜挂帅项目“湖泊-流域人地协同综合模拟系统”（项目编号：NIGLAS2022GS08）和江西省水利厅科技项目“基于日气象要素的鄱阳湖流域旱涝急转演变及预测”（项目编号：202324YBKT13）的研究成果。作者所在团队长期从事湖泊流域气候水文变化与模拟、水文水动力模型研发以及洪泛区生态水文响应等基础研究，而本书则是作者团队在长江中下游和鄱阳湖地区持续多年的工作积累和总结，也是作者所在的中国科学院南京地理与湖泊研究所和鄱阳湖湖泊湿地综合研究站的研究成果体现。

本书结合鄱阳湖流域的历史气象水文特征，采用多源观测、统计学模型和数值仿真模拟等研究手段，系统揭示了鄱阳湖流域季节尺度干旱的发生规律，并从大气环流异常、遥相关型、水汽条件等角度深入剖析了流域季节尺度干旱的形成机制，创新构建了考虑大尺度气候因子的统计-动力混合预测模型。针对鄱阳湖流域极端水文事件和典型干旱过程进行了综合分析和评估，应用流域分布式水文模型和地下水数值模型，定量揭示了鄱阳湖流域极端干旱事件对地表-地下水文情势的影响过程与机制，预测了流域未来气候变化和干旱情势。本书可为研究鄱阳湖水文水资源、水动力水环境等问题提供基础数据支撑，也可为该地区河湖流域的健康发展提供重要参考。

全书总体框架和内容由李云良研究员构思，并制定编写提纲、撰稿、统稿和定稿。具体撰写分工如下：第 1 章由李云良、邢子康、姚静撰写，第 2、3、4 章由邢子康、马苗苗（中国水利水电科学研究院）撰写，第 5 章由邢子康、李云良撰写，第 6 章由刘波（河海大学）、李云良、邢子康撰写，第 7 章由马苗苗、邢子康、李云良撰写，第 8 章由李云良、姚静撰写。

本书成果得到了中国科学院南京地理与湖泊研究所鄱阳湖湖泊湿地综合研究站、湖泊与流域水安全重点实验室、江西省科学技术厅、江西省水利厅、河海大学、中国水利水电科学研究院、江西省地质调查勘查院地质环境监测所等单位和研究机构的大力支持，在此表示诚挚感谢。本书在撰写和绘图过程中，得到了薛晨阳博士、陈静博士生、贾玉雪博士生、姜文瑜硕士、杨美硕士生、彭晨硕士生、宋钢硕士生、孙锦昌硕士生、李品志硕士生、严一凡硕士生、沈梦岩硕士生的协助，一并表示感谢。

由于时间仓促，加之我们编写人员水平有限，书中难免存在疏漏和不足之处，敬请广大读者批评指正。

李云良

2024 年 9 月 20 日

目 录

第1章　绪　　论

1.1　研究背景及意义

气候变暖背景下，全球降水的极端性和时空非均匀性增加，陆面蒸散发等水平衡过程发生显著改变，导致世界范围内干旱灾害的频率和严重性增加(Dai, 2011; Trenberth et al., 2014；图 1-1)，从而引起了一系列环境、经济和社会损失，例如粮食减产、生产力降低、发电量减少、干扰河岸栖息地，对社会经济活动造成了严重的负面影响(Wilhite, 2000)。近几十年，全球大范围持续性干旱事件层出不穷，干旱影响的广度、深度和造成的损失也在不断增加(Gies et al., 2014)。全球每年因干旱造成的经济损失已从 1980～2009 年的 173 亿美元飙升到 2010～2017 年的 231 亿美元，远大于其他自然灾害造成的经济损失(Su et al., 2018)。自 20 世纪 20 年代北美洲极端干旱以来，国际上开始普遍关注干旱灾害问题。20 世纪 60 年代末非洲的极端干旱事件造成 34 个国家的粮食危机、大范围饥荒和社会动乱，导致了约 20 万人死亡(Charney, 1975)。2022 年夏季北半球史无前例的

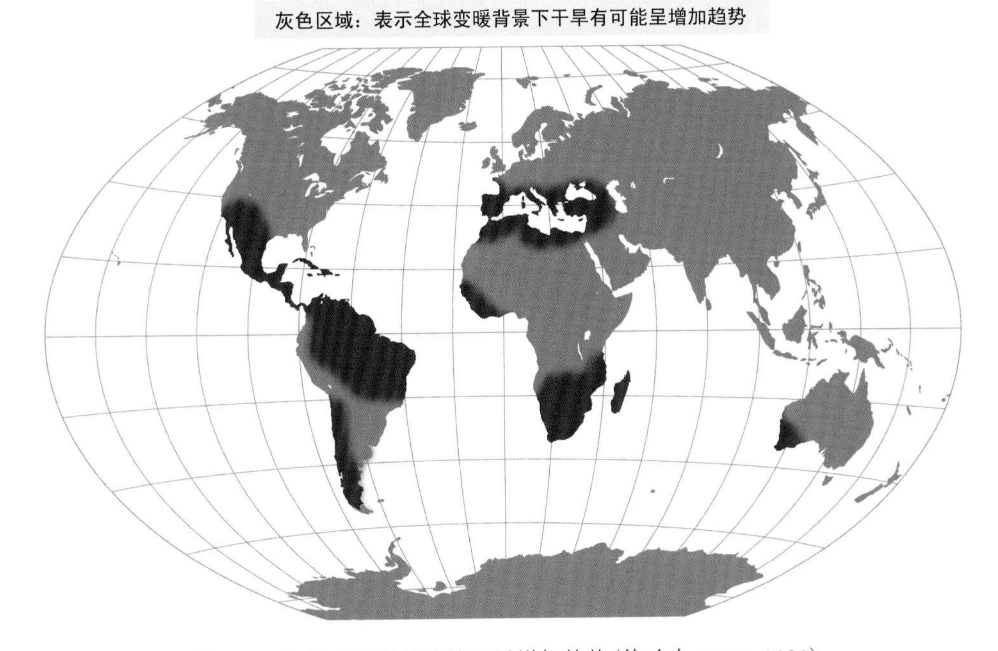

图 1-1　全球变暖而导致的干旱增加趋势(修改自 IPCC, 2021)

高温干旱对欧洲、北美洲和亚洲都造成了严重影响(Cremona et al., 2023)。例如，Williams 等(2022)在《自然·气候变化》杂志上刊登的研究成果表明，北美洲西南部地区过去 22 年遭遇 1200 多年以来最为严重的极端干旱。在大非洲之角季节性气候展望论坛上，发布的 10～12 月预测显示，该区域大部分地区的天气很有可能比往年更干燥，特别是埃塞俄比亚、肯尼亚和索马里等受干旱影响的地区，其降雨总量将远远低于正常水平。因此，世界气象组织和联合国粮食及农业组织将干旱作为全球需要优先解决的问题之一(FAO, 1984)。

中国是受旱灾影响最大的国家之一，每年因旱直接经济损失高达 440 亿元，因旱造成的粮食减产约占气象灾害造成粮食总损失的 50%左右(Zhang et al., 2019)。中国北方是大范围长历时干旱的主要发生区域，受到了国内外学者的广泛关注(琚建华等, 2006; 黄会平, 2010)，已经形成了大量研究成果。然而，随着气候变暖趋势不断加剧，干旱分布格局正在发生转变。在季风气候主导的中国南方地区，降水和气温的时空不均匀分布导致季节尺度干旱事件逐渐增多(Wu et al., 2011; 赵海燕等, 2010)。2004 年南方罕见干旱，导致 720 多万人饮水困难，造成经济损失 40 多亿元(官满元, 2007; 张强和肖风劲, 2005)。2000 年以来，长江中下游地区多次发生极端干旱事件(贾楠等, 2025)，例如 2003 年夏秋连旱(袁晓玉和马德贞, 2005)、2007 年秋冬连旱(林明丽等, 2008)、2011 年冬春连旱(沈柏竹等, 2012)、2013 年夏季高温伏旱(罗伯良和李易芝, 2014)和 2019 年夏秋冬连旱(李俊等, 2020)。2022 年夏季发生在长江流域的异常高温干旱事件，是 1960 年有气象观测记录以来最严重的极端干旱事件，影响了 6 个省份，耕地受灾面积达 1232 万亩①，导致水稻大幅减产和电力供应严重不足(夏军等, 2022a; 李忆平等, 2022; 贾建伟等, 2023; 雷声等, 2023a)。此外，中国南方地区农业发达，人口密集，作为季节性水资源分配不均的代表性区域，其生产与生活方式均依赖充沛的水资源条件。由于人口快速增长，工农业发展和能源需求增加，大范围高强度的人类活动增加了环境对干旱灾害的脆弱性(Di Baldassarre et al., 2016; Wang et al., 2016)，使得干旱造成的影响更加严重。

我国长江流域，尤其是河湖水系发达的长江中游平原地区，水资源储量及其贡献价值相对突出(图 1-2)。流域水循环以及水生态保护不仅维护了我国重要的生物基因库和生态安全，更重要的是保障了国家供水安全、粮食安全和能源安全(程浩秋等, 2023; 王浩, 2023; 许继军和吴江, 2024)。其中，鄱阳湖流域广大平原地表和地下水资源储量相对较大，地下水-地表水相互作用最为强烈，生态系统服务价值显著(吴庆华等, 2022)。鄱阳湖流域地处长江中游末端，连接了流域五河、鄱阳湖以及长江干流，在维持湖泊洪泛湿地健康、调蓄洪水和提供生态系统服务

① 1 亩≈666.7m^2。

等多个方面发挥重要作用(夏军等, 2022b)。然而受极端气候事件诸如极端干旱等严重影响，流域水量水质和生态环境正面临着不可预计的演变态势(李云良等, 2022)。尤其是2022年鄱阳湖地区遭遇了历史极端干旱，使整个鄱阳湖流域系统经历了严峻考验，进一步加剧了流域平原区水量水质的双重下降态势，影响了湖区工农业用水与居民饮水安全(胡振鹏, 2023；储小东, 2022)。同时，鄱阳湖流域广大平原地区也是江西省经济快速发展的主要引擎，平原内工农业和城市化的快速发展导致水资源问题日益突出，已成为自然、社会、经济可持续发展的关键性制约因素(Soldatova et al., 2017)。因此，面向大湖流域的气象水文干旱问题，实为当前鄱阳湖流域水资源和生态环境强化区的重要研究突破点。河湖流域水资源保障以及水资源储备，可应对不可预见的极端干旱或突发污染事件而导致的供水安全问题。

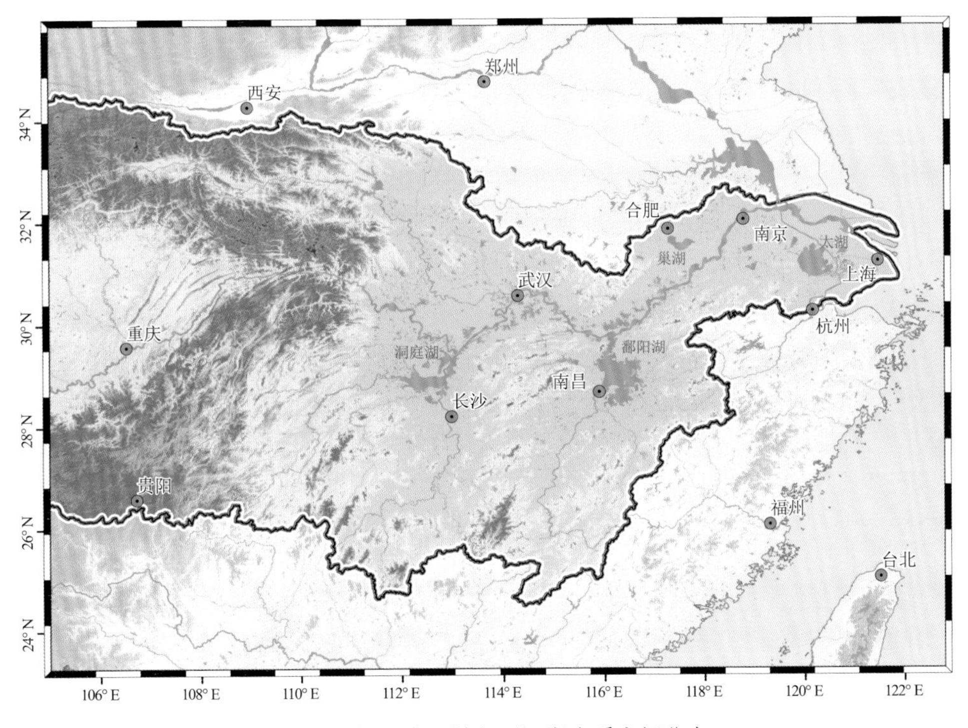

图1-2 长江中下游主要河湖水系空间分布

准确的干旱预测有利于决策者进行干旱早期预警，然而，干旱的发生受多种时空尺度因子和大气混沌变率的影响，使其成为最复杂的极端事件之一，特别是对长预见期下的干旱预测提出了很大的挑战(Hao et al., 2018；黄荣辉, 2006)。虽然已有研究对东亚季风区干旱的特征及成因进行了初步分析(黄荣辉等, 2006, 2008)，但是由于气候系统的复杂性和对其科学认识的不足，许多问题还有待进一步研究，这严重影响了我国干旱预警和减灾防灾能力的提升。为了探索季节尺度气象干旱的驱动机制和预测方法，本书以长江中下游地区鄱阳湖流域作为典型区域，利用多源数据、统计方法和短期气候模式，从外强迫前兆因子的角度展开季节尺度气象干旱驱动机制和演变规律研究，并探索性地构建了基于气候因子异常、短期气候模式和陆面水文模型的干旱预测模型，探究了极端干旱对地表-地下水文情势的影响。相关成果可以进一步完善变化环境下区域极端事件对气候系统响应机制的理论体系，为干旱灾害的科学应对和防灾减灾提供科学支撑，具有重要的理论意义和实用价值。

1.2 国内外研究进展

1.2.1 干旱的概念与分类

干旱是世界上分布最广、造成损失最为严重的常见自然灾害之一，是一种周期性的气候异常，主要受气候自然变率的影响(Lincoln, 2006; Mishra and Singh, 2010)。相比于其他极端气候事件，干旱具有发展缓慢、持续时间长、影响范围广等特征(Mishra and Singh, 2010)。基于物理过程和社会经济影响，干旱通常可以分为气象干旱、农业干旱、水文干旱和社会经济干旱 4 种类型(Hao et al., 2017)。当然，还有更深入的研究将干旱进一步细化为生态干旱、地表水干旱、地下水干旱等(Vicente-Serrano et al., 2012)。

气象干旱主要是由长期的降水缺乏引起的(Ganguli and Ganguly, 2016; Zhang et al., 2012)。常用的表征气象干旱的指标包括标准化降水指数(standardized precipitation index，SPI)、标准化降水蒸发指数(standardized precipitation evaporation index，SPEI)、帕尔默干旱指数(Palmer drought severity index，PDSI)以及它们的各种修正形式。其中，SPI 和 SPEI 由于计算简单，适用于多种时间尺度，从而得到了广泛应用。

农业干旱是指土壤水分不足，影响作物和植被生长的现象(Maracchi, 2000)。常用的农业干旱指数有土壤湿度分位数(soil moisture quantile，SMQ)、作物水分亏缺指数(crop water deficit index，CWDI)等。由于土壤墒情站的空间不均匀性和土壤湿度观测资料的匮乏，陆面水文模型模拟和卫星遥感反演是获取土壤湿度数据的重要途径(Zhu et al., 2020)。

水文干旱则主要表现为地表径流或湖泊水库水量减少、地下水位下降等现象(He et al., 2017)。水文干旱的发生直接导致了生态的破坏和水环境的恶化，近年来得到了越来越多的关注(Van Loon, 2015)。常用的水文干旱指标包括标准化径流指数(standardized runoff index，SRI)、标准化流量指数(standardized streamflow index，SSI)、湖泊水位异常等。

社会经济干旱主要涉及自然干旱对人类社会经济利益的影响，如人体健康、生活用水供给、工农业产量、森林火灾等(Mehran et al., 2015; Yaduvanshi et al., 2015)。因涉及社会经济的不同方面，社会经济干旱没有统一的指标，通常用作物产量、水资源短缺量和水质等来表征(Shi et al., 2018; Tu et al., 2018)。

由气象干旱演变到农业干旱和水文干旱的过程被定义为干旱传递过程(Wang et al., 2016; Yu et al., 2020; Zhong et al., 2020)。目前的研究表明，除地下水丰富地区和积雪地区以外，水文干旱和气象干旱存在明显的联系(Xing et al., 2021)。气象特征对干旱传递过程有显著的控制作用，其中降水的时机对干旱传递的影响最大(Van Loon et al., 2012; Wu et al., 2018)。陆地水文特征，如流域储水量、土壤特征、地形、土地利用和指标分布等，对干旱传递机制也有重要的影响(Apurv and Cai, 2020)。此外，人类活动，如土地利用变化、灌溉、水库调度等，也会通过水文循环对干旱传递过程产生影响(Xu et al., 2019)。总的来说，干旱传递过程及其影响因素与机制的深入探讨，有助于提高干旱监测与预警水平，减少干旱灾害对经济、社会和生态环境等带来的负面影响。

1.2.2 季节尺度干旱驱动机制和可预测性

气象干旱主要由大尺度环流/海温异常触发，同时陆气反馈也会影响干旱的过程(袁星等, 2020; 郝增超等, 2020)。海-气相互作用(大尺度环流/海温异常)和陆-气相互作用(区域陆面状态异常)是驱动气象干旱发生和发展的重要影响因素，其中前者通过遥相关波列传播，通常被认为是驱动区域干旱的外强迫因子，后者主要影响干旱强度和历时，通过局地陆气耦合机制影响干旱过程，二者共同为干旱提供了主要的可预测性来源(Zhang et al., 2020)。本书主要关注干旱的外强迫因子，它们通常由海洋表面温度(SST)异常(李启芬等, 2020; 胡娟等, 2018)或陆面表征(例如，土壤湿度、高纬度积雪和海冰)等因素驱动(武炳义等, 2004)，通过大尺度大气运动(如 Hadley 环流、Walker 环流、Rossby 波等)(黄荣辉, 1990)，在相对较远的地理距离上通过遥相关机制影响区域气候。这些缓慢变化的边界条件为季节尺度的大气或气候可预测性提供了主要来源，特别是在具有强遥相关性的区域。干旱季节尺度预测的技巧建立在边界条件和与其相关的气候影响可预测性之上。此外，如青藏高原大地形、人为气候变化等也是影响区域气候的局地气候因素(Wang and Yuan, 2021)。

1. ENSO 对干旱的驱动作用

厄尔尼诺-南方涛动(ENSO)是发生在赤道太平洋的周期性事件，发生周期为2～6年，分为厄尔尼诺(El Niño)和拉尼娜(La Niña)两种事件，分别代表东部太平洋海温偏暖或偏冷。ENSO 是热带太平洋地区最强的年际气候变率信号，为公认的全球大气环流和气候变化最重要的外强迫因子和季节可预测性来源，与全球许多地区的极端干旱有密切的联系，例如美国(Rajagopalan et al., 2000)、中国北部(Wang et al., 2017)、非洲南部(Gore et al., 2020)和欧洲-地中海地区(Mariotti et al., 2002)，已被认为是全球不同地区气候极端事件的主要驱动因素之一(Hao et al., 2018; Hermanson et al., 2017; Sordo et al., 2008)。对于中国，ENSO 主要通过影响西太平洋副热带高压和东亚季风来影响其气候(黄荣辉等, 1996)。大量研究证实，ENSO 是对中国大部分地区气候异常影响最大的外强迫因子。当 El Niño(ENSO 正位相)发生时，热带中东太平洋区域出现海温正异常，使 Walker 环流出现异常，通过海气相互作用，影响 Hadley 环流，引起西北太平洋反气旋，从而增强西太平洋副热带高压，导致中国水汽条件异常，易于形成“南涝北旱”的灾害格局(朱益民等, 2007)。同时，ENSO 遥相关在传播过程中，由于印度洋海温的电容器效应，冬季的强 ENSO 信号会被储存并延长至夏季，例如 2015 年夏季的华北极端干旱与 2015～2016 年的强 El Niño 有密切联系(Wang et al., 2017)。除传统的常规 ENSO 外，一种新的 ENSO 类型，El Niño Modoki(又叫中部型 ENSO，指中部太平洋海温偏暖而东西部太平洋海温偏冷)，因其区别于常规 ENSO 的环流结构和影响机制，受到了研究者的广泛关注(Ashok and Yamagata, 2009)。研究表明，ENSO Modoki 与传统的 ENSO 对中国的极端气候有着不同的驱动机制(Pillai et al., 2021; Zhang et al., 2016)。

在全球变暖的背景下，量化 ENSO 事件和区域极端干旱之间的联系有助于提升干旱预测能力。迄今为止，国内外的研究者基于具有不同复杂度的动力或统计模型，探究了多种类型的 ENSO 对干旱的影响。例如，Gore 等(2020)使用流体静力学模型模拟了非洲地区不同ENSO阶段与干旱之间的联系，结果表明，El Niño 通过调制 Walker 环流加重了 1979～2008 年非洲南部的干旱状况。Hoell 等(2020)利用 Community Earth System Model 对中亚地区的干旱进行了集合模拟和分析，将阿姆河流域干旱的阶段性变化归因于 1920～2019 年 ENSO 状态的转变。动力模型的优点是可以体现 ENSO 对区域气候影响的物理机制，但是，大尺度动力模式往往具有较高的不确定性(如系统偏差)，其模拟结果对初始场非常敏感，难以准确模拟区域大气过程(Laux et al., 2021)。除了模拟方法，基于观测数据统计分析方法也被广泛地用于 ENSO 影响研究。例如，Huang 等(2016)利用一种时间-频率分析方法来量化 ENSO 与哥伦比亚河流域水文干旱之间的关系，探明了 ENSO 主要在 2～7 年的时间尺度上影响水文干旱。Rajagopalan 等(2000)使用奇异值分解和偏相关分析研究了冬季 ENSO 和美国夏季干旱之间的遥相关模式，考虑了多个干旱指标之间的非线性和非平稳性，识别了 ENSO 对干旱的遥相关模式的变化特征。Xiao 等(2016)将 ENSO 影响纳入马尔可夫链中，发现 El Niño 期间干旱持续时间更长，从而提高了华南地区的干旱预测能力。上述不同气候区域的研究证实了ENSO可以在不同时间尺度上触发或影响区域极端干旱(Forootan et al., 2019; Vicente-Serrano et al., 2011)。

值得注意的是，ENSO对区域气候的遥相关影响需要一定的传播时间，即ENSO对极端气候事件的影响存在滞后效应。根据全球气候系统理论，区域季风降水异常是大气环流的变化导致的，而大气环流调整是大气内部过程向各种外强迫的适应，所以区域气候异常对外强迫存在滞后效应(Huang and Huang, 2009)。例如，中国南部西江流域的干旱对ENSO存在5～9个月的滞后响应时间(Lin et al., 2017)，晋江流域干旱与ENSO滞后相关为1.4～1.8个月(Wu et al., 2020)。ENSO对干旱的滞后影响在季风气候区尤为显著(Gao et al., 2017)。在干旱预测框架中考虑ENSO事件和区域干旱之间的时间滞后，可以显著地改进对干旱的预测(Dikshit et al., 2021; Feng et al., 2020; Zhou et al., 2021)。例如，Danandeh Mehr等(2014)利用考虑时间滞后的gene-wavelet干旱预测模型将预见期从3个月延长到6～12个月。

2. 多个外强迫因子的协同影响

然而，强厄尔尼诺并不一定会导致极端气候事件的发生。研究表明，ENSO遥相关具有非平稳性(Cheung et al., 2012; Sun et al., 2022)。除ENSO外，其他外强迫因子，如代表印度洋海温的印度洋偶极子(IOD)、与北大西洋海温密切相关的北大西洋涛动(NAO)等，也会对干旱的发生有调制作用(Jiang et al., 2019; Nguyen et al., 2021)。例如，针对2015年中国北部极端夏季干旱的研究表明，强ENSO不一定导致干旱，ENSO与欧亚春季雪盖异常的协同作用是导致该干旱事件的动力原因(Wang et al., 2017)。伊朗西北部的干旱受到ENSO和北大西洋涛动(NAO)的共同影响(Marj and Meijerink, 2011)。中国西北干旱地区的冬季干旱是由北极涛动(AO)的强负位相和La Niña共同导致的(Liu et al., 2018)。对美国南部亚热带地区长期历史降雨的最新研究表明，ENSO对该地区的干旱在较短时间尺度上具有影响，而太平洋十年际振动(PDO)和大西洋多年代际振荡(AMO)在长时间尺度上具有影响(Abiy et al., 2019)。上述研究结果表明，单独的ENSO不能完全解释所有的干旱事件，全面认识干旱可预测性需要考虑多个气候因子遥相关效应的空间组合和非线性叠加影响(Shi et al., 2017)，特别需要关注中高纬系统与低纬度系统的相互联动。

除了上述多因子空间协同效应外，由于海温或大气环流异常对区域气候的动态传播过程(Vicente-Serrano et al., 2011)，不同的气候模态还会在多时间尺度上影响区域极端事件，即时间滞后影响(Feng et al., 2020; Zhang et al., 2020)。除ENSO以外，考虑多个气候因子在协同作用下的滞后影响可以进一步增加区域干旱的可预测性(Chen et al., 2019; Kim et al., 2017)。然而，海-气-陆相互作用的非线性过程使得全球气候系统非常复杂(Mariotti et al., 2002; Zhang et al., 2020)。因此，目前从多个大尺度气候振荡信号的空间组合和时间滞后的角度来识别干旱的驱动和调制因素，仍然是一个难题。

通常，基于观测数据和统计方法是研究大尺度气候因子与区域干旱之间关系的常用手段(Shi et al., 2017)。例如，Forootan 等(2019)利用典型相关分析研究了全球范围的水文干旱和气候因子之间的关系，并识别了遥相关作用强的地区。Sehgal 和 Sridhar(2018)采用了四种统计方法，即皮尔逊相关系数、决定系数、相对共现指数(IOC-r)和 Fisher 检验，评估了美国东南部流域干旱的大尺度遥相关影响因素。Shi 等(2017)采用 Copula 函数描述了多个气候因子之间的相互作用及其对极端降水的影响。上述不同气候区的研究虽然证实了多重气候因子与干旱之间的相关性(Haile et al., 2020; Mishra and Singh, 2011)，但是仍然未能系统地解释大尺度气候因子的空间组合和时间滞后效应对于区域极端事件的影响机制。

3. *局地因子的影响*

区域的局地陆面特征(如土壤湿度、植被、积雪等)会加强或减弱干旱的严重程度并影响干旱的发展(陈海山和孙照渤, 2002)。尤其对于水文干旱来说，例如土壤湿度可通过直接影响水和能量平衡，或通过地表水文记忆特征影响大气变化从而影响干旱发展(Liang and Yuan, 2021)。已有研究证明，土壤湿度影响了几个关键地区的降水和温度变异性，并可以通过陆气相互作用提供有效信息来改善季节尺度气候预测(Liu et al., 2014; Zaitchik et al., 2013)。在已经发生干旱的前提下，土壤水分匮乏导致的蒸散发减少会增加感热通量，从而对高温和大气中水分匮乏产生正反馈作用，这是区域土壤湿度负异常对气象干旱的作用机制(Qing et al., 2022)。例如，Su 和 Dickinson(2017)发现土壤水分异常促进了美国南部大平原 2011 年的干旱，且上层大气的局部热力学结构有助于土壤水分的反馈机制。Wang 和 Kong(2020)采用区域气候模式模拟了中国近百年的土壤水分变化，解释了湿润地区干旱事件频率较低但相对严重的现象，发现土壤水分反馈在干旱事件过程中发挥了很大的作用。

1.2.3 气象水文干旱的预测方法

干旱预测对提前采取减灾措施、保障水资源和水生态具有重要的意义。干旱预测的目标是充分利用可预测性来源，提高对干旱物理机制的认识并改善预测能力。通常干旱预测方法可分为 3 类：统计预测、动力预测和统计-动力混合预测。此外，水文模型是农业或水文干旱预测的常用方法。现对 4 种预测方法的详细进展情况陈述如下。

1. 统计预测方法

统计预测方法主要是基于历史记录，将与干旱联系密切的影响因子作为预测因子，建立预测因子与干旱之间的统计模型进行预测(Yang et al., 2015)。统计预测方法包括两个关键步骤：预测因子的选择和统计模型的构建。

基于干旱物理机制，确定合适的预测因子，是统计干旱预测的第一步。由于干旱本身的复杂性，其影响因素在不同地区和不同季节存在很大的变异性。预测因子可以来自大气、海洋或陆地，包括反映大气-海洋环流模式的大尺度气候因子(例如海温指数、PDO、NAO等)(Ren et al., 2017)、局部气候变量(如降水和气温)以及陆地初始条件(如土壤含水量)(Dikshit et al., 2020)。前文已经指出大尺度遥相关模式是区域气象干旱的主要外部驱动，因此以ENSO为代表的各种气候因子可以作为强遥相关地区的潜在预测因子。

各种数据挖掘技术是诊断和选择潜在预测因子最常用的工具，例如相关分析和各种机器学习模型(Danandeh Mehr et al., 2014)。通常，预测目标和影响因素之间的显著相关关系意味着这些因素是潜在的预测因子。采用相关分析筛选大量的潜在预测因子可能会导致不真实的相关性，且过多的预测因子之间的相互关联可能会导致模型的过度拟合。为了解决这些问题，需要在分析潜在预测因子对干旱的影响机制的基础上，客观地筛选关键的预测因子(Dikshit et al., 2021)。

常见的统计预测模型有时间序列模型(Mishra and Desai, 2005)、回归模型(Hao et al., 2016)、人工智能模型(Bourdin et al., 2012)和条件概率模型等(Hao and Singh, 2016)。例如，Lorenz等(2015a)开发并应用了集成卡尔曼滤波器进行全球范围内的缺资料流域的径流预测。Mishra 和 Desai(2005)基于印度康萨巴蒂河流域的标准化降水指数(SPI)序列，使用乘法自回归综合移动平均线(SARIMA)模型来预测干旱。Li 等(2021)以前期SST波动异常为预测因子，采用三种机器学习模型构建了概率性和确定性干旱预测模型，应用在美国科罗拉多州，结果表明极端学习机模型的结果在3个月预见期下表现出较好的预测精度。值得注意的是，作为多维变量之间条件概率分布的有效建模工具，Vine Copula 函数可以捕捉变量复杂的非线性依赖结构，模拟多变量间的依赖关系，因此被广泛用于气象和水文预测中(Nguyen-Huy et al., 2020; Wang et al., 2019c; Wu et al., 2021)。Vine Copula 可以用于构建统计预测模型、生成概率性预测、校正预测结果等，在提高预测模型的性能和结果的可靠性上具有广泛的应用潜力。例如，Wu等(2021)基于Vine Copula和前期土壤水、温度和降水构建了中国农业干旱预测模型。Nguyen-Huy等(2017)通过ENSO、IPO等气候指数构建了基于Vine Copula的澳大利亚降水预测模型。因此，Vine Copula 可被用于描述前期异常信号与区域气象要素之间的非线性关系。

统计方法的优点是计算简单、时效性强。通常，统计模型不考虑大气系统的非线性物理过程，并且假设预测因子和预测变量之间存在着平稳关系(Hao et al., 2018)。但是，在气候变化和人类活动的影响下，气象水文系统呈现非平稳性特征，这种平稳性假设无法得到保证(Mishra and Singh, 2011; Rajagopalan et al., 2000)。因此，统计方法在变化环境背景下的干旱预测上有较大的局限性(NRC, 2010)。

2. *动力预测方法*

为了克服统计方法的缺陷，动力学方法已广泛地应用于天气预测与气候预测中(Qian et al., 2020)。动力学方法主要依赖基于全球天气或气候模式(GCMs)(Tian et al., 2017)的动力预测。GCMs 是基于微分方程模拟大气、海洋和陆地之间的非线性交互影响的物理模型，在预测未来气候变化和研究气候系统相互作用方面发挥着关键作用(Hao et al., 2018; Sud et al., 2003)。GCMs 基于海表温度来驱动大气物理模型，耦合 GCMs 还考虑了大气与海洋的交互影响。GCMs 通过对气候系统建模，可以用于监测当前和过去极端事件的发生和演变，也可以用于预测季节气候，是许多气象预测机构[包括欧洲中期天气预报中心(ECMWF)、美国国家环境预报中心(NCEP)和澳大利亚气象局]用于季节尺度降水预测的主要工具(Arnal et al., 2018; Lavaysse et al., 2015)。由于这些短期气候模式刻画了大气、海洋、冰冻圈和陆地圈的物理过程及其相互耦合的机制，因此短期动力预测模式可以反映变化环境下的地球系统(包括大气过程在内)未来几个月的发展变化。

近年来得益于气候动力学理论发展和计算机技术的升级，季节尺度气候预测模式发展迅速，比如美国国家环境预报中心(NCEP)的第二代气候预测系统(climate forecast system version 2，CFSv2)(Saha et al., 2014)、北美模型中心的多模式集合季节尺度预测系统 NMME(Xu et al., 2018)和欧洲中期天气预报中心(ECMWF)的第四代季节尺度气候预测系统 SYS4(Molteni et al., 2011)。2017 年，ECMWF 发布了第五代季节尺度气候预测模式 SEAS5(Johnson et al., 2019)，该产品是目前最先进的季节尺度气象预测模式，在预测 ENSO 及其影响上具有特别的优势，已经被国外学者用于受 ENSO 影响显著区域的季节气候预测，并证实了其有效性(Chevuturi et al., 2021; Peñuela et al., 2020; Portele et al., 2021)。但是，目前对 SEAS5 在全球的适用性评估仍局限在部分地区。例如，Wang 等(2019b)对 SEAS5 在澳大利亚大陆上空的气候变量的预测性能和可靠性进行了系统而详细的评估。Gubler 等(2020)评估了 SEAS5 对南美洲气象变量的预测性能及与台站观测的对比误差。结果表明，SEAS5 对温度的预测性能高于降水的预测性能，在受 ENSO 现象影响较大的地区，SEAS5 对降水和温度的预测都表现出很高的性能。然而，对 SEAS5 在中国流域尺度上的局部性能评估还没有相关报道，SEAS5 在东亚季风区的预测能力和适用性仍不明晰，对其偏差的影响因素和可预测性来源也缺乏深入的分析。

全球气候模式(GCMs)提供了全球范围的多时间尺度动力预测(包括季节尺度气候预测模式)，优点是基于物理过程，精准度较高。然而，由于大气系统本身的混沌特性和模式本身误差，GCMs 在预测气候变化方面存在一定的局限性，其原始预测结果往往存在较大的系统性误差和不确定性(Lorenz et al., 2021)，其中不确定性可能来源于模型输入、参数、初始条件等。例如，GCMs 预测通常采用不同的初始条件或物理参数化方案来生成集合预测，从而考虑不确定性，但是，这种集合预测往往由于物理过程不完善、尺度问题、初始条件错误等引起系统偏差，从而低估了预测中真实的不确定性(Lucatero et al., 2018)。通常，GCMs 的降水预报偏差会受到区域、季节、时空尺度和预见期等因素的影响。此外，由于 GCMs 的空间尺度为全球尺度，因此其空间分辨率较低，通常为几百千米，不能适应区域尺度的气候预测精度要求(Lucatero et al., 2018)。

由于系统偏差和模型分辨率的限制，一般需要对原始预测进行偏差校正、降尺度或集合后处理以减少其偏差。其中偏差校正的目的是减少模型的系统误差(如百分位图法)；集合后处理是为了利用多模式集合预测减少不确定性，例如贝叶斯模型平均法(Bayesian model averaging)(Schefzik et al., 2013)、集合模型输出统计(ensemble model output statistics)(Najafi et al., 2021)和逻辑回归(logistic regression)(Meng et al., 2017)等方法；降尺度是为了提高分辨率，降尺度处理方法可分为统计降尺度和动力降尺度两类。区域气候模式(RCMs)刻画了区域土壤、植被和大气之间的非线性物理过程，与 GCMs 相比，具有更高的空间分辨率，因此可以利用 GCMs 输出的季节尺度气候预测驱动 RCMs 进行高分辨率的动力降尺度(Wood et al., 2004)。通常，RCMs 使用 GCMs 的输出作为初始和边界条件，最终得到区域尺度的干旱预测。例如，Siegmund 等(2015)利用 weather and research forecasting(WRF)模型对 CFSv2 预测产品进行降尺度，得到了非洲西部的季节降水预测。结果显示，月降水预测的不确定性从初始产品的 175%下降到 69%。Li 等(2017)进行了类似的研究，利用 CFSv2 驱动 WRF 模型来预测中国汉江流域的季节降水，降尺度后的预测相较于原始 CFSv2 预测产品有更高的精度和准确性。

需要注意的是，深入了解 GCMs 中区域降水可预测性的来源对于改进预测技术和提高预测准确性具有重要意义。在过去几十年中，研究者们对 GCMs 中区域降水预测的可靠性进行了广泛的研究(Lang and Wang, 2010)。然而，由于气候系统的复杂性和尺度差异，厘清 GCMs 的区域气候可预测性仍是很大的挑战。以 ENSO 为代表的大尺度环流模态作为影响气候变化的重要因素之一，对 GCMs 的可预测性具有重要影响。从物理过程角度来看，GCMs 的预测性能主要取决于低频气候信号，尤其是 ENSO 引起的内部气候变率(Zhao et al., 2021)。先前的研究表明，GCMs 主要通过模拟 ENSO 动态及其局地和远程影响而获得大部分季节尺度预测能力(Jevrejeva et al., 2003; Zhao et al., 2021)。然而，在全球范围内，ENSO

等大尺度预测因子与 GCMs 预测性能之间的关系尚待深入研究。GCMs 在区域降水预测中起着关键作用，理解 GCM 中区域降水可预测性的来源以及与 ENSO 等大尺度模态的关系对于提高预测能力和深入理解气候系统的相互作用有重要意义。

3. 统计-动力混合预测方法

由于统计和动力预测有各自的优缺点，结合二者优点的统计-动力混合预测方法成为提高季节气候预测水平的有效途径。构建统计-动力混合预测模型通常有两种思路，一是将统计预测与动力预测结果融合，二是使用动力预测模式输出的预测变量(通常为气候因子)来驱动统计模型进行预测。

第一种思路“融合多个来源的预测结果”，常用的融合方法有回归模型(Jiang et al., 2020)、贝叶斯后验分布(Madadgar and Moradkhani, 2013)和贝叶斯平均(Yuan and Wood, 2013)等。回归模型可以以线性组合方式获得每个预测的系数，直接将多个来源的预测结合起来(Mortensen et al., 2018)。贝叶斯后验分布可以从统计预测中导出先验分布，然后更新动力预测的结果(Beckers et al., 2016)。以上两种方法都可以生成概率预测结果。贝叶斯平均可以获得每个成员的最佳权重，最优地组合不同的预测，从而获取确定性的融合预测(Schick et al., 2019)。

第二种思路“用动力模型的输出驱动统计模型”，也被称为“桥接”方法。例如，Wang 等(2017)利用 CFSv2 预测的 7 月 ENSO 指数和春季亚欧大陆雪盖指数，与夏季降水指数建立多元线性回归模型，改进了华北地区夏季干旱的预测。Zimmerman 等(2016)在动力预测模型中融合了前期的 ENSO 状态，改进了科罗拉多流域的春季降水预测。已有学者通过 SYS4 海温预测来计算大尺度气候因子，通过构建桥接模型改善季节性尺度降水预测。进而以这种思路获取的预测结果来作为一种预测集合成员融合到其他预测结果中。例如，Peng 等(2014)利用贝叶斯联合概率模型(BJP)分别对 SYS4 预测的降水进行了校正，并基于 SYS4 预测的 6 个气候因子建立了 6 个桥接模型，最后利用贝叶斯平均方法对所有备选模型进行了融合，发现该预测结果较 SYS4 校准预测对于 1 个月以上预见期具有更高的精度。因此，充分利用动力模式对大尺度要素的预测能力，可以改善长预见期的干旱预测。

4. 农业水文干旱预报模型

前文综述的干旱预测方法主要针对气象干旱，对于农业干旱和水文干旱，由于与土壤湿度、径流和地下水有关，通常利用水文模型进行预测。自 20 世纪 70 年代以来，通过历史观测数据驱动水文模型来实现流量预测的集合流量预测方法(ensemble streamflow prediction, ESP)一直是水文预报的常用方法。ESP 预测主要依赖于陆面的记忆能力，当预见期超过 1 个月时，其预测能力会大幅下降(Beckers et al., 2016)。

随着气候模式的不断发展，利用气候预测作为外部变量驱动水文模型进行预测的方法已成为农业和水文干旱预测的主流方法(Tang et al., 2016; Yuan et al., 2015)。例如，普林斯顿大学和华盛顿大学联合开发了 NCEP/EMC NLDAS 季节水文预测系统，该系统采用经过偏差校正和降尺度的 CFSv2 预测来驱动 VIC 水文模型以预测土壤湿度(Kanamitsu et al., 2003)。然而，气候预测的误差可能通过降雨径流过程传播到水文预测中，模型中对流域初始状态(包括土壤水、积雪、地下水等)描述得不准确也会影响水文模型的预测结果，从而影响农业或水文干旱预测精度(Lorenz et al., 2015b)。因此，通过卫星遥感或实时陆面过程模拟获取准确的陆面初始状态，可以有效地提高短期的农业、水文干旱预测精度。同时，也需要对水文模型预测结果进行验证和校正，从而有效减少预报中的累积误差。

1.2.4　旱涝急转演变特征的指标方法

在全球气候变暖的背景下，极端天气事件的发生频率和强度均在增加，旱涝急转作为其中的一种表现形式，其发生频率和影响范围也可能呈现出增加的趋势(Zhang et al., 2023；Wang et al., 2024)。因此，对于旱涝急转的研究和监测，对提高灾害预警能力、减少灾害损失具有重要意义。此外，旱涝急转还可能对当地的生态系统产生影响，如改变水文循环模式、影响生物多样性等，因此也是生态学研究的一个重要方面(Marengo and Espinoza, 2016)。旱涝急转指的是某一区域或流域内旱涝情况在短时间内发生交替的现象(Shi et al., 2021)，如前期无降水或降水少，干旱发生后，短时间内出现高强度降水的气象水文事件(黄茹, 2015)。旱涝急转一般是在夏收作物与秋收作物的生长期发生，短时间内遭遇旱涝急转将对区域农业造成严重的影响和损失。气候变化在很大程度上使旱涝急转的风险增加。在全球气候变化和大气环流异常的影响下，旱涝急转事件频繁发生(Shan et al., 2018)。2011 年，长江中下游地区和淮河流域均遭受了严重的旱涝急转事件，造成了巨大的经济损失和生态环境破坏。旱涝急转的频发阻碍了区域农业生产和经济发展，并直接影响了流域中污染物的迁移与积累过程，加剧了水质恶化。因此，国内外学者对旱涝急转的研究逐渐增多，旱涝急转的研究始于 2006 年，之后许多学者对旱涝急转事件的判别方法、形成原因、演化特征及灾害危害进行了广泛而深入的研究(Barendrecht et al., 2024)。

目前，已经有许多学者采用不同的指标研究旱涝急转，如连续无雨日、降水距平与 SPI(程智等, 2012；沈柏竹等, 2012；胡毅鸿和李景保, 2017)。这些常规指标可以较好地识别宏观规律和分析特征，但未能全面描述旱涝急转发生的强度与具体事件过程。为了更好地量化旱涝急转，吴志伟等(2006)比较了 2006 年 5～6

月与 7～8 月的降水差异，定义了长周期旱涝急转指数(long-cycle drought-flood abrupt alternation index，LDFAI)。这种方法计算简单且无须人为筛选，为旱涝急转的研究奠定了基础。张水锋等(2012)在 LDFAI 的基础上，提出了径流旱涝急转指数(runoff drought-flood abrupt alternation index，RDFAI)。闪丽洁等(2018)改进了 LDFAI 时间尺度过大的问题，提出了能综合反映旱涝急转事件的“突发性”以及旱涝状态的“交替性”的日尺度旱涝急转指数(dry-wet abrupt alternation index，DWAAI)。目前关于鄱阳湖流域日尺度旱涝急转事件的研究较少，本书采用日尺度指标 DWAAI 识别鄱阳湖流域的旱涝急转事件并对其进行具体的分析。

已有大量研究根据不同类型的旱涝指标，采用各种数理统计方法分析了各个区域的旱涝事件变化特征，从而为预测区域的旱涝灾害变化、加强防旱抗涝工作提供科学的理论依据。时间尺度的分析通常采用线性回归、多项式拟合、倾向率与累积距平等方法来体现旱涝发生的阶段性和间隔性特征，Mann-Kendall(M-K)检验、*T* 检验与小波分析等多种方法来反映旱涝变化的趋势、频率与周期；空间上多采用地理信息技术(GIS)与经验正交函数对旱涝情况进行区划分析。关于常用的 M-K 趋势检验，首先它不能展示不同分级区的趋势，其次在分析自相关序列时 M-K 法需要进行预置白处理才可以使趋势检验准确。因此，Sen(2012)提出了一种创新的趋势检验方法 Sen Method，该方法克服了 M-K 法的局限性，可以直观展示不同分级区的趋势，同时序列不需要服从同方差、独立性和正态性等假设，是水文统计检验的突破性进展。Wang 等(2019d)发现 Sen 提出的趋势计算原理存在不足，对原计算公式进行了方差校正，有效减少了自相关性对趋势误判的影响。

近年来，关于旱涝指标的时空演变特征的研究还出现了许多新方法，其他领域的研究为旱涝演变特征研究提供了突破口和新途径。例如，重心原本是物理学领域的概念，刘斌涛等(2012)较早将其应用于降水研究，之后陈素景等(2017)利用重心模型揭示了降水在澜沧江流域空间分布的不均衡程度，赵志龙等(2018)基于重心模型方法分析了贵州高原近 57 年降水重心的分布和转移趋势。移动窗口(moving windows)这一概念原本属于计算机领域，Gonzalez-Hidalgo 等(2024)利用温度趋势的移动窗口图直观地展示了西班牙大陆最高和最低温度月均值的空间变异性。

1.2.5 干旱对地表和地下水系统的影响

干旱直接或间接影响着全球和区域地表-地下水文循环过程，是导致水文水资源和水质时空分异的重要因素，同时也是湖泊流域水文情势变化的主要原因之一。全球气候变暖以及干旱事件频繁增加，导致地表水体环境中养分负荷和浓度的显著增加，从而造成全球范围内众多湖泊、水库、河流和沿海地区水域的富营养化(Jury and Vaux, 2005)。地表水和地下水环境问题主要受自然因素改变的长期累积影响(Smetacek and Zingone，2013; Beusen et al., 2016)。

干旱对河流、湖泊等地表水体的影响，主要体现在水位下降、水质恶化、生态系统失衡等诸多方面(Mosley, 2015；Mtilatila et al., 2020；张奇等, 2023)。干旱发生，长期无雨或少雨，使得土壤水分严重不足，影响了河流和湖泊的水位。这种水分不足不仅直接影响水体的自然平衡，还可能导致湖泊和河流的水位下降，进而影响其蓄水和供水能力。干旱的发生不仅对地表水资源数量产生影响，也会对其水质产生影响(Mosley, 2015)。干旱期间，由于温度升高和河道流量减少，地表水体的水质呈现恶化趋势。这种恶化主要是由于面源污染物的积累，尤其是在旱后的强降水过程中，这些污染物被大量冲刷进入水体，导致地表水体的水质急剧恶化(程兵芬等, 2014)。面源污染是当前流域水质恶化的主要因素。面源污染物的入河时间及含量，是干旱影响地表水体水质的关键要素(程兵芬等, 2014)。不同区域干旱期间的地表水水质受土地利用、区域气候和自然地理属性与人类活动的影响，具有一定的差异。在干湿交替情景下，其对水质的影响更为突出。此外，干旱对湖泊生态系统的影响尤为显著,因为湖泊水位的下降会改变生物的栖息地，导致生态环境和资源的严重破坏(Saber et al., 2020)。湖泊是自然水资源的重要组成部分，其水位的变化直接关系到湖泊生态系统的平衡。干旱时期，湖泊生物多样性降低，水生生物及影响水生生物生长繁殖的生境、水质理化和水文等指标发生综合变化，导致生态系统遭受沉重打击。

综上所述，干旱对河流、湖泊等不同类型地表水体的影响是多方面的，包括水位下降、水质恶化和生态系统失衡等，这些影响对人类和自然环境都是巨大的挑战。因此，需要采取有效的措施来应对干旱，如减少农业、工业和人类活动所需的水量，以及出台环保政策来减少排放和污染，以保护水资源和维护生态系统健康。

关于干旱对地下水系统的影响，相关工作包括基于观测手段和模拟技术等开展干旱条件下地下水补排量及动力场演化特征研究，对清晰理解地下水资源衰减或维持机理具有实际意义。例如 Geirinhas 等(2023)从气候变化背景出发，对美国东南部 2019～2021 年干旱发生时间进行了详细的资料分析,并揭示了在此期间流域土壤水分的时空演变特征，提升了土壤水文过程对干旱响应的认识。Ascott 等(2023)采用野外调查和概念模型相结合的研究方法，开展了干旱时期威尔士 Afon Fathew 河流域地下水对径流的贡献分析，结果表明，干旱时期大部分河流水量来自地下水的补给，很好维持了河流周边生态系统发展。此外，诸多学者基于干旱时期地下水资源的重要性，进一步分析了地下水干旱对地表植被生态的影响(Fildes et al., 2023)。研究表明，地下水位的持续下降，将会导致湿地植被生长条件减弱，逐步被其他类型植被所取代，同样会造成植被丰度显著下降，进而影响植被生态系统的稳定性，比如科罗拉多州圣路易斯河谷湿地(Cooper et al., 2005)、澳大利亚 Daly 湿地（Lamontagne et al., 2005）。不仅如此，诸多研究还表明干旱与地下水质状况有着直接联系，大多数的干旱发生会加速地下水含水层的水质恶化（Teng et al., 2023; Zhang et al., 2023）。从水资源管理角度，Okofo（2023）基于非洲加纳 Tamne 流域半干旱气候条件以及旱季严重缺水等现实问题，应用地下水数值模型评估了该河流流域含水层储水量变化以及地下水补排转化关系，进而为流域地下水资源的开采利用和合理分配提供关键科学依据。总的来说，在干旱条件下，地下水是河流、湖泊、湿地等地表水资源量的重要贡献组分，也是地表生态环境系统发展的关键影响因素之一。因此，探明干旱条件下地下水文水动力过程的响应特征及水资源量变化，不仅是水资源保护和生态保障的重要基础，更有利于对极端气候条件做出更快的对策制定与响应措施。

在地表-地下水文系统中，极端气候水文事件（自然强干扰）通常对河湖与地下水环境的影响要更为剧烈且深远（张云昌和赵进勇, 2023）。气候变化，其所引起水资源量的时空分布和水质变化等问题已成为各国科学家和政府关注的热点，但有关极端气候事件对水循环和水质方面的影响研究相对较少（夏星辉等, 2012; Lipczynska-Kochany, 2018）。一般而言，极端气候事件主要包括洪水、干旱、高温热浪、旱涝急转等天气状况。在极端洪水事件发生期间，工业废水、生物污水、人畜粪便等污染物随洪水过程进入地表水体，导致水质恶化，同时影响了地表和地下水之间的物理和化学物质交换，对地下水环境系统也产生了诸多不利影响（Mooney et al., 2021; 魏信祥等, 2023）。但同时针对极端高温和干旱，不少研究认为一方面会引起水体中含氧量减少，底部缺氧并发生一系列微生物厌氧反应，促使底泥重金属和营养元素的析出，导致水体营养盐浓度的增加；另一方面，在干旱低流量条件作用下，污染物浓度也会显著增加，进而促进藻类繁殖和浮游生物大量生长，最终引起水体富营养化等系列问题（Zhang et al., 2014）。国内外已有研究表明，洪涝干旱等极端水文事件，往往可改变污染物的迁移转化和水体的稀释能力，影响水体点源和非点源污染事件发生的概率和量级，控制藻类的生存条件以及浮游植物种类组成等，直接影响河流和湖泊等水体环境状况，最终导致地下水环境结构与功能的变化以及增加生态系统风险（Geris et al., 2022）。换言之，极端气候事件确实加剧了地表和地下水水质的负面变化趋势（Šperac and Zima, 2022; Barbieri et al., 2023），水质变化主要取决于地表水和地下水之间的连通程度以及水量交换强度。

综上可知，国内外围绕气候变化对水文水资源、水环境等影响开展了大量基础性、开拓性工作，获取了自然过程影响的基本认知和结论，但自然“强干扰”很大程度上打破了地表-地下水系统原有的物理和化学平衡，地表-地下水连续体已朝着复杂性和不确定性方向发展，给生态系统修复与保护带来了巨大挑战。

1.3　鄱阳湖流域概况

1.3.1　地形地貌

鄱阳湖是我国面积最大的淡水湖泊，位于长江南岸、江西省北部，在湖口与长江连通，地理位置在北纬 28°24′～29°46′、东经 115°49′～116°46′之间。鄱阳湖是长江流域的一个过水性、吞吐型和季节性通江湖泊，被誉为“长江之肾”，它不仅是候鸟的重要迁徙地，而且对长江中下游的生态功能维护具有重要作用。鄱阳湖流域地处长江流域中游南岸，与江西省行政区域高度重合(图 1-3)。流域东西宽约 490 km，南北长约 620 km，横跨江西、湖南、安徽、福建、浙江、广东六省，属于华东地区。鄱阳湖流域总面积 16.2 万 km^2，约占江西省境内面积的 97%，约占长江流域面积的 9%(金斌松等, 2012)。根据分水线，鄱阳湖流域可以大致划分为赣江、抚河、信江、饶河和修水 5 大子流域，其中赣江流域面积最大。从地形地貌来看，流域东、西、南三面被群山环绕，主要有东北部的怀玉山、三清山，东部的武夷山，南部的大庾岭和九连山，西北与西部的幕阜山脉、九岭山和罗霄山脉等。流域中部地势相对较低，丘陵起伏，地形较为平缓。而北部则是鄱阳湖平原，地势平坦，土地肥沃，适宜农业发展。整个流域内地貌类型复杂，主要为山地(36%)、丘陵(42%)和盆地(12%)，植被则以常绿阔叶林、混交林以及农作物

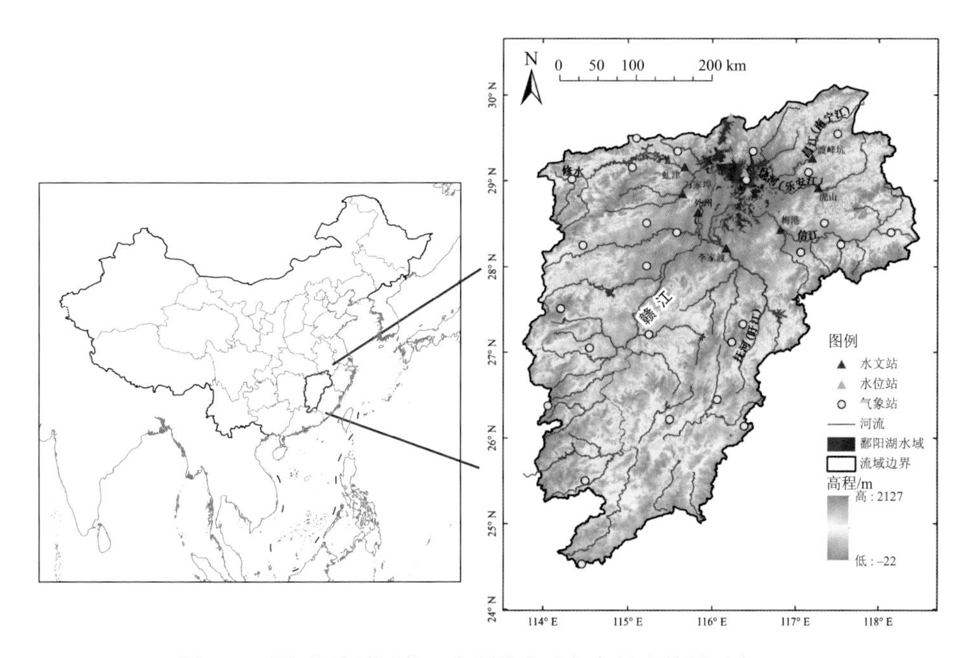

图 1-3　鄱阳湖流域区位、高程分布及气象站点位置示意

为主。这些地理特征对流域内的农业、旅游业和生态环境都具有重要的影响和意义。

1.3.2 地质条件

流域内出露的地层较为丰富，自中元古界双桥山群至第四系均有分布，只有上奥陶统、泥盆系、下石炭统、三叠系、侏罗系、下白垩统存在地层的缺失，其中第四系地层分布较为广泛，为区内最主要出露的地层。鄱阳湖地区跨两个一级大地构造单元，以萍乡乐平为界的南北地质构造存在着明显的差异，北部的构造单元位于扬子地台东南缘，而中南部则属华南褶皱系(兰盈盈, 2016；储小东, 2022)。自印支运动以来，该区域经历了多次构造运动，在经历了复杂漫长的地质演变之后，该地区复杂的地质结构影响着流域地下水化学成分。地堑构造属于北部湖口到星子段的地区，而南部大片水域地区则属于“鄱阳湖断凹”，如今鄱阳湖区形成了“两堑夹一隆”的局面(兰盈盈, 2016；王然丰等, 2017)。由此可见，鄱阳湖盆地属于断陷盆地，是由于地壳的拉张而形成的。该盆地具有褶皱和变质两种基底，上部为沉积岩褶皱基底，下部为变质岩基底。研究区内还有较为明显的断裂构造，以北北东向和北东为主。其中，赣江断裂呈北东-南西向分布，对盆地的发育演化起着关键作用。除此之外，湖口-松门山断裂带沿着河谷水系遍及全区，曾在地质历史上较为活跃，并且切割了不同时代的沉积覆盖层。中国东南部的大地构造条件都十分复杂，这也包含下扬子地区在内，自燕山运动时期以来，华南便为亚洲东部滨太平洋大陆边缘活化带的组成部分(图 1-4)。

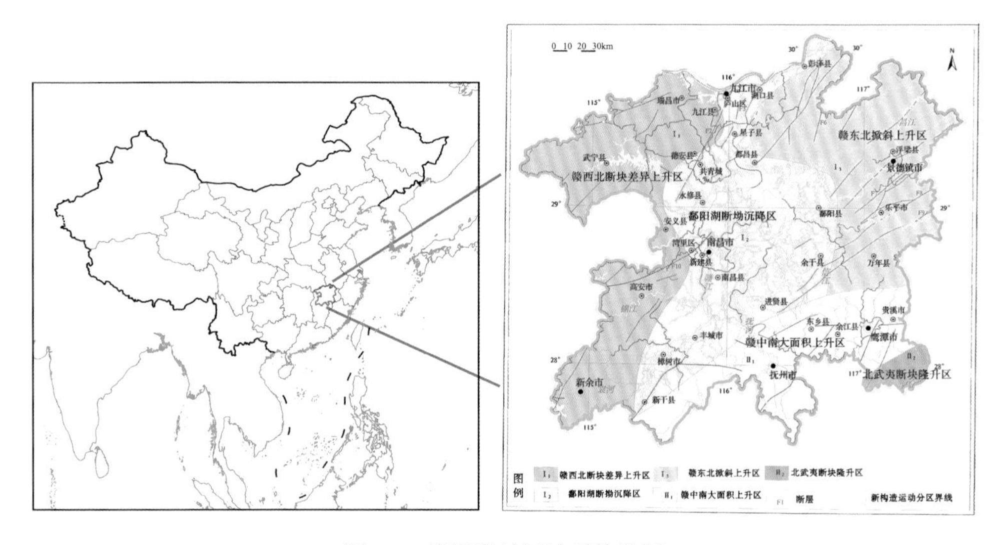

图 1-4　鄱阳湖地区地质构造图

自第四纪以来，盆区内差异性断块较为活跃，以地壳的垂直升降运动为主。区内的新构造运动主要是一些断裂活动，继承了燕山期的构造特征，且不同区域的湖泊沉积特征存在着很大的差异。在上更新世时期的鄱阳湖已呈现出一片港汊纵横的平原地貌景观，但自从全新世以来，由于盆区内地壳松弛挤压导致的均衡作用，鄱阳湖地区又出现出庐山隆升和湖盆下降的新构造运动，这些断裂活动与赣江断裂紧密联系，沼泽景观逐渐由鄱阳湖南湖的平原演化而来。早在 1700 年前，该地区已形成了如今鄱阳湖的范围和形态。

1.3.3　气候水文

鄱阳湖是长江水流主要的调节器，在不同年份和不同季节，湖区的水位变化较大，这主要受到流域和长江的双重影响。在洪枯季鄱阳湖的湖面面积和蓄水量差异较大，其中 5～9 月为丰水期，10 月～次年 2 月为枯水期，呈现出“洪水一片，枯水一线”的景象(Li et al., 2014)。鄱阳湖流域位于北半球亚热带，属于亚热带季风湿润气候，气候温暖，无霜期长，夏季高温多雨，冬季温和湿润。流域内降水丰富，但时空分布不均，整体表现为秋多冬少、北多南少，具有明显的区域性和季节性，时常发生洪涝灾害。该地区的多年平均气温为 17.0～19.1℃，多年平均降水量为 1341～1940 mm，降水主要集中在 4～6 月，约占年降水总量的 50%(图 1-5)。此外，流域经湖口汇入长江的多年平均径流量为 1518 亿 m^3，多年平均年输沙量为 1000 万 t。在过去的几十年来，鄱阳湖流域建设了众多的水利工程，截至 2011 年，该地区已建成 1 万多座水库，包括 30 座大型水库，总库容约为 190 亿 m^3(江西省第一次水利普查公报, 2013)。

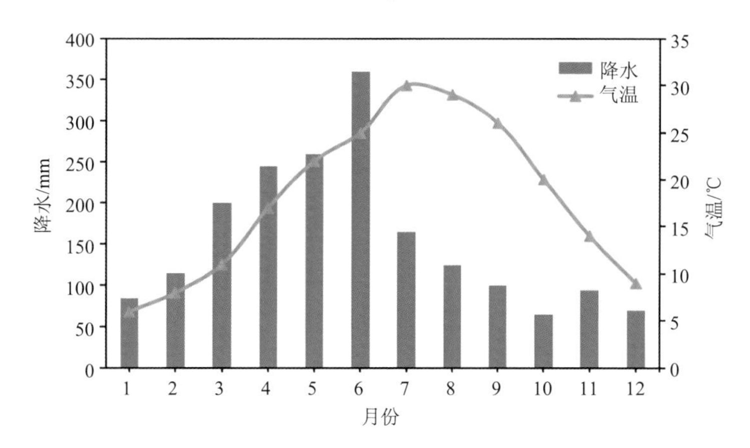

图 1-5　研究区降水和气温年内变化曲线

受气候变化与人类活动的影响，鄱阳湖气象水文情势正发生巨大的变化。20世纪90年代，鄱阳湖流域频繁发生洪水，如1992年、1995年、1996年和1998年。2000年后，该地区夏秋季节水文气象干旱频发、引起了国内外的广泛关注。例如2003年秋旱(9～10月)、2006年夏秋连旱(7～12月)、2009年夏旱(7～9月)、2019年夏秋连旱(7～10月)和2022年夏秋连旱(6～9月)。其中2019年7～10月的极端干旱造成316.4万人受灾，直接经济损失达25.9亿元。2022年长江流域的高温干旱同样对鄱阳湖流域水安全和生态安全产生了负面影响，该年旱季比有记录的最早开始时间(2006年)提前了16天左右(Rodriguez, 2022; 贾建伟等, 2023; 雷声等, 2023a, 2023b)。未来几年，类似的严重干旱仍将保持多发的态势。为确保流域季节性水资源充沛，保障经济可持续发展和国家绿色发展战略的实施，提高鄱阳湖流域季节尺度干旱预测的准确性和延长预见期已成为亟须解决的问题。

1.3.4 流域水系

鄱阳湖流域拥有丰富的水系网络，包括赣江、抚河、信江、饶河和修水五大主要河流，环湖直接入湖河流以及鄱阳湖。五大河流从南方、东方和西方汇集于鄱阳湖，再经过调蓄后通过湖口进入长江。整个流域内河流众多，水源充足，其水系交错复杂且湖泊分布广泛，共有大小河流2400多条。其中面积超过50 km^{2}的河流约有967条，超过100 km^{2}的河流约有490条，而在1000 km^{2}以上的河流则约有51条(江西省第一次水利普查公报, 2013)。

赣江是鄱阳湖水系中最大的河流，全长766 km，流域面积约8.35万km^2。其发源于赣闽交界的武夷山西麓，自南向北贯穿江西省，最终注入鄱阳湖。抚河的主干线长度348 km，流域面积约1.65万km^2，河流走向为从南到北，源出于武夷山西麓广昌县驿前的血木岭。信江主流长359 km，流域面积约1.76万km^2，河流由东向西流，起始于浙赣边界怀玉山南麓。饶河主河道长299 km，流域面积约0.88万km^2，河流从东北向西南流淌，源头位于皖赣交界的婺源县五龙山。修水主流长419 km，流域面积约1.48万km^2，河流由南向北流，源出于铜鼓县高桥乡叶家山。

1.3.5 土壤和土地利用

鄱阳湖流域拥有丰富的自然资源，其土壤类型主要包括红壤、红壤性土、黄壤、黄棕壤、紫色土、石灰土、冲积土和水稻土8种类型(图1-6)。其中，红壤分布最为广泛，约占流域总面积的56%。根据分布情况来看，海拔800 m以上的区域主要分布黄壤和黄棕壤，而紫色土和红壤广泛分布在海拔低于800 m的丘陵地区，水稻土则主要分布在河谷平原、丘间谷地和阶地地带(樊哲文等, 2009)。在流域内，大部分土壤质地松散，易于受到侵蚀，水土流失现象较为严重。据统计，流域内水土流失面积占全流域土地面积的 20%(熊梦雅, 2016)。土地利用方式以林地和耕地为主，草地、灌木和湿地的面积相对较小。具体而言，林地、耕地和草地占比分别为 64%、26%和 4%(吴桂平等, 2013)。

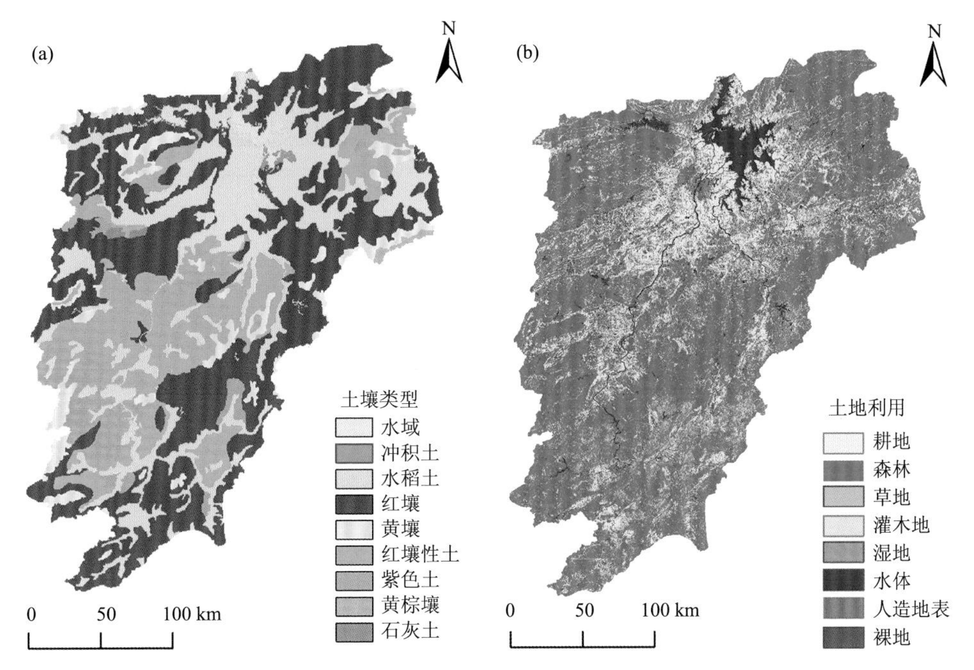

图 1-6　鄱阳湖流域土壤类型分布图(a)和土地利用类型分布图(b)

数据来源：(a)中国科学院南京土壤研究所；(b)2020 年 GlobeLand 30 全球地表覆盖数据

1.3.6　社会经济状况

江西省内下辖11个设区市和100个县(市、区)，其中省会为南昌市。根据《2021年江西统计年鉴》，截至 2020 年年末，研究区总人口约 4519 万人，其中城镇人口 2731 万人，乡村人口 1788 万人，城镇化率达到 60.44%，人口密度为 271 人/km^2，表明该地区具有较高的城镇化水平和人口集聚程度。经济方面，2020 年全省地区生产总值(gross domestic product，GDP)达到 25692 亿元，较上年增加了 4.16%；人均生产总值为 56871 元，比上年增加了 4.08%；财政总收入 4048 亿元，比上年增加了 1.15%。研究区以农业和工业生产为主，盛产水稻、棉花和油菜，是我国重要的粮食生产地之一。此外，鄱阳湖流域拥有丰富的生物多样性和自然资源，农业和渔业发达，2015～2020 年，全省森林覆盖率达 63.1%，位居全国第二。

综合以上关于对鄱阳湖流域的多方面概况介绍，选择该流域作为季节尺度干旱预测研究区的原因如下：

(1) 鄱阳湖流域是季节尺度干旱易发区域。受东亚季风的影响，鄱阳湖流域的降水和气温具有鲜明的季节性特征，雨季和旱季分明(刘卫林等, 2020)。7～10 月，流域进入旱季，降水显著下降，而气温仍较高，蒸散发量大于降水量，强烈的蒸散发迅速消耗地表和土壤水分。若前期雨季(4～6 月)的降水量少于同期均值的20%以上，则累计效应促使夏秋季节尺度干旱发生(郭华等, 2012)。当初冬(11 月)降水较同期偏小时，秋旱可持续到来年的初春，形成严重的春旱(如 1963 年)(郑金丽等, 2021)。此外，全球变暖使流域气温上升，水循环加速，极端降水事件增加，导致旱涝灾害的发生频率和强度增大(唐国华和胡振鹏, 2017)。

(2) 干旱问题对鄱阳湖流域造成了严重影响。鄱阳湖流域是中国重要的粮食产区和战略水源地(Liu et al., 2020)，在维护区域粮食安全和长江中下游地区的水安全和生态服务方面发挥着不可替代的作用(Yan et al., 2018)，同时也是生态环境脆弱的区域。由于鄱阳湖流域降水的季节性变化特征，当地的雨养农业和依赖水源涵养的湿地生态系统极易受干旱的影响(Hong et al., 2014)。然而，据报道，最近二十年鄱阳湖流域极端干旱频发，给流域的农业生产、生态系统和社会经济带来了严重损失(Hong et al., 2015; Liu et al., 2011; Zhang et al., 2011)。因此，迫切需要提高干旱预测能力为抗旱减灾提供科学支撑。

(3) 鄱阳湖流域季节尺度干旱研究具有典型性。鄱阳湖流域作为典型的亚热带季风气候区，其季节尺度干旱研究对于理解东亚季风区的极端气候和气候变化的影响具有重要的参考价值(黄荣辉等, 2003)。ENSO 是影响东亚季风并增大其区域气候变率的首要因素(高辉和王永光, 2007)。研究表明，鄱阳湖流域的洪水与 El Niño 事件密切相关(Shankman et al., 2012, 2006)，而干旱受到 La Niña 事件的强烈影响(Guo et al., 2020)。此外，有研究检测到 ENSO 对鄱阳湖流域降水变化存在超过 3 个月的滞后影响(Zhang et al., 2015)。除 ENSO 外，研究还指出了其他环流因子的重要性，特别是 2000 年之后，NAO 和 AO 对干旱的影响呈加强的态势(王蕊等, 2018)。因此，鄱阳湖流域具备对 ENSO 等大尺度因子异常的敏感性和多因子协同效应的复杂性，可以代表季风气候区的季节尺度干旱的典型成因，具有较高的研究价值和研究必要性。

虽然大量研究已指出了对鄱阳湖流域极端降水有显著影响的气候因子及可能的滞后时间，但是，目前大多数研究更多的是从特定外强迫因子认识干旱的形成机理(刘元波等, 2014; 齐述华等, 2019)。迄今为止，对鄱阳湖流域干旱机制的认识仍存在局限性，具体体现在两个方面，一是对 ENSO 等因子的滞后影响规律及其大气传播机制缺乏系统的认识；二是对多因子协同作用、关联效用以及背后的机制缺乏全面的了解。因此，有必要从时间滞后效应和空间组合效应的角度，进一步提高对鄱阳湖流域季节尺度干旱发生发展机制的认识，这对实现长预见期的干旱精准预测有重要的科学意义。

1.4 本章小结

本章围绕全球气候变暖背景下干旱频发这一热点问题，主要从干旱的一般性概念及其分类、季节尺度干旱的驱动机制和可预测性、气象水文干旱的常见预测技术手段、旱涝急转的演变特征及其常见研究方法，以及地表-地下水系统对干旱事件的响应等方面进行了相关国内外进展综述，最后简要介绍了鄱阳湖流域地质地貌、水文气象和社会经济等基本概况。根据对鄱阳湖流域的多方面概况介绍，阐述了该流域作为干旱分析和预测的主要原因，旨在强调鄱阳湖流域干旱研究和相关问题探索的重要性，为鄱阳湖流域水安全和生态安全提供重要科学依据。

第 2 章 鄱阳湖流域季节尺度干旱对 ENSO 的滞后响应

尽管 ENSO 对区域季节尺度干旱的滞后影响已经受到了广泛的关注，但大部分研究仅局限在 ENSO 的发展期和衰减期的不同影响，或者从相关性的角度考虑 ENSO 与区域气候之间的滞后相关性，很少有研究在月尺度上对 ENSO 触发干旱的滞后时间进行定量化的分析。因此，为了增强对 ENSO 触发区域干旱的滞后效应及其影响机制的理解，本章采用了 Donges 等(2016)开发的新型基于事件的统计分析方法——事件巧合分析(event-based coincidence analysis, ECA)来研究 ENSO 事件和鄱阳湖流域干旱事件之间的响应关系。ECA 可以考虑不同气候事件之间的滞后触发率，因此可以用于 ENSO 事件和干旱事件之间的滞后响应关系研究。ECA 方法已被广泛应用于气候极端事件的滞后关系定量化，如旱涝急转(He et al., 2019)和气候变化的生态影响(Siegmund et al., 2016)。

本章致力于阐明不同滞后时间下区域干旱事件发生概率对 ENSO 事件的响应机制，为明确回答这一重要科学问题，具体研究内容包括：①基于实测数据和干旱指标识别鄱阳湖流域的季节尺度干旱事件，分析其长期演变特征；②基于 ECA 识别常规 ENSO 和 ENSO Modoki 事件对干旱滞后影响的时空分布规律；③基于大尺度环流分析探究 ENSO 滞后影响背后的物理机制。本章所构建的统计分析框架和所得结论有助于增强对季节尺度干旱驱动机制的理解，对提升季节尺度干旱预测能力具有重要的科学价值。

2.1 数据与方法

2.1.1 数据来源

本节使用的数据包括鄱阳湖流域地面台站气象数据、ENSO 指数和高空气象再分析数据，时间范围均为 1960～2015 年。

地面台站气象观测数据用于识别鄱阳湖流域气象干旱。数据来源于中国气象局(CMA)国家气候中心。变量包括日降水量和日最高、最低气温，研究区域内共计 27 个站点(详见第 1 章图 1-3 所示)。数据质量控制和一致性检验由 CMA 完成。

ENSO 指数用于识别 ENSO 事件。本章考虑了两种类型的 ENSO：常规 ENSO(即东部型 ENSO)和 ENSO Modoki(即中部型 ENSO)。其中 Niño3 指数用于识别常规 ENSO 事件，数据来源于美国国家海洋和大气管理局(NOAA)气候预测中心（CPC）（http//:www.cpc.ncep.noaa.gov/data/indices）。Niño3 指数是 Niño3 区域（90°W～150°W，5°S～5°N）的逐月海洋表面温度（SST）的异常值（SSTA）。此处为了区分常规 ENSO 与 ENSO Modoki，采用了 Niño3 指数而不是最常用的 Niño3.4 指数（Tedeschi et al., 2013）。ENSO Modoki 指数（EMI）用于识别 ENSO Modoki 事件，数据来源于日本海洋科学技术研究所（http://www.jamstec.go.jp/e/database/），由热带太平洋中部区域海温 SST_A（165°E～140°W, 10°S～10°N）、东部区域海温 SST_B（110°W～70°W, 15°S～5°N）和西部区域海温 SST_C（125°E～145°E, 10°S～20°N）按式（2-1）计算得到：

$$EMI = SST_A - 0.5 \times SST_B - 0.5 \times SST_C \tag{2-1}$$

高空气象再分析数据用于分析与 ENSO 滞后影响有关的大尺度环流机制。数据来源于美国国家环境预报中心（NCEP）/美国国家大气研究中心（NCAR）再分析数据集（https://psl.noaa.gov/data/gridded/data.ncep.reanalysis.html）（Kalnay et al., 1996），收集的高空要素包括 850 hPa 高度的纬向风速（u）、经向风速（v）和垂直风速（omega），以及 500 hPa 位势高度（hgt），时间分辨率为月，空间分辨率为 2.5°×2.5°。

2.1.2 季节尺度干旱事件识别

本书采用标准化降水蒸发指数（SPEI）（Vicente-Serrano et al., 2010）作为鄱阳湖流域气象干旱指数。SPEI 发展自常用的标准化降水指数（SPI）（McKee et al., 1993），且额外考虑了潜在蒸发量（PET）。由于 SPEI 在时间尺度选择上的灵活性，可用于识别不同时间尺度的几乎所有类型的干旱，特别是在气候变化背景下。通常，短时间尺度（< 6 个月）的 SPEI 适用于气象干旱和农业干旱，而长时间尺度（如>12 个月）则适用于分析水文干旱（Vicente-Serrano et al., 2010）。由于本书主要关注季节尺度干旱，选择了 3 个月时间尺度的 SPEI 作为季节尺度气象干旱指标。其中 PET 采用考虑温度的经验性 Thornthwaite（TH）方程来计算（Thornthwaite, 1948）。选择该方法的原因是：①与 Penman-Monteith（PM）方程等相比，该方法需要的气象输入比较简单，只需要气温作为输入变量，因此基于降水和气温即可得到 SPEI 指数，对于短期气候模式的气象要素预报结果也适用，对之后基于模式预测的干旱指标计算较为有利。②基于 TH 方程的 SPEI 指数已成功用于表征中国南方湿润区（包括鄱阳湖流域）的干/湿状态（Chen and Sun, 2015; Liu and Liu, 2019; Wu and Chen, 2019; Xu et al., 2015）。由于潜在蒸散发除气温之外还受日照、风速和气压等的影响，因此有研究指出仅基于温度的 Thornthwaite 方程可能会导致 PET 计算结果不准确，从而导致对干旱的估计不准（Vicente-Serrano et al., 2020）。例如，Xu 等（2015）指出，使用 Thornthwaite 方程可能会高估 PET，从而高估干旱。

在中国干旱地区进行的 PM 和 TH 方法的对比研究指出，SPEI_PM 在干旱监测方面优于 SPEI_TH（Chen and Sun, 2015）。但是在湿润地区，SPEI_PM 表征的区域干/湿状况与 SPEI_TH 表征的干/湿状况基本一致（Liu and Liu, 2019），因此采用基于 TH 方程的 SPEI 指数可以满足鄱阳湖流域的干旱评价精度要求。

关于 SPEI 时间尺度的选择，3 个月的时间尺度在季节尺度干旱研究中应用最为广泛。例如，Huang 等（2019）基于 $SPEI_3$ 和 $SPEI_{12}$ 分析了长江流域的干旱特征，结果表明 $SPEI_3$ 适用于降水年内差异较大的季风区的季节尺度干旱分析，而 $SPEI_{12}$ 更适合于分析干旱的年际变化。因此，选择 3 个月时间尺度的 SPEI 来识别鄱阳湖流域的季节尺度气象干旱，可以很好地还原历史干旱事件特征。

以下为 SPEI 指数的具体计算过程，主要参考 Vicente-Serrano 等（2010）和 Yu 等（2014）所采用的方法。

第 1 步　基于 Thornthwaite 方程计算潜在蒸散发量：

$$\mathrm{PET} = 16K\left(\frac{10T}{I}\right)^m \tag{2-2}$$

式中，T 是月平均温度（单位：℃）；I 是热指数，按 12 个月指数值之和计算；m 是取决于 I 的系数：$m = 6.75\times10^{-7}I^3 - 7.71\times10^{-5}I^2 + 1.79\times10^{-2}I + 0.492$；$K$ 是与纬度和月份有关的修正系数。

第 2 步　基于水量平衡，计算不同时间尺度下的水分累计亏缺量，即第 i 个月的降水（P_i）和 PET 之间的差值：

$$D_i = P_i - \mathrm{PET}_i$$

之后的计算过程与 SPI 指数类似，基于所选择的时间尺度 K，以及给定的年份 i 和月份 j，将 $D_{i,j}^k$ 值在不同时间尺度上进行汇总。例如，当时间尺度为 12 个月时，对于 i 年 j 月的累积差值，计算方法为

$$\begin{cases} X_{i,j}^k = \sum\limits_{l=13-k+j}^{12} D_{i-1,l} + \sum\limits_{l=1}^{j} D_{i,l} & (j < k) \\ X_{i,j}^k = \sum\limits_{l=j-k+1}^{j} D_{i,j} & (j \geqslant k) \end{cases} \tag{2-3}$$

式中，$D_{i,j}$ 是 i 年第 j 个月的 P–PET 值，单位是 mm。

第 3 步　利用 Log-logistic 分布对聚合后的水分亏缺值序列 D 进行归一化，得到 SPEI 指数序列。

Log-logistic 分布的概率密度函数表示如下：

$$f(x) = \frac{\beta}{\alpha}\left(\frac{x-\gamma}{\alpha}\right)\left[1+\left(\frac{x-\gamma}{\alpha}\right)\right]^{-2} \tag{2-4}$$

式中，α、β和γ分别为尺度、形状和原点参数，对应的 D 值的范围为$\gamma > D < \infty$。Pearson III型分布的三个参数可以按照 Singh 等(1993)的方法得到。

因此，D 序列的概率分布函数可以表示为

$$F(x)=\left[1+\left(\frac{\alpha}{x-\gamma}\right)^{\beta}\right]^{-1} \tag{2-5}$$

根据 $F(x)$的标准化值，可以得到 SPEI 指数序列。采用 Abramowitz 和 Stegun(1965)的经典近似方法：

$$\text{SPEI}=W-\frac{C_0+C_1W+C_2W^2}{1+d_1W+d_2W^2+d_3W^3} \tag{2-6}$$

式中，$W=\sqrt{-2\ln P}$，P 为大于给定的 D 值的概率，$P=1-F(x)$ ($P\leqslant 0.5$)。如果 $P>0.5$，则 P 由 $1-P$ 代替，且 SPEI 计算结果的符号取其相反。式中的常数为：C_0=2.515517, C_1=0.802853, C_2=0.010328, d_1=1.432788, d_2=0.189269, d_3=0.001308。

根据 SPEI 指数的大小，可以将干旱事件按照强度分为轻旱、中旱、重旱和特旱(Vicente-Serrano et al., 2010)，如表 2-1 所示。

表 2-1　基于 SPEI 指数的气象干旱等级划分

SPEI 指数	干旱等级
SPEI > –0.5	无旱
–1 < SPEI≤–0.5	轻旱
–1.5 < SPEI≤–1	中旱
–2.0 < SPEI≤–1.5	重旱
SPEI≤–2.0	特旱

2.1.3　ENSO 事件定义方法

本章重点关注两类 ENSO：常规 ENSO 和 ENSO Modoki。常规 ENSO 指赤道太平洋东部区域的海面温度异常(SSTA)，并向西面的大洋中心扩散。ENSO 事件的定义在国际上没有统一的标准，本章将常规 ENSO 的冷位相(La Niña)和暖位相(El Niño)事件分别定义为 Niño3 海区(90°～150°W，5°S～5°N)的平均 SSTA 低于或高于其长期历史序列的 0.7 倍标准差，以下分别缩写为 CEN 和 WEN。

此外，有关研究指出中部型 ENSO，即 ENSO Modoki，在全球和区域范围内的气候影响显著区别于常规 ENSO，且具有相互独立的作用机制(Ashok and Yamagata, 2009)。ENSO Modoki 与赤道太平洋中部强烈的异常变暖以及太平洋东部和西部的异常变冷有关。本书将 ENSO Modoki 的冷位相(La Niña Modoki)和暖

位相(El Niño Modoki)事件分别定义为 EMI 指数低于或高于其长期历史序列的 0.7 倍标准差，分别缩写为 CEM 和 WEM。

2.1.4 滞后响应分析方法

本章采用事件巧合分析法(event-based coincidence analysis, ECA)来量化常规 ENSO 或 ENSO Modoki 对干旱的影响。ECA 由 Donges 等(2016)和 Siegmund 等(2017)开发，是一种量化事件对(即本书中的 ENSO 事件和干旱事件)之间相互关系的概念性统计框架。其中的相互关系包括了关联强度、方向性和滞时。ECA 可以通过式(2-7)中的滞时参数(τ)考虑两个事件序列中 ENSO 事件结束时间(t_j^{E})和干旱发生时间(t_i^{D})之间滞时的影响，通过时间窗口参数(ΔT)考虑不确定性的影响。迄今为止，ECA 已被广泛应用于多时空尺度的关联性极端事件研究，例如全球尺度上的旱涝急转现象。

在本书中，ECA 用于量化在给定的时间窗口(ΔT)和一系列变化的滞时(τ)下，当 ENSO 事件发生后，干旱事件随后响应 ENSO 事件的概率，这种延迟响应关系通过 ENSO 事件对干旱事件的触发率 $r^{\mathrm{E}\Rightarrow\mathrm{D}}$ 来表示：

$$r^{\mathrm{E}\Rightarrow\mathrm{D}}\left(\Delta T,\tau\right)=\frac{1}{N_{\mathrm{E}}}\sum_{j=1}^{N_{\mathrm{E}}}\Theta\left[\sum_{i=1}^{N_{\mathrm{D}}}\mathbf{1}_{[0,\Delta T]}\left(\left(t_i^{\mathrm{D}}-\tau\right)-t_j^{\mathrm{E}}\right)\right] \tag{2-7}$$

式中，Θ是 Heaviside 阶跃函数：

$$\Theta\left(x\right)=\begin{cases}1, x>0\\0, x\leqslant 0\end{cases} \tag{2-8}$$

$\mathbf{1}_{[0,\Delta T]}\left(x\right)$是选定时间窗口$[0,\Delta T]$的指示函数：

$$\mathbf{1}_{[0,\Delta T]}\left(x\right)=\begin{cases}1, x\in\left[0,\Delta T\right]\\0, x\notin\left[0,\Delta T\right]\end{cases} \tag{2-9}$$

式中，N_{E} 和 N_{D} 为 ENSO 和干旱的总事件数；t_i^{E} 和 t_j^{D} 代表 ENSO 和干旱事件时间；τ 为预定义的从 ENSO 事件到干旱事件的滞时，设定为 0～12 个月。本书未考虑滞时不确定性带来的影响，因此时间窗口 ΔT 设定为 0。ECA 分析中定义 ENSO 事件的阈值如前文所述，定义干旱事件的阈值设定为–1，即考虑中旱及以上严重程度的干旱月次。

为了进一步衡量 ENSO 对干旱的触发率在统计学上的稳健性，对式(2-7)进行了基于泊松分布的显著性检验，检验的零假设是 ENSO 延迟触发干旱的概率密度函数是随机型分布。通过计算每个站点的显著性水平(p 值)，以评估干旱的响应发生率是否具有显著的统计学意义。显著性检验同时考虑了 90%(p<0.1)和 95%(p<0.05)两种显著性水平。由于 ECA 的计算是基于站点的，采用反距离权重

法将 27 个站点的 $r^{E \Rightarrow D}$ 插值到流域面上，以获得延迟响应的空间分布规律(图 2-1)。

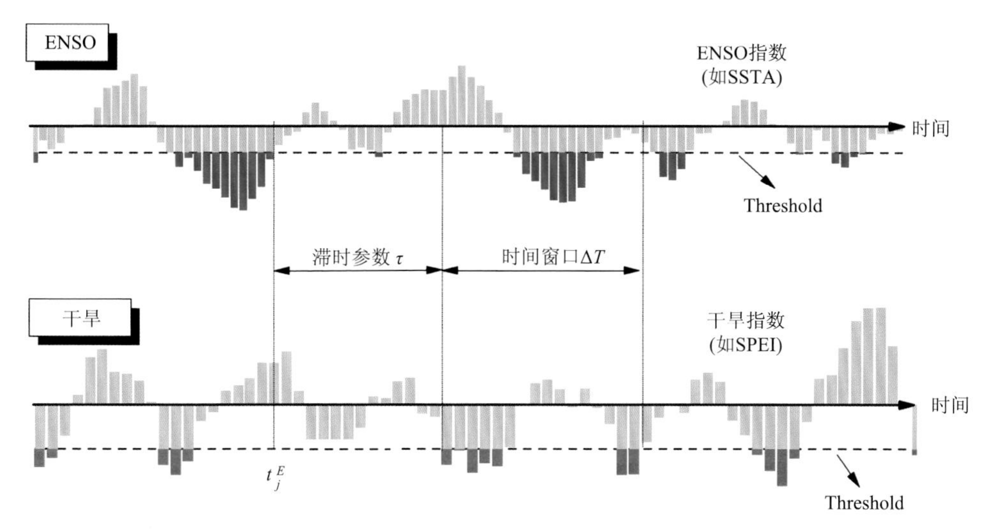

图 2-1　基于 ECA 的 ENSO 事件对干旱事件触发率计算方法示意图

2.2　鄱阳湖流域季节尺度干旱演变规律

分析鄱阳湖流域季节尺度气象干旱的长期演变规律可以为干旱的驱动机制研究提供基本背景。图 2-2 展示了 1960～2015 年鄱阳湖流域各季节 SPEI 变化趋势，分别用 5 月、8 月、11 月、2 月的 $SPEI_3$ 指数表征春夏秋冬四季的干湿情况。其中红线表示对 SPEI 值的线性拟合，灰色范围表示 95%置信区间。从线性拟合的结果可以看出，1960～2015 年鄱阳湖流域夏季和冬季的干旱情况呈缓解的趋势，而春季和秋季的干旱情况呈加重的趋势。秋季和夏季的 SPEI 演变趋势呈明显的阶段性特征。1990 年之后，秋旱的频次明显较之前增多，且烈度也更加严重。虽然夏季干旱整体上呈缓解趋势，但是自从 1990～2000 年的阶段性湿润期结束后，流域夏季也转入了历史上的干旱期，2000 年之后夏季以偏旱为主。冬旱和春旱一般为夏秋旱的延续，1970 年之前是冬旱的高发期，之后冬旱逐渐缓解。因此，鄱阳湖流域四季均可发生干旱，但是主要为夏旱(伏旱)和秋旱，尤其是 2000 年之后，夏旱和秋旱的频率显著增加。

图 2-3 统计了鄱阳湖流域不同等级干旱出现的频次(月次)。从各级干旱的逐年分布情况来看，1960～2015 年鄱阳湖流域的气象干旱经历了 20 世纪 60 年代的频发期和 90 年代的间歇期。到了 21 世纪初，气象干旱进入了第二个频发期，这一阶段不但干旱频次显著增加，特旱和重旱的频次也明显增多。2003 年、2009 年、2011 年出现了三次重旱及以上级别干旱，中旱的频次较以前也明显增加。从

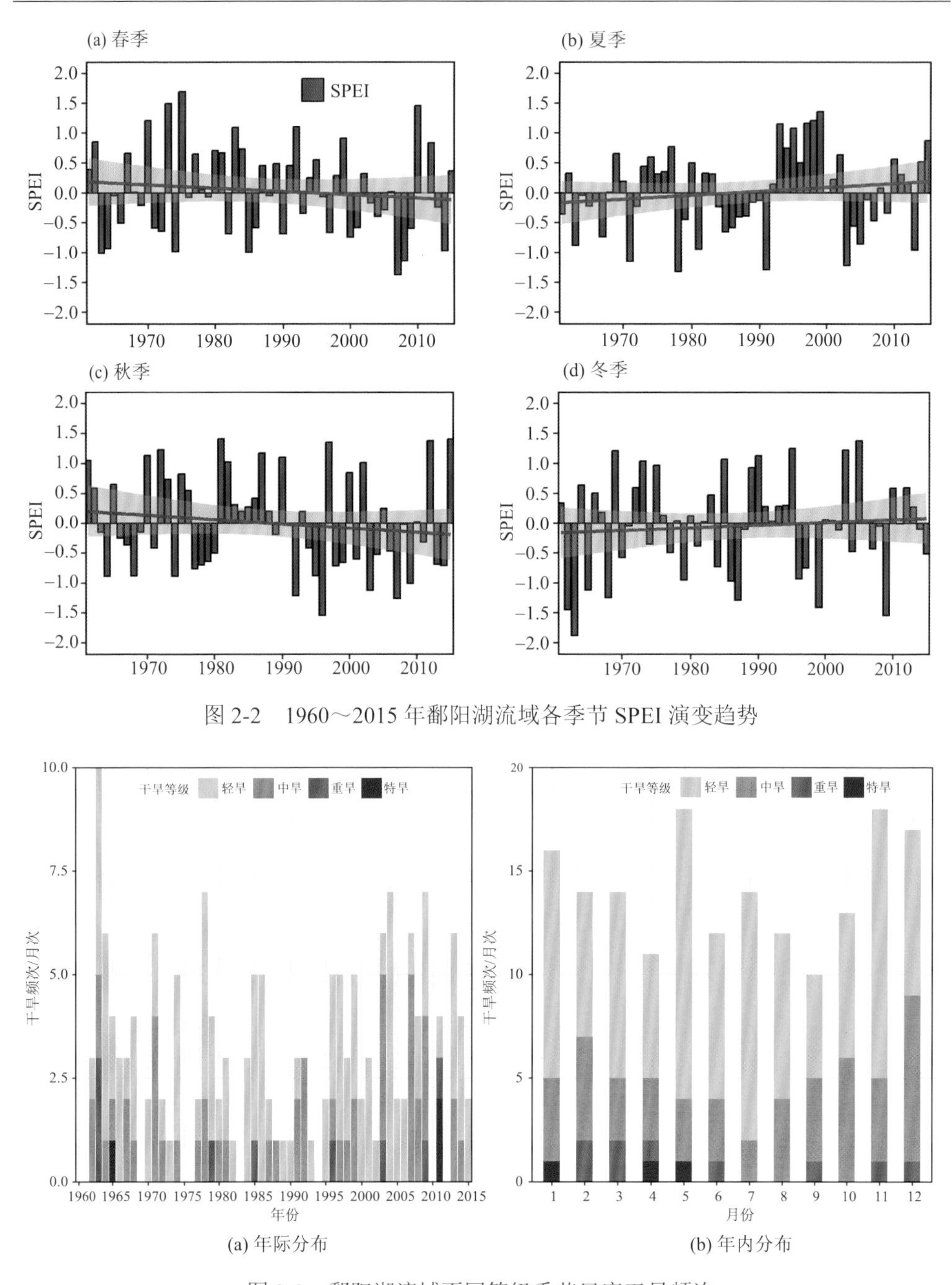

图 2-2　1960～2015 年鄱阳湖流域各季节 SPEI 演变趋势

图 2-3　鄱阳湖流域不同等级季节尺度干旱频次

干旱频次的季节分配结果来看，鄱阳湖流域干旱高发的月份为 1 月、5 月、11 月和 12 月，中旱及以上等级干旱高发的月份为 2 月、10 月和 12 月。轻旱的季节分配规律不明显，但是中旱及以上干旱频次的季节分布呈明显的“山谷型”分配规律，即 7 月干旱频次最低，2～7 月干旱频次降低，而 7～12 月频次增加，秋季干旱尤其以 10 月的严重程度最为突出。特旱主要出现在春季，如历史上严重的 1963 年春旱。

进一步，提取了鄱阳湖流域季节尺度典型干旱事件，分析了季节尺度干旱事件的基本特征。在识别过程中，首先提取了 SPEI 值小于 0.5 的时段，然后合并了间隔小于 3 个月且间隔期内的 SPEI 小于 0 的相邻干旱事件，且去除了历时小于 3 个月的短期干旱事件。表 2-2 和图 2-4 展示了 23 场次干旱事件的基本要素，包括开始时间、结束时间、干旱历时和严重程度，严重程度指干旱持续期间 SPEI 绝对值的总和。所提取的干旱事件基本覆盖了鄱阳湖流域有记载的历史典型干旱。所有干旱事件的平均历时为 4.5 个月，平均严重程度为 4.7，最长历时为 10 个月，严重程度最大值为 11.3(1963 年极端干旱)，其次为 1978 年的夏秋冬连旱，严重程度为 8.2。严重程度最高的几场干旱多为夏秋连旱或夏秋冬连旱。从干旱事件的开始和结束月份的分布情况来看，干旱事件的发生和终止时间不确定性较大，全年均可发生干旱。其中季节连旱为主要的干旱形式，共 16 场，占总事件数的 70%。不同季节干旱中，夏季干旱(包括连旱)最为常见，共 12 场，占总场次的 52%，大部分夏季干旱从春季开始露头，逐渐发展为严重干旱。

表 2-2　干旱事件基本信息

编号	年份	开始月	结束月	历时/月	严重程度	季节
1	1963	1	10	10	11.3	全年
2	1964	9	3(次年)	7	8.2	秋冬
3	1967	8	10	3	3.3	夏秋
4	1971	3	5	3	3.3	春
5	1971	7	9	3	2.9	夏
6	1974	3	5	3	3.1	春
7	1978	6	2(次年)	9	8.2	夏秋冬
8	1979	11	1(次年)	3	3.5	冬
9	1984	1	3	3	2.1	春
10	1985	5	8	4	4.1	春夏
11	1986	5	8	4	2.7	春夏
12	1991	6	8	3	3.4	夏
13	1992	10	12	3	3.4	秋冬
14	1995	11	2(次年)	4	3.1	冬
15	1996	11	5(次年)	7	7.0	冬春
16	1998	10	3(次年)	6	5.4	秋冬

续表

编号	年份	开始月	结束月	历时/月	严重程度	季节
17	2003	7	1(次年)	7	8.0	夏秋冬
18	2007	4	7	4	4.6	春夏
19	2008	4	6	3	2.7	春夏
20	2009	5	7	3	2.5	春夏
21	2011	3	6	4	6.9	春夏
22	2013	7	11	5	5.0	夏秋
23	2014	11	2(次年)	4	2.3	秋冬

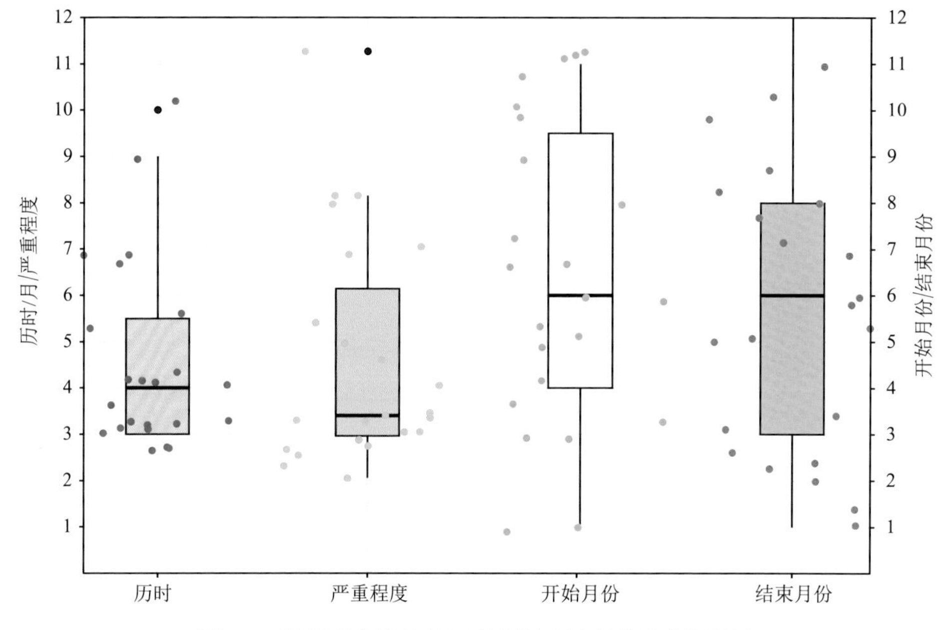

图 2-4　鄱阳湖流域季节尺度典型干旱事件要素箱型图

2.3　干旱对 ENSO 的滞后响应规律

2.3.1　ENSO 长时间演变规律与事件特征

图 2-5 显示了 1960～2015 年 Niño3 指数和 EMI 指数的时间变化，以及常规 ENSO(CEN 和 WEN)和 ENSO Modoki(CEM 和 WEM)事件的起始和终止月份。由于设定的阈值较高，所识别的 ENSO 事件是较为成熟的强 ENSO。很多分析认为，ENSO 事件序列的低频峰值存在约 3～5 年的周期，另外还有 2 年左右的弱变

化周期，这种准 4 年和准 2 年的周期振荡为 ENSO 的年际变化。此外，20 世纪 70 年代中期 ENSO 序列还发生了年代际变化的转换。

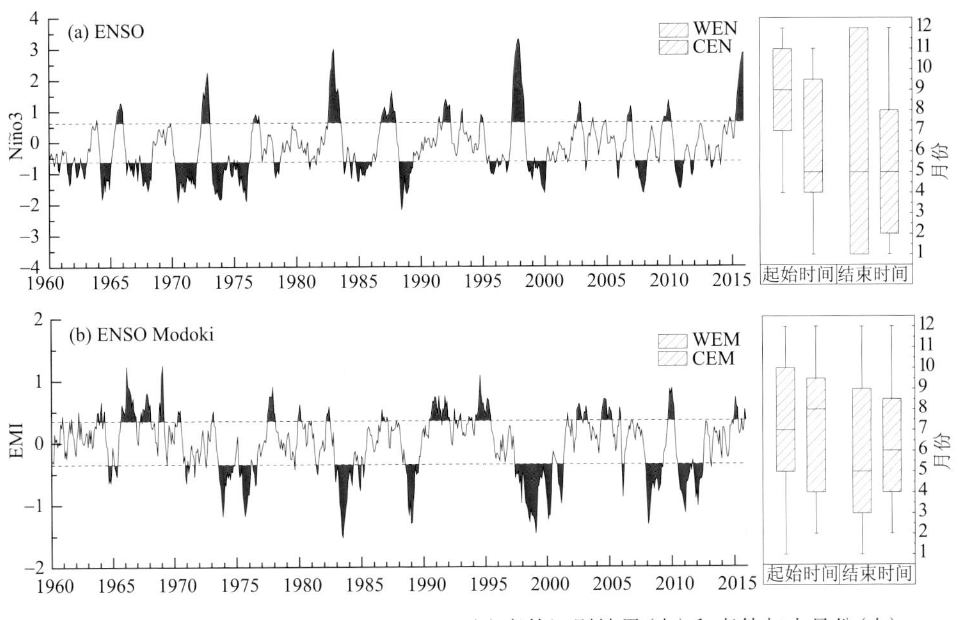

图 2-5　常规 ENSO(a)和 ENSO Modoki(b)事件识别结果(左)和事件起止月份(右)

四类事件的季节分布规律显示，WEN 的起始和终止月份的中值分别为 9 月和 5 月(次年)，CEN 的起始和终止月份的中值都是 5 月。WEM 和 CEM 的起始和终止时间的中值分别是 7 月到 5 月(次年)，8 月到 6 月(次年)。可以看出，El Niño 和 La Niña 存在季节性的变化规律。通常情况下，El Niño 在冬季和春季较为常见，冬季前是其发展期，冬季后进入衰落期；而 La Niña 则更多发生在秋季和冬季。具体来说，El Niño 现象通常在 12 月至次年 2 月达到高峰，而 La Niña 现象则在 9～11 月达到高峰。这种季节性变化规律与赤道太平洋海温的季节循环有关，海温异常的变化与季风环流等气候系统之间存在复杂的相互作用，从而导致了 ENSO 的季节性变化。

2.3.2　干旱对 ENSO 的滞后响应时间分布规律

通过 ECA 方法量化了常规 ENSO 和 ENSO Modoki 事件对鄱阳湖流域干旱事件的滞后影响，图 2-6 展示了不同滞时(0～12 个月)下四类 ENSO 事件(CEN、WEN、CEM 和 WEM)对干旱事件的流域平均触发率(站点均值)。比较四类 ENSO 对干旱的整体影响，发现 CEN 和 WEM 对鄱阳湖流域干旱的触发率最高，其所有滞时下的平均值分别为 19.4%和 20.5%；其次为 WEN 和 CEM，平均触发率分别为 15.9%和 16.6%。除 CEM 外，CEN、WEN 和 WEM 事件对干旱事件的触发率都在滞时为 10 个月时达到最高。此时 WEN 和 WEM 的最高触发率分别为 29.2%和 28.0%，意味着鄱阳湖流域约有 30%的干旱发生在常规 ENSO 或 ENSO Modoki 的暖位相之后的 10 个月。此外，WEN 和 WEM 事件的最低触发率出现在滞时为 4 个月时，触发率分别为 7.4%和 14.6%。

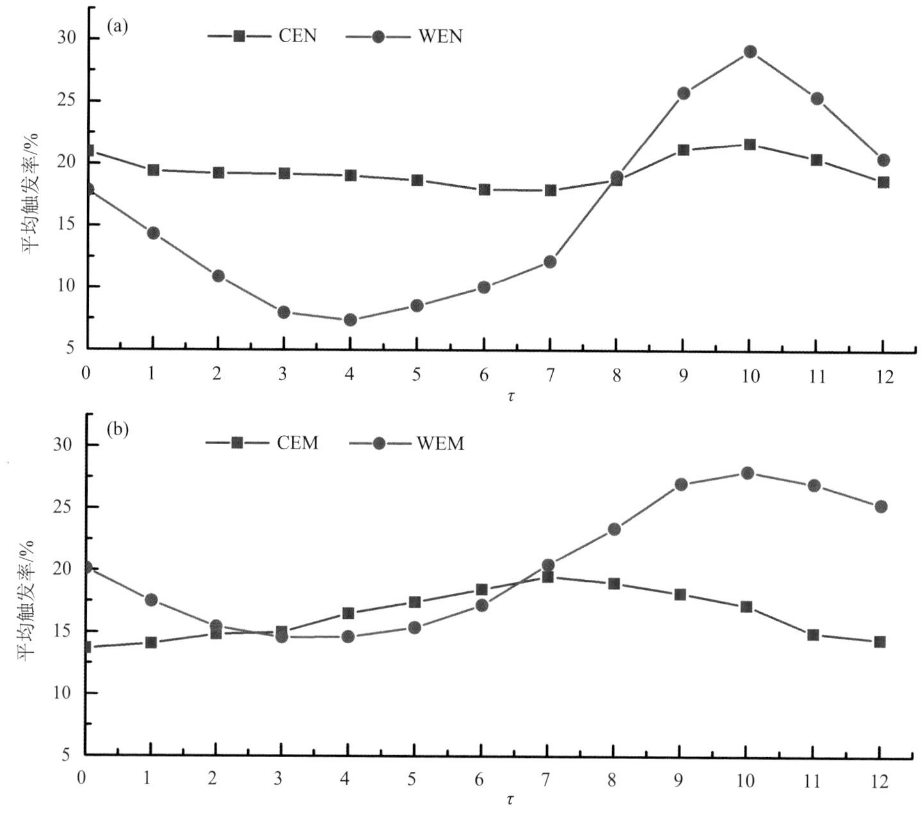

图 2-6　不同滞时下常规 ENSO(a)和 ENSO Modoki(b)冷暖位相对鄱阳湖流域干旱事件的平均触发率

值得注意的是，ENSO 不同位相的干旱触发率对滞时的变化有不同的敏感性。与冷位相(CEN 和 CEM)相比，ENSO 的暖位相(WEN 和 WEM)的干旱触发率对滞时的变化非常敏感，这表明了 ENSO 冷暖位相滞后影响的非对称性特征，即 ENSO 暖位相对干旱的滞后影响表现为“先减后增”的变化模式，而 ENSO 冷位相的滞后影响不随滞时的变化而变化，而是维持在与 ENSO 同期影响相近的水平。因此，ENSO 暖位相预示着之后的一年中，鄱阳湖流域的干旱风险为先降低后上升的过程，换句话说，鄱阳湖流域先发生洪涝，再发生干旱的几率将增加；而 ENSO

冷位相期间及其之后，鄱阳湖流域将处于长期的高干旱风险期。

2.3.3　干旱对 ENSO 的滞后响应空间分布规律

图 2-7 显示了不考虑滞后效应(滞时为 0)的情况下，四类 ENSO 事件期间发生干旱事件概率的空间分布模式以及相应的显著性水平。其中黑点表示在 0.1 显著性水平上显著的站点，黑星表示在 0.05 显著性水平上显著的站点。结果表明，常规 ENSO 和 ENSO Modoki 对鄱阳湖流域干旱的即时影响具有很大的差异。对于常规 ENSO，CEN 对干旱的影响较 WEN 更具有统计学显著性。根据 ECA 的计算结果，在四类 ENSO 事件中，最高的干旱触发率和最多的显著性结果集中出现

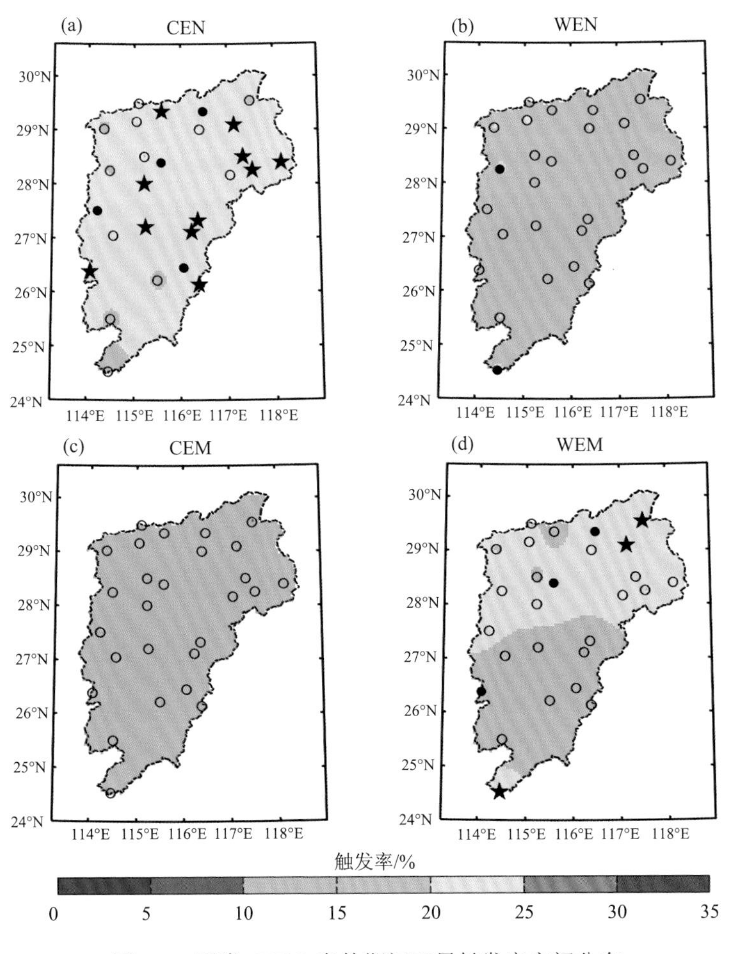

图 2-7　四类 ENSO 事件期间干旱触发率空间分布

在 CEN 阶段，其中有 55.6%的站点在 0.1 的显著性水平上显著，平均干旱触发率超过 20%[图 2-7(a)]。相比之下，WEN 事件的同期干旱触发率较低，在 15%～20%之间，只有 7.4%的站点在 0.1 的显著性水平上显著[图 2-7(b)]。

与常规 ENSO 相比，ENSO Modoki 的冷暖位相导致的干旱概率空间分布有明显的不同。在四类 ENSO 事件中，WEM 的触发率位于第二(仅次于 CEN)，其中触发率为 15%～20%的站点主要分布于鄱阳湖流域南部，触发率为 20%～25%的站点位于流域北部，且其中 22.2%的站点在 0.1 的显著性水平上显著[图 2-7(d)]。而 CEM 事件的干旱触发率在四类 ENSO 事件中最低，仅有 10%～15%，且没有站点通过显著性检验[图 2-7(c)]。

当考虑时滞效应时，干旱对常规 ENSO 和 ENSO Modoki 的响应显示出相似的空间分布特征。图 2-8 显示了当滞时为 2、4、6、8、10、12 个月时，常规 ENSO 对鄱阳湖流域干旱事件滞后触发率的空间分布。对于 CEN 事件，当滞时为 2、4、6、8 和 12 个月时，ECA 方法检测到的干旱触发率为 15%～20%，且只有 7.4%～29.6%的站点在 0.1 显著性水平上显著。当滞时为 10 个月时，干旱触发率达到了最大值，所有站点都检测到了高于 20%的干旱触发率，且 70.4%的站点在 0.1 显著性水平上显著，48%的站点在 0.05 显著性水平上显著。相比而言，WEN 的干旱延迟触发率显示出比 CEN 更高的空间不均匀性。总的来说，WEN 在鄱阳湖流域南部表现出比北部更高的干旱触发率。最高的触发率仍然出现在 10 个月滞时下，当滞时大于 7 个月时，部分站点检测到统计性显著的结果。在滞后 10 个月时，所有站点都在 0.1 显著性水平上显著，92.6%的站点在 0.05 显著性水平上显著。以上结果表明常规 ENSO 对 10 个月后的干旱有明显的滞后影响。

类似的，图 2-9 显示了 ENSO Modoki 在不同滞时下的对鄱阳湖流域干旱的触发率和显著性检验结果的空间分布模式。ENSO Modoki 所引起的滞后干旱的空间分布模式与常规 ENSO 相似。在不同的滞时下，CEM 对干旱的延迟触发率没有明显差异，仅在滞时为 6～8 个月时，0～14.8%的站点在 0.1 显著性水平上显著。CEM 触发率的空间分布呈由西向东递减的态势。相比之下，WEM 表现出更高的干旱触发率和显著性，且不同滞时下的触发率差异较大。其触发率的总体空间呈由北向南递减的模式。当滞时为 8～12 个月时，在全流域检测到了 20%以上的高触发率(且出现大量显著结果)。当滞时为 10 个月时，干旱触发率达到最高(25%～30%)，且所有站点都在 0.05 显著性水平上显著。

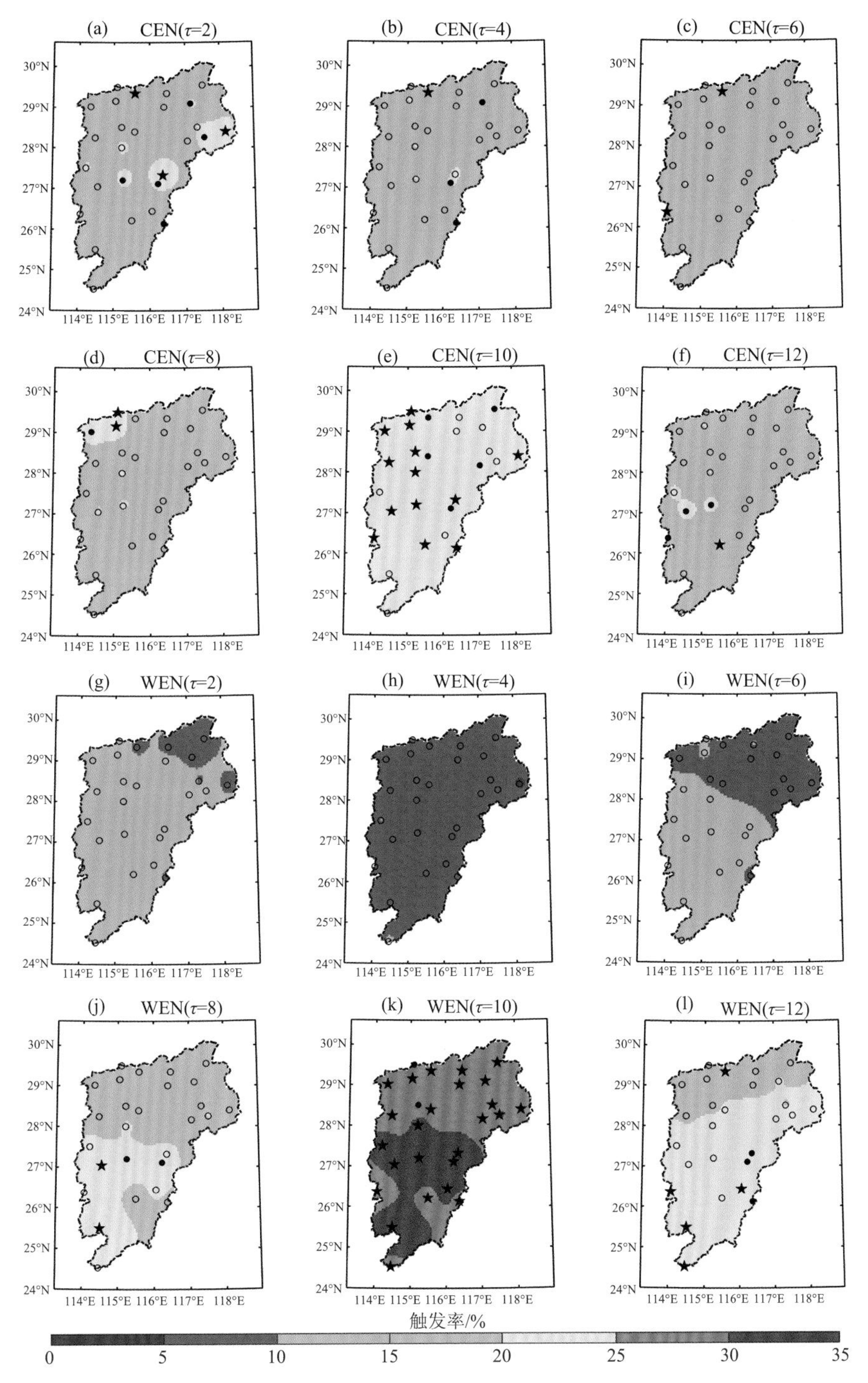

图 2-8　不同滞时下常规 ENSO 事件干旱触发率的空间分布

冷位相(a～f)；暖位相(g～l)

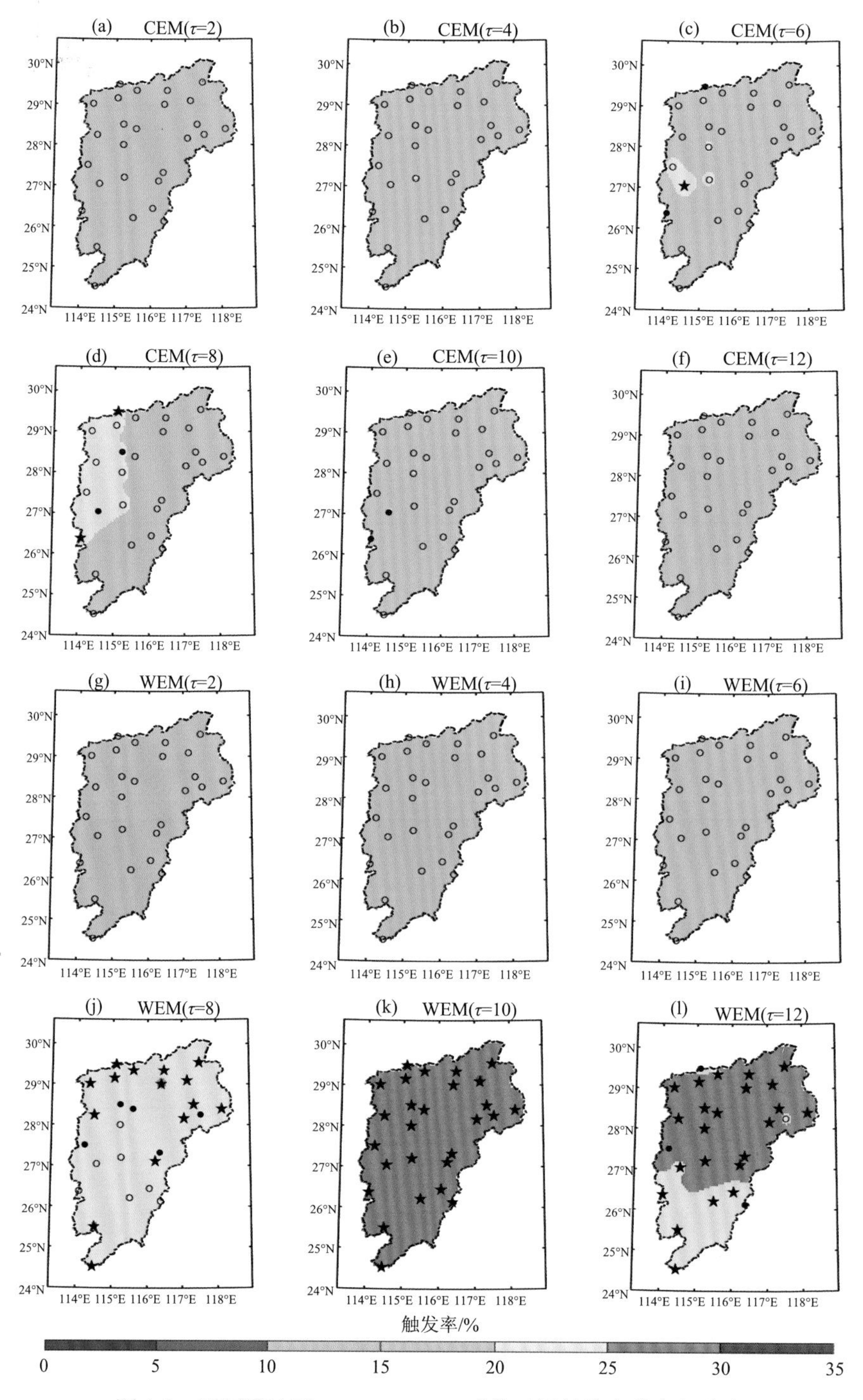

图 2-9　不同滞时下 ENSO Modoki 事件干旱触发率的空间分布

冷位相(a～f)；暖位相(g～l)

2.4　ENSO 滞后影响的环流机制

2.4.1　ENSO 滞后影响下的水汽条件和垂直运动

干旱的发生和持续往往与不利于该区域水汽条件或成雨条件的局部异常环流模式有关。大气低对流层(850 hPa)的经向、纬向和垂直风场异常是刻画水汽输送和垂直运动的关键物理量之一(Deng et al., 2019)。虽然 850 hPa 风场不能完全等同于鄱阳湖流域上空大气的可降水量或水汽通量，但是根据气候系统理论，风是不同方向上的热力差异引发的大气运动，因此可以通过风场异常来揭示 ENSO 影响下的致旱局部环流异常(Shang et al., 2021)。本节分析四类 ENSO 事件同期和不同滞时下的 850 hPa 纬向、经向和垂直风场异常，探究 ENSO 滞后影响下的潜在致旱局部环流机制。

图 2-10 展示了四类 ENSO 事件期间 850 hPa 水平和垂直风异常合成场的空间分布(相对于 1960～2015 年气候均态)，其中红线为鄱阳湖流域边界，矢量代表水平风异常，着色阴影代表垂直风速(omega)异常。在不考虑滞后影响的情况下(即 τ=0)，四类 ENSO 事件期间鄱阳湖流域上空的水平风场异常合理地解释了 ECA 所识别的干旱触发率的空间分布模式。在 CEN 事件期间，中国南海的气旋式异常环流和中国东南部的反气旋式异常环流共同导致了鄱阳湖流域上空的强东北风异常[图 2-10(a)]。这意味着来自印度洋的北向季风水汽输送的减少，且可能会阻挡来自南太平洋的水汽输送路径(0°～16°N，125°～150°E)。在四类 ENSO 事件中，CEN 事件期间显示出最强的偏东北风异常[图 2-10(a)]，这与 ECA 检测到的 CEN 事件期间的高干旱触发率相吻合。与 CEN 事件[图 2-10(a)]相比，WEN[图 2-10(b)]事件和 WEM[图 2-10(d)]事件期间华南地区呈较弱的偏北风异常，印证了 WEN 和 WEM 事件期间较弱的干旱触发率。在 CEM 事件期间，整个东亚地区的风速异常较弱(意味着相对较弱的季风水汽输送)，这与 CEM 最低的干旱触发率相吻合。

从垂直风速的空间分布来看，正垂直风速异常代表着空气下沉运动的加强，下降过程中下沉空气变得干燥，较低的相对湿度会降低水蒸气凝结为云和降水的能力，从而导致气温升高和降水减少，通常意味着干燥信号。与之相反，负垂直风速异常代表空气上升运动的加强，与对流性降水和云的形成相关，通常意味着湿润信号。垂直风速异常的空间分布解释了基于 ECA 方法得到的干旱事件触发率的空间分布。例如，CEN 事件期间鄱阳湖流域南部的垂直风速下沉区[图 2-10(a)]很好地解释了流域同一位置的干旱触发率的相对低值。

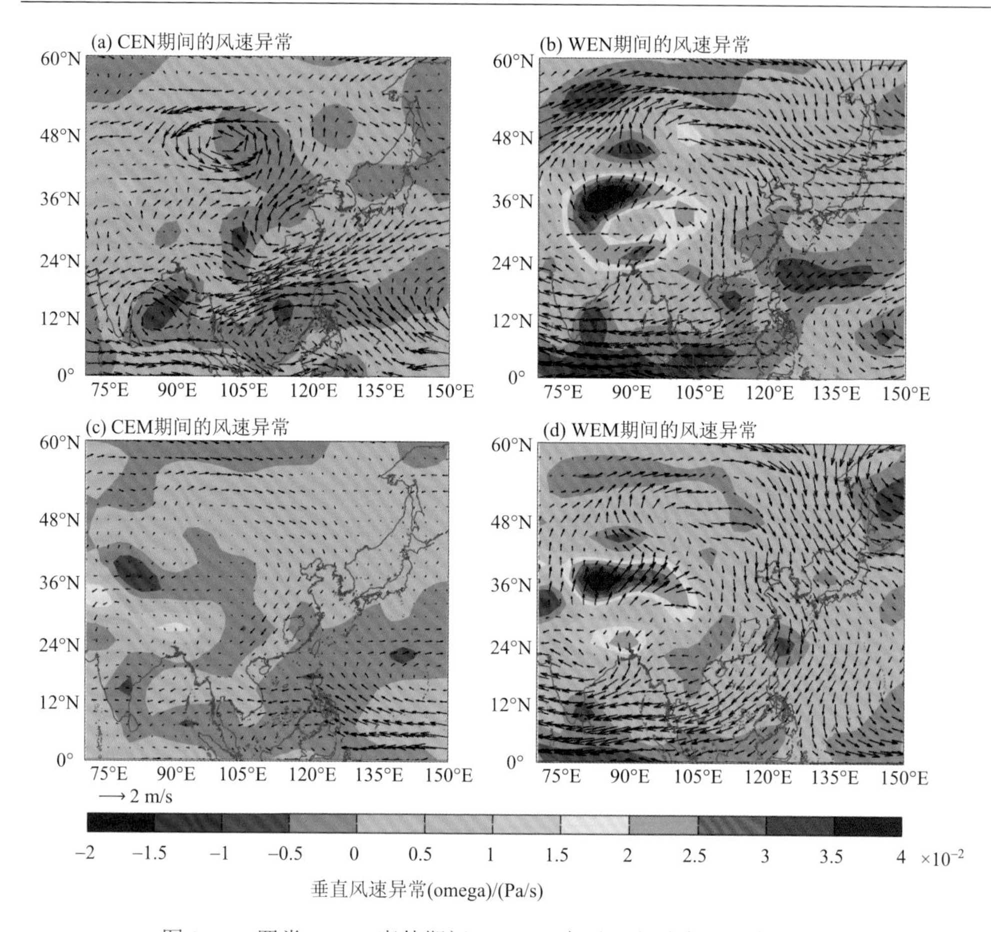

图 2-10　四类 ENSO 事件期间 850 hPa 水平风和垂直风异常合成场

图 2-11 和图 2-12 展示了 ENSO 和 ENSO Modoki 事件在不同滞时下对应的风异常合成场随滞时(τ=2、4、6、8、10、12)的空间分布(相对于 1960～2015 年气候均态)，其中红线为鄱阳湖流域边界，矢量代表水平风异常，着色阴影代表垂直风速(omega)异常。对于 CEN 事件，与滞时为 0 时相比，当时间滞后为 2～4 个月时，流域北部的反气旋异常[图 2-11(a)]向西南移动，且伴随着东北风异常的减弱[图 2-11(a)、(b)]。当时滞达到 6～8 个月时[图 2-11(c)、(d)]，反气旋式异常环流消失，鄱阳湖流域上空的东北风异常也随之减弱，但仍然存在。然而，在滞后 10 个月时，可以观察到流域上空重新加强的偏东北风异常[图 2-11(e)]，且在之后的 2 个月向南移动[图 2-11(f)]。CEN 事件滞后期内鄱阳湖流域上空长期维持的偏东北风异常很好地解释了 CEN 事件对滞时变化不敏感的滞后影响模式。此外，滞后 10 个月相对较强的偏东北风异常[图 2-11(e)]印证了前文 CEN 事件在滞后 10 个月时相对较高的干旱触发率和更多的显著性站点。

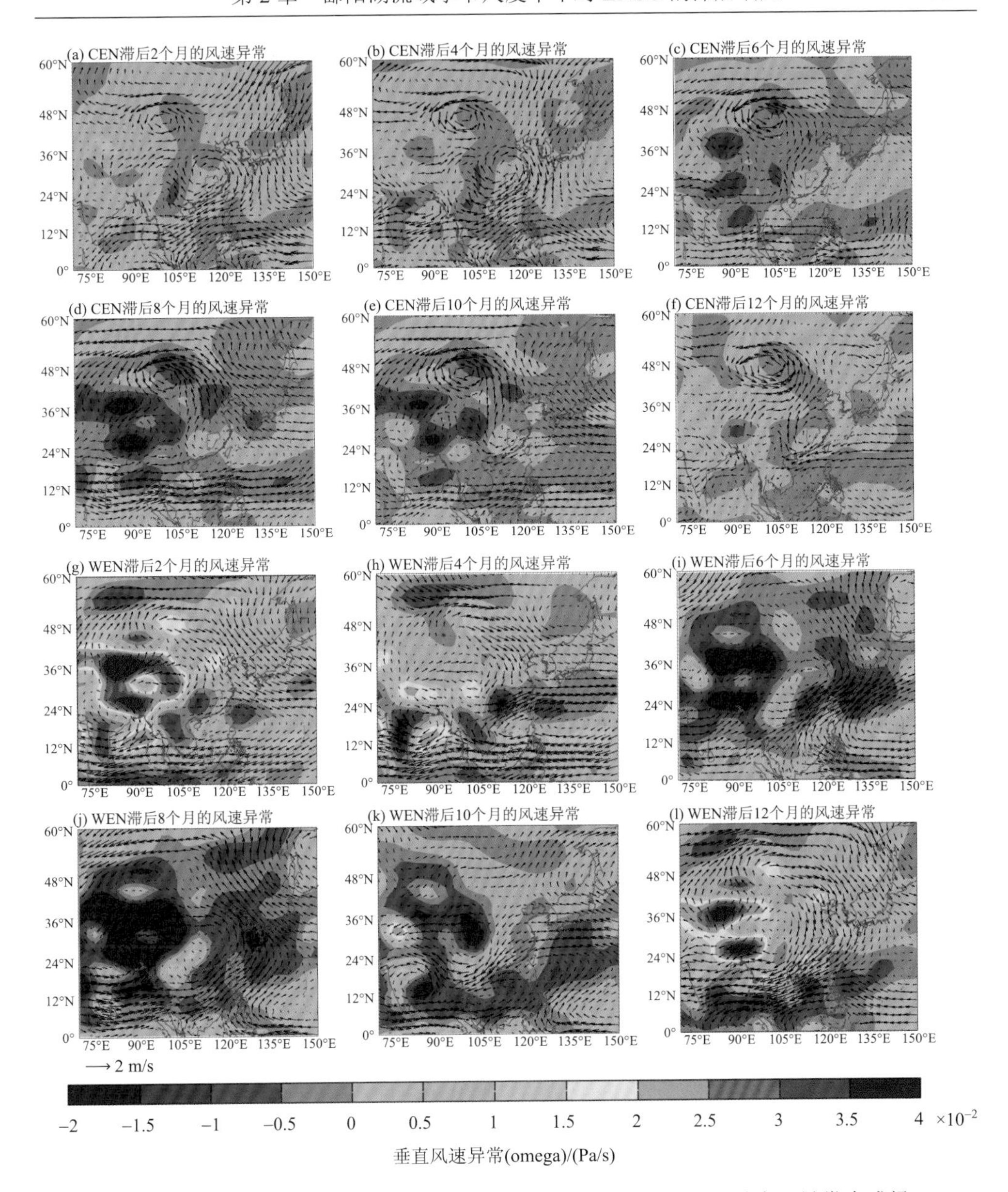

图 2-11　不同滞时下常规 ENSO 事件对应的 850 hPa 水平风和垂直风异常合成场

冷位相(a～f)；暖位相(g～l)

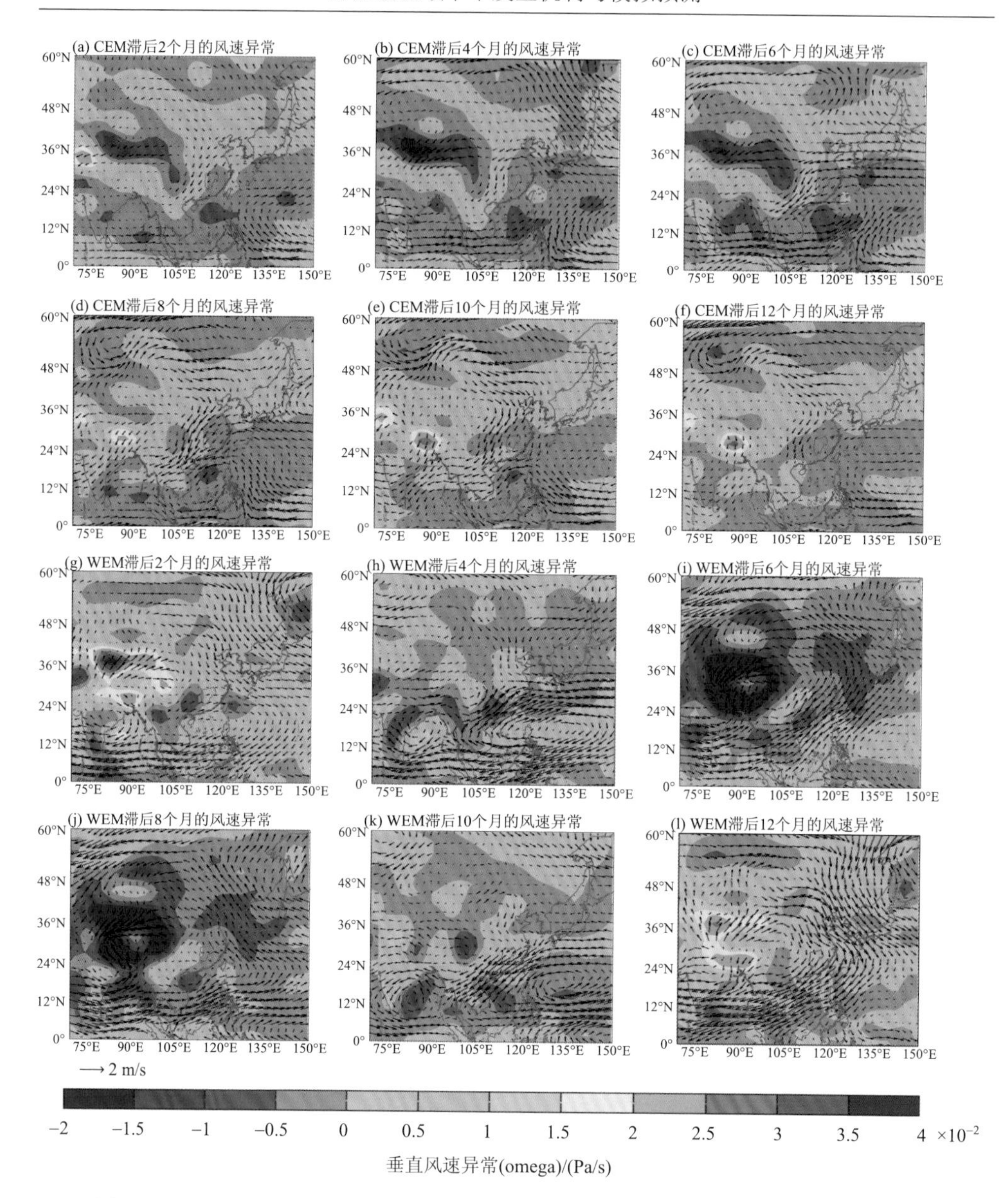

图 2-12　不同滞时下 ENSO Modoki 事件对应的 850 hPa 水平风和垂直风异常合成场

冷位相(a～f)；暖位相(g～l)

对于 WEN 和 WEM 事件，在 WEN 和 WEM 事件滞后 2 个月时，鄱阳湖流域上空存在西南风异常[图 2-11(g)和图 2-12(g)]，滞时为 4 个月时，西南风异常得到了加强[图 2-11(h)和图 2-12(h)]，从而加强了来自南部的水汽输送。此时水平风场异常的变化解释了前文 WEN 和 WEM 事件后 1～4 个月干旱触发率下降的原因。当滞时超过 4 个月，这种西南风异常为主导的大气环流模式仍然存在，但呈逐渐减弱的趋势[图 2-11(i)、(j)和图 2-12(i)、(j)]。当滞时为 10 个月时，研究区出现强烈的东北风异常，抑制了来自南部的水汽输送，并持续到滞时为 12 个月时[图 2-11(k)、(l)和图 2-12(k)、(l)]。伴随滞时的变化，局部大气环流从西南风向东北风的转变变化，印证了前文结果所展示的 WEN 和 WEM 的“先减后增”的滞后影响模式，即滞后 4 个月时干旱触发率达到最低值，10 个月时干旱触发率达到最高值。此外，之前的结果显示 WEN 和 WEM 的干旱触发率在滞时大于 8 个月时表现出较强的显著性，这与 WEN 和 WEM 事件滞后 8 个月以上时的强偏东北风异常相吻合。

对于 CEM 事件，除了在 6～8 个月滞时下显示出相对较强的东北风异常[图 2-12(c)、(d)]，鄱阳湖流域的风场在其余各滞时下都没有表现出明显的异常。虽然在研究区西侧的华中地区发现了明显的偏北风异常区域，但是该异常水汽输送通道对鄱阳湖流域的影响不大。因此，CEM 事件后 1～12 个月滞时下的干旱触发率总体来说相对较低。6～8 个月滞时下，中国中部的北风异常区向东伸出的部分覆盖到了鄱阳湖流域西部[图 2-12(c)、(d)]，导致流域西部站点干旱触发率的上升(以及统计显著性的加强)。

从垂直风速异常空间分布来看，在 WEN 事件滞后 6 个月时，流域西南部出现了垂直风速负异常中心[图 2-11(i)]。由于上升气流不利于干旱的发生，该异常导致了流域西南部干旱触发率的局部下降。此外，在 CEN 事件后 2 个月滞时下[图 2-11(a)]和 WEM 事件后的 12 个月滞时下[图 2-12(l)]，鄱阳湖流域南部的垂直风速正异常区，与同一区域的干旱触发率局部高值区相吻合。

总之，ENSO 事件不同滞后期下的局部风场异常的空间分布佐证了基于统计方法得出的干旱对 ENSO 的滞后响应的时间规律和空间模式，验证了 ECA 方法在挖掘 ENSO 对区域尺度上的滞后影响规律上的可靠性。同时，基于风场异常的局部环流异常分析也解释了 ENSO 在触发区域干旱上的滞后影响的动力机制：ENSO 通过触发中国南部区域(20°～30°N，110°～120°E)的偏东北风异常，抑制了来自孟加拉湾和西南太平洋的季风水汽输送，最终导致了鄱阳湖流域的季节尺度气象干旱。

2.4.2 ENSO 滞后影响下的大尺度环流特征

2.4.1 节基于近地面风场异常系统分析了与 ENSO 滞后影响相关的局部环流特征。由于大尺度环流异常是造成局部环流异常的背景原因，也是连接 ENSO 等外强迫因子和区域气候异常的中间桥梁，因此有必要对 ENSO 滞后影响引起的大尺度环流异常做进一步的分析。500hPa 位势高度场(HGT500)是对流层中层的无辐散层，可以体现槽脊移动或阻塞形势等大尺度环流形势。因此，本节采用 HGT500

来刻画 ENSO 影响下的相对稳定的大尺度水平环流形势。由于 ENSO 和 ENSO Modoki 具有相似的滞后影响模式，本节只针对常规 ENSO 的冷暖位相事件(CEN 和 WEN)进行分析。

图 2-13 和图 2-14 分别显示了 CEN 和 WEN 事件之后不同滞后期内 HGT500 异常的空间分布情况(相对于 1960～2015 年气候均态)。比较 CEN 和 WEN 事件对应的滞后 HGT500 异常，显然 CEN 的滞后期内的 HGT500 异常较弱，而 WEN 滞后期内的 HGT500 异常相对较强，表明 WEN 事件引起的大尺度环流异常较 CEN 事件更强，这与 WEN 的干旱触发率对滞时变化的高敏感性相符(图 2-14)。

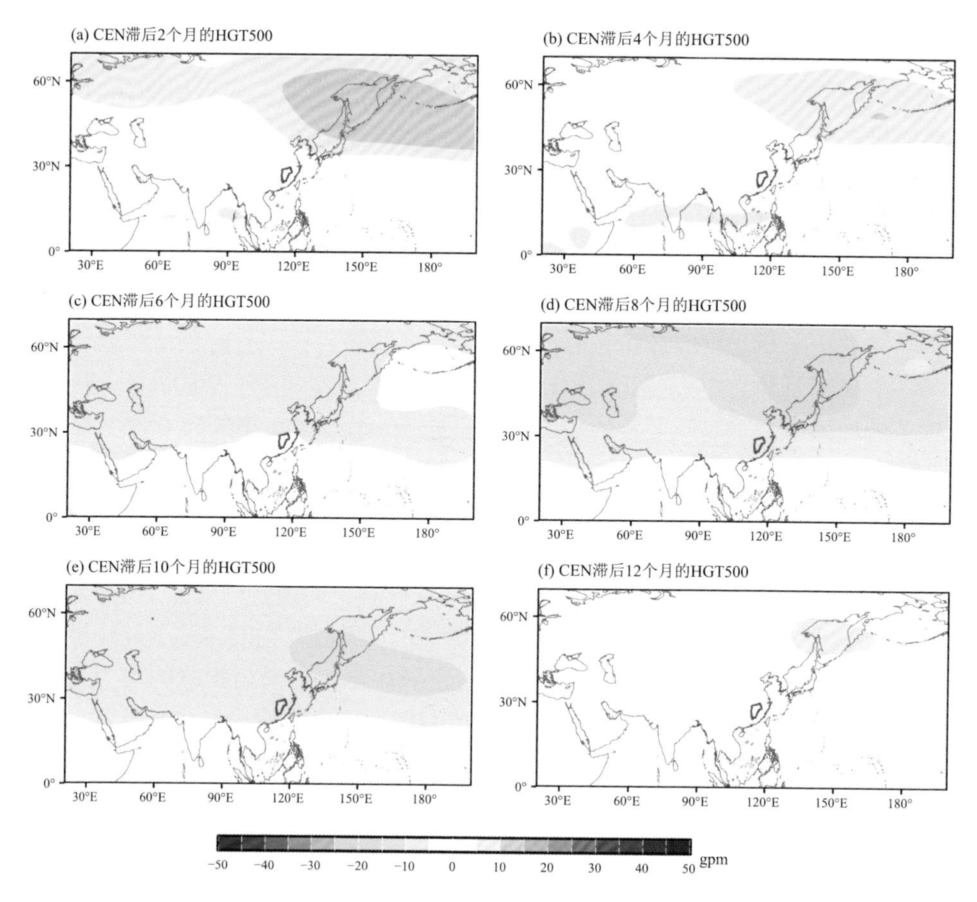

图 2-13　不同滞时下 CEN 事件对应的 500hPa 位势高度异常合成场

CEN 事件滞后期的大尺度环流形势表现为西北太平洋鄂霍次克海高压的减弱(2～4 个月滞时)和中高纬大面积的弱负异常(6～10 个月滞时)两个阶段。由于

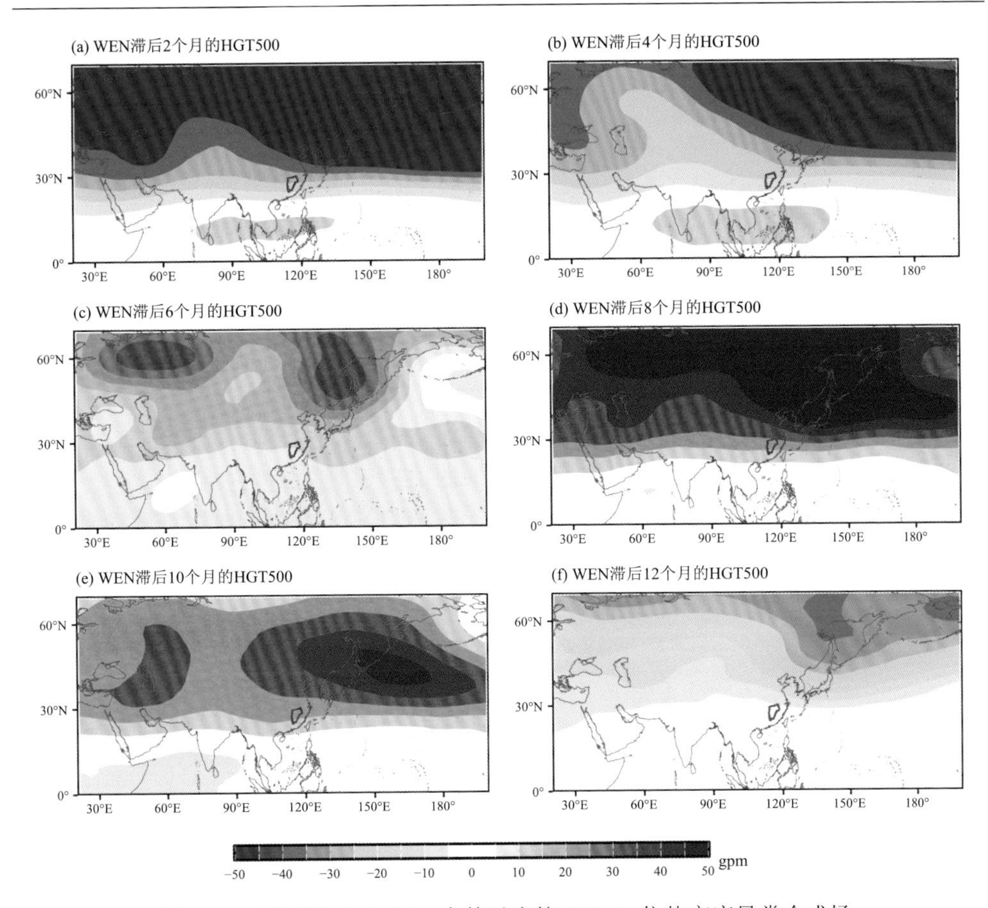

图 2-14　不同滞时下 WEN 事件对应的 500hPa 位势高度异常合成场

环流异常较弱，滞后期的环流形势没有引起强烈的局部气候变化。2～4 个月滞时下的鄂霍次克海阻塞高压说明了此时 CEN 事件较高的干旱触发率和弱鄂霍次克海阻塞高压引起的副热带高压偏北有关。

对于大尺度环流对 WEN 事件的滞后响应(图 2-14)，滞时为 2～4 个月时是 WEN 事件干旱触发率的下降阶段，此时的环流形势以西北太平洋气旋式异常(WNPC)为主导，且逐渐减弱，鄱阳湖流域位于位势高度负异常的南部边缘，受西风控制，利于水汽输送。滞时为 6～10 个月时是 WEN 事件干旱触发率的上升阶段，此时西北太平洋的低压中心被高压中心取代，且向西延伸，同时欧亚大陆深处乌拉尔山脉一线阻塞高压也强势出现；滞时 8～10 个月时，西北太平洋鄂霍次克海高压与乌拉尔山高压连成一片，形成了中高纬度的大面积高压异常。在这种大规模的阻塞形势控制下，经向环流增强而纬向环流减弱，不利于暖湿气流向北输送，同时阻碍了冷空气南下，导致了长江中下游地区的高温少雨。因此，可以总结出 WEN 事件对滞时高敏感的滞后影响模式是由乌拉尔山-鄂霍次克海阻塞高压的延迟形成过程导致的。

2.5　ENSO 对鄱阳湖流域涝旱转变的滞后影响

大部分研究认为，前期冬季出现强 El Niño 信号时，特别是在 El Niño 衰退期的夏季，中国雨带位置偏南，长江流域降水偏多，易发洪涝灾害。相反，前期出现 La Niña 信号代表长江流域降水偏少，次年易发干旱灾害。本章所识别的 El Niño 事件的“先减后增”的滞后干旱触发率，补充了 ENSO 对中国南部夏季降水影响规律的认识，即：前期冬季 El Niño 不仅预示了长江中下游地区夏季降水的增加(滞时为 3～5 个月)，也是秋冬季降水异常偏低的前期信号(滞时为 9～11 个月)。二者结合，可以发现前期冬季的 El Niño 对次年鄱阳湖流域的涝旱转变事件有很强的指示作用。Li 和 Ye (2015) 发现鄱阳湖流域涝旱转变一般发生在 7～9 月，其中典型的例子是 1998 年 7～8 月的极端洪水事件过后，12 月～次年 1 月鄱阳湖流域出现了中度干旱事件，其背景是 1998 年 1 月发生了历史上强度最高的一次 El Niño 事件。

为了探究 El Niño 对鄱阳湖流域涝旱转变事件的滞后影响，本书通过 SPEI 指数识别了涝旱转变事件，并基于 ECA 分析进一步探究了 CEN 和 WEN 事件对涝旱转变事件的滞后影响。参考张云帆等(2021)的研究，结合季节尺度干旱发展过程的缓慢性，将涝旱转变事件的判定条件设定为：先通过阈值法筛选洪涝事件(SPEI>1)和干旱事件(SPEI<–1)，然后计算洪涝事件和干旱事件之间的间隔，如果洪涝事件和干旱事件之间的间隔小于等于 6 个月，则判定为一次涝旱转变事件。图 2-15(a)展示了涝旱转变事件的识别结果，其中灰色条代表涝旱转变事件，1960～2015 年期间共识别到 9 次涝旱转变事件。由于设定的阈值较为苛刻(仅识别从中等湿润到中等干旱的转变)，因此仍有大量较弱的转变事件没有检测到。图 2-15(b)展示了基于 ECA 分析得到的 CEN 和 WEN 事件对涝旱转变事件的触发率随滞时的变化曲线，以及相应的显著性检验结果(显著性检验水平为 $p<0.05$)。WEN 事件的滞后触发率曲线呈山峰型，WEN 事件滞后 5～8 个月时，对涝旱转变事件的触发率达到峰值，且在 0.05 显著性水平上显著。该结果与 WEN 事件滞后 4～10 个月时干旱触发率从谷值到峰值的变化规律相吻合，意味着该时段鄱阳湖流域的气候异常倾向于由偏涝向偏旱转变。CEN 事件滞时为 0 时对涝旱转变事件的触发率最高，且在 0.05 显著性水平上显著，此后触发率呈下降趋势，表明 CEN 对涝旱转变事件没有明显的滞后影响。因此，可以总结出，WEN 对涝旱转变事件有较强的滞后影响，当前期出现强 El Niño 信号时，次年 El Niño 的衰退期，鄱阳湖流域易发生涝旱转变事件。

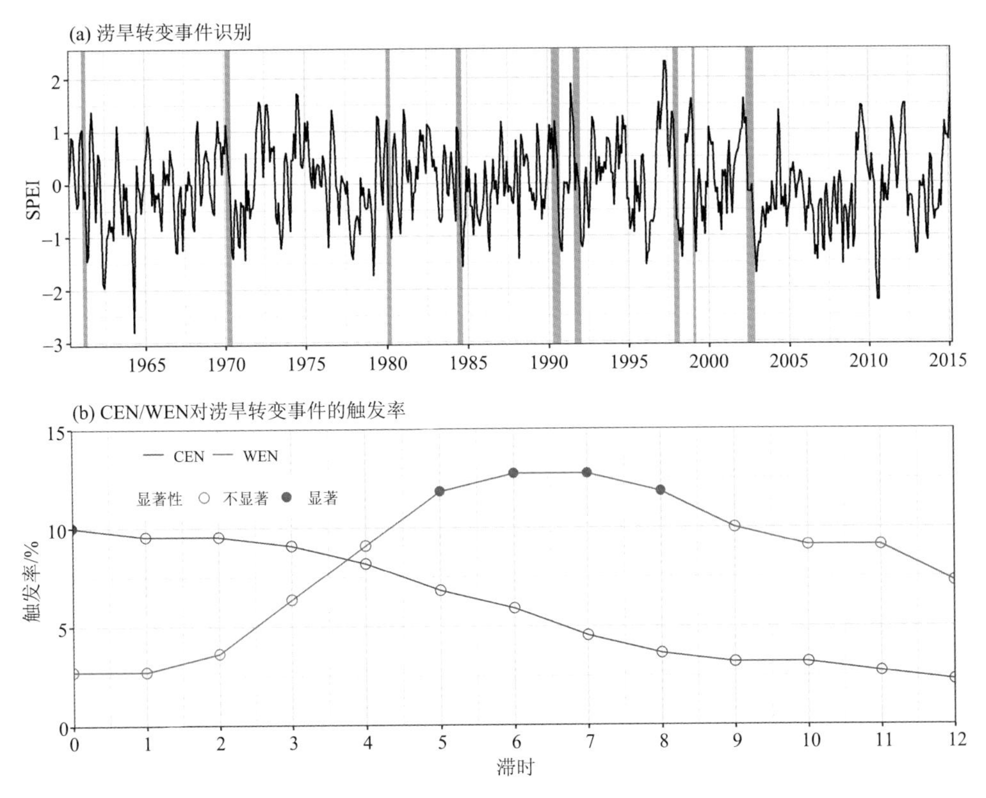

图2-15 涝旱转变事件的识别结果(a)和基于ECA方法的常规ENSO事件对涝旱转变事件的触发率(b)

2.6 本章小结

本章建立了一个统计框架来量化干旱事件在不同滞时下对ENSO事件的响应概率。利用1960～2015年鄱阳湖流域27个气象站的月降水量和气温数据，基于事件巧合分析方法(ECA)，识别了鄱阳湖流域季节尺度气象干旱对4种不同类型的ENSO事件(即CEN、WEN、CEM、WEM)滞后响应的时空分布规律。此外，通过同期局部环流和大尺度环流要素分析，探究了ENSO滞后影响的大气动力成因与环流机制。本章的主要结论如下。

(1)鄱阳湖流域四季均可发生干旱，其中夏旱和秋旱最为常见。1960～2015年鄱阳湖流域夏旱和冬旱呈缓解趋势，春旱和秋旱呈加重趋势。2000年之后，夏旱和秋旱的频率显著增加。季节尺度干旱事件提取结果显示，干旱事件的平均历时约为4.5个月，平均严重程度约为4.7，最长历时为10个月，最高严重程度为11.3，季节连旱为主要的季节尺度干旱形式。

(2) ENSO 冷暖位相事件对鄱阳湖流域干旱的滞后影响具有不对称性。当不考虑时滞效应时，CEN 事件对鄱阳湖流域干旱事件的触发率最高，其后依次是 WEM、WEN 和 CEM。当考虑时滞效应时，ENSO 和 ENSO Modoki 冷暖位相的干旱触发率随滞时的变化表现为两种明显不同的模式。暖位相 ENSO 事件(WEN 和 WEM)对干旱的滞后触发率在 1～12 个月的滞时下表现出“先减后增”的变化规律，其滞后影响对滞时的变化具有高敏感性。在 4 个月滞时下干旱触发率达到最低(分别为 27.4%和 14.6%)，在 10 个月的滞时下触发率达到最高(分别为 29.2%和 28.0%，且表现出统计学显著性)。冷位相 ENSO 事件(CEN 和 CEM)对干旱的滞后影响维持在与ENSO同期影响相近的水平(0～12 个月滞时下干旱触发率均值分别为 19.4%和 16.6%)，其干旱触发率对滞时的变化不敏感。CEN 事件期间及其之后的一年鄱阳湖流域的干旱风险较高。

(3) 常规 ENSO 对鄱阳湖流域涝旱转变的滞后影响分析表明，WEN 对涝旱转变事件有较强的滞后影响，WEN 事件滞后 5～8 个月时，对涝旱转变事件的触发率达到最高值(且具有显著性)。CEN 事件在无滞时下对涝旱转变事件具有显著的触发率，此后触发率呈下降趋势。因此，当前一年冬季发生强 El Niño 时，次年 El Niño 的衰退期，鄱阳湖流域发生涝旱转变事件的风险较高。

(4) 四类 ENSO 事件同期和滞后期的 850 hPa 风场异常和 500hPa 位势高度异常随滞时的变化解释了 ENSO 对干旱滞后影响的环流机制。水汽条件方面，ENSO 通过延迟触发中国南部区域的偏东北风异常，抑制了来自孟加拉湾和西南太平洋的季风水汽输送，导致了鄱阳湖流域的季节尺度气象干旱。大尺度环流形势上，ENSO 暖位相的干旱触发率随滞时“先减后增”的变化规律，与环流系统的主要特征从西北太平洋气旋式异常向乌拉尔山-鄂霍次克海阻塞高压的转变有关。中高纬度阻塞高压的存在会抑制低纬度湿润气流向北输送，阻碍冷空气的南下，导致了长江中下游地区的高温少雨，促进了季节尺度干旱的形成。

第3章　多重外强迫因子下鄱阳湖流域干旱的协同-滞后效应

第2章已经分析了季节尺度气象干旱对ENSO的滞后响应规律，验证了ENSO对鄱阳湖流域干旱的显著影响。有研究表明，ENSO的遥相关影响具有强烈的非平稳性，会受到其他气候模态的调制作用。因此，单独的ENSO不能完全解释所有干旱事件，需要考虑多个气候因子的空间协同影响及其非线性叠加过程，以提高对干旱驱动机制的理解。

因此，本章旨在探究多个海温/大气异常信号对区域干旱的驱动机制，针对"如何解析多个大尺度气候因子对鄱阳湖流域季节尺度干旱的空间组合效应和滞后影响？"这一科学问题，提出了一套单因子到多因子的综合分析框架，探究了北半球多个主要气候模态对鄱阳湖流域干旱的时滞效应和组合影响：首先通过皮尔逊相关系数和交叉小波变换进行单因子与干旱之间的成对相关分析，然后基于考虑了多因子及其滞时的随机森林模型分析不同预见期下的多因子组合效应，最后基于环流机制分析揭示多因子协同-滞后影响的物理机制。本章所提出的分析框架和研究结果可以提高对季节尺度干旱发生机制的认识，从而改善干旱预测能力。

3.1　数据与方法

3.1.1　大尺度气候因子简介

为了分析大尺度外强迫因子对干旱的影响，根据文献调研结果和对鄱阳湖流域干旱的初步分析，本章选择了北半球6个主要大尺度气候变率指数作为鄱阳湖流域干旱的潜在影响因子(Liu et al., 2020; Wu et al., 2020; Xiao et al., 2016)，包括厄尔尼诺-南方涛动(ENSO)、太平洋十年际振动(PDO)、大西洋多年代际振荡(AMO)、北极涛动(AO)、北大西洋涛动(NAO)和印度洋偶极子(IOD)。这6个指数代表了北半球影响最显著的大尺度海温/环流模态，其空间位置和范围如图3-1所示。其中，ENSO为Niño3.4区域(5°N～5°S, 120°W～170°W)的SST异常。PDO为太平洋20°N以北区域的平均SST异常(Mantua et al., 1997)。AMO是北大西洋(0°～70°N)区域的SST异常，时间尺度为十年以上(Enfield et al., 2001)。AO为20°N～90°N逐月平均1000 hPa位势高度被经验正交函数(EOF)分解后得到的第一模态(Thompson and Wallace, 1998)。NAO 为亚速尔高压和冰岛低压之间的归一化压力差(Moore et al., 2013)。IOD 是指赤道印度洋西部(50°E～70°E，10°S～10°N)和赤道印度洋东南部(90°E～110°E，10°S～0°)之间的 SST 异常，也被称为偶极模式指数(Saji et al., 1999)。表 3-1 给出了 6 个主要大尺度气候因子的基本信息。

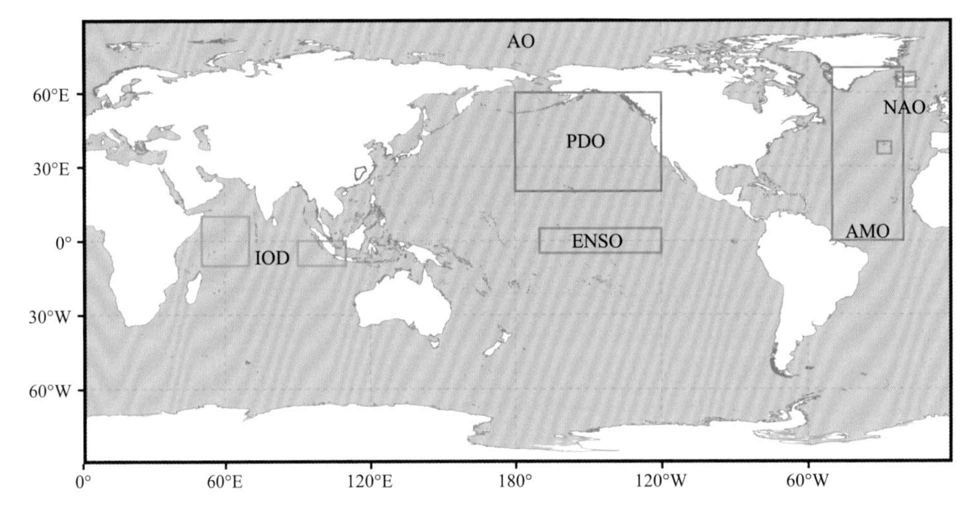

图 3-1　北半球 6 个主要大尺度气候因子空间分布示意图

表 3-1　大尺度气候因子的定义、范围、周期及正位相特征

指数	定义	范围	周期	正位相主要特征
ENSO	热带东太平洋海温异常	5°N～5°S，120°W～170°W	2～6 年	赤道东太平洋异常偏暖，西太平洋异常偏冷
PDO	北太平洋海温 EOF 第一模态	20°N ～70°N，110°E～100°W	20～30 年	东太平洋海温偏暖，而中西太平洋偏冷
AMO	北大西洋海温异常	0°～70°N	65～70 年	北大西洋 30°～50°N 区域海温偏暖，50°N 以北地区偏冷
AO	中高纬度与北极的气压差(海平面气压场 EOF 第一模态)	20°N～90°N	2～3 年	北极地区气压偏低，中纬度气压偏高
NAO	亚速尔高压和冰岛低压的海平面气压差	80°W～30°E，35°N～65°N	2～3 年	北大西洋气压偏低，欧洲西部和美洲东部偏高
IOD	西印度洋与东南印度洋之间的海温异常	50°E ～70°E，10°S～10°N 和 90°E～110°E，10°S～0°	3～5 年	赤道西印度洋偏暖，赤道东印度洋偏冷，二者的海温差为正

3.1.2　数据来源

本章使用的数据包括 1960～2015 年的鄱阳湖流域台站气象数据、多个气候指数和网格化高空气象要素再分析数据。

台站气象数据包括降水和 2 m 气温（最高温度和最低温度），收集自中国国家气象数据中心（https://data.cma.cn/）。中国气象局对该数据的质量进行了检查和控制，本书共选择了鄱阳湖流域 27 个国家级气象站点。原始的日降水和气温数据被转化为每月的累积降水量和每月气温均值。

大尺度气候因子指数数据包括北半球的 6 个主要大尺度气候振荡因子。其中 ENSO、NAO、AO 和 AMO 指数由美国国家海洋和大气管理局（NOAA）的气候预测中心（CPC）提供（http://www.cpc.ncep.noaa. gov），PDO 和 IOD 指数分别由 NOAA 的地球系统研究实验室（ESRL）和日本海洋科学技术研究所（JAMSTEC）提供（https://www.jamstec.go.jp/frsgc/research/d1/iod/e/index.html）。

此外，为了探究选定的气候指数对区域干旱的协同-滞后影响背后的物理机制，本书采用了美国国家环境预报中心-国家大气研究中心（NCEP-NCAR）历史再分析资料中的逐月 850 hPa 水平风场和 500 hPa 位势高度场进行大尺度环流机制分析。NCEP-NCAR 大气再分析数据（Kalnay et al., 1996）的空间分辨率为 2.5°，最高时间分辨率为 6 h。逐月 850 hPa 风场和 500 hPa 位势高度来自 NOAA 物理科学实验室（PSL）的在线气候/天气数据库（https://psl.noaa.gov/data/gridded/data.ncep.reanalysis.html）。通过去除 1960～2015 年的气候学均值，计算得到了大气要素的异常值。

3.1.3　研究方法

单因子-多因子的综合分析框架中，采用了三种统计方法：首先，利用皮尔逊相关系数分析了鄱阳湖流域季节尺度干旱与各气候因子之间的线性相关关系；其次，基于交叉小波变换，分析了季节尺度干旱与各气候因子之间的非线性相关关系和多时间尺度上的周期性；最后，建立了考虑多因子及其滞时的随机森林模型，分析了多气候因子（及其组合）的重要性，揭示多种气候振荡的组合影响。上述统计分析中，均采用 3 个月时间尺度的标准化降水蒸发指数（$SPEI_3$）作为季节尺度气象干旱指标。通过构造气候因子和干旱指标之间 1～12 个月的时间差，在统计分析中考虑了气候因子在时间上的滞后影响。在此基础上，通过线性回归分析、奇异值分解和合成分析，探究了关键气候因子协同-滞后影响的大气环流机制。图 3-2 为单因子-多因子综合分析框架的流程图。

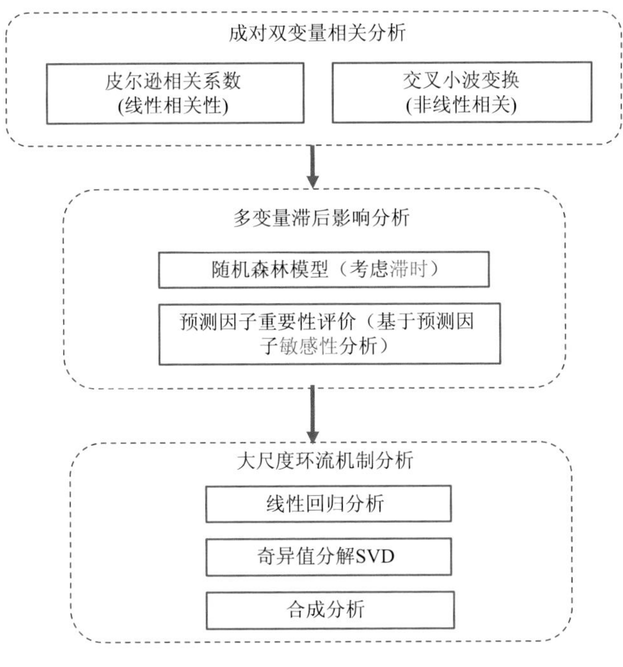

图 3-2　单因子-多因子综合分析框架流程图

1. 单因子滞后相关性分析

这里分别采用皮尔逊相关系数和交叉小波变换分析单个气候因子与鄱阳湖流域季节尺度干旱之间的线性和非线性相关关系。

1) 皮尔逊相关系数

通过皮尔逊相关系数(Pearson correlation coefficient, PCC) (Da Silva et al., 2016) 统计单个气候因子(考虑了 1～12 个月的滞时) 与 SPEI 指数之间的线性相关关系，计算方法如下：

$$\mathrm{PCC}=\frac{\sum_{i=1}^{n}(\varphi_i-\overline{\varphi})(\rho_i-\overline{\rho})}{\sqrt{\sum_{i=1}^{n}(\varphi_i-\overline{\varphi})^2}\sqrt{\sum_{i=1}^{n}(\rho_i-\overline{\rho})^2}} \tag{3-1}$$

式中，n 是时间序列的长度；PCC 值的范围为–1～1，正值代表着气候因子与 SPEI 的正相关关系，负值代表负相关关系。PCC 的绝对值越大表示相关性越强。采用 student’t 检验来检验结果的统计学显著性。

2) 交叉小波变换

这里采用交叉小波变换(cross wavelet transform，XWT) (Grinsted et al., 2004)

来调查选定的气候因子与 SPEI 指数在多个时间尺度的时频域中的非线性相关关系。选择 XWT 方法是因为它结合了小波变换和交叉频谱分析的优点，可以同时考虑两个时间序列的非平稳性。两个时间序列 $x(t)$ 和 $y(t)$ 的 XWT 定义为

$$W_{xy}=W_xW_y^* \tag{3-2}$$

式中，W_x 和 W_y 分别为 x 和 y 的小波变换；*表示复数共轭。

据此，两个时间序列 $x(t)$ 和 $y(t)$ 的小波相干性 ρ_{xy} 可以写成：

$$\rho_{xy}=\frac{S(W_{xy})}{\sqrt{S(|W_x|^2)S(|W_y|^2)}} \tag{3-3}$$

式中，S 表示同时沿时间上和沿小波尺度上的平滑算子。两个小波的相位差 ϕ_{xy} 可通过下式计算：

$$\phi_{xy}=\arctan\left(\frac{\mathcal{I}\left[S(W_{xy})\right]}{\mathcal{R}\left[S(W_{xy})\right]}\right) \tag{3-4}$$

式中，$\mathcal{R}$ 和 $\mathcal{I}$ 分别代表光谱的实部和虚部(Liu, 1994)。通过式(3-3)的小波相干性和式(3-4)的相位差，可以计算两个非稳态时间序列之间在时频域上的振幅和时间变化的周期性。在本书中，由于 Morlet 小波在提取统计特征方面的优势，将 Morlet 小波选为 XWT 的母波。

2. 多因子滞后影响分析与重要因子组合提取

为了进一步探究多重气候因子对季节尺度干旱的共同影响，这里采用了一种机器学习方法，即随机森林(random forest，RF)模型(Breiman, 2001)。RF 模型是一种基于分类和回归分析的集合学习方法，其基本原理是通过从自举样本中随机生长出集合树并汇总预测结果来构建集合树，以提高回归树的稳健性和可靠性。由于其具有训练速度快、精度高、对训练数据量不敏感等优点，已被广泛应用于地学的众多领域，如滑坡、洪水、地震、土壤侵蚀等(Breiman, 2001; Chen et al., 2012; Konapala and Mishra, 2020; Li et al., 2020)。

在本书中，我们参照 Feng 等(2020)的策略来考虑模型中多个气候因子的滞后影响，即使用具有不同滞时的预测因子作为 RF 模型的输入。具体来说，将当前和过去时段的气候因子(ENSO、AMO、PDO、AO、NAO 和 IOD)以及当前时段的 SPEI 作为 RF 模型的输入变量(预测因子)，将未来预测时段的 SPEI 作为输出变量(预测变量)。为了进一步考虑不同预见期(LT)下气候因子的影响，同时训练了 4 个 RF 模型，将 LT 分别设为 1 个月、3 个月、6 个月和 9 个月。对于每个已设定 LT 的 RF 模型，预测因子和目标变量之间的关系可表示为

$$\mathrm{SPEI}_t=f(\mathrm{SPEI}_{t-\mathrm{LT}},\mathrm{AO}_{t-\mathrm{LT}},\mathrm{AO}_{t-\mathrm{LT}-1},\cdots,\mathrm{AO}_{t-12},$$

$$
\begin{aligned}
&\mathrm{AMO}_{t-\mathrm{LT}}, \mathrm{AMO}_{t-\mathrm{LT}-1}, \cdots, \mathrm{AMO}_{t-12}, \\
&\mathrm{ENSO}_{t-\mathrm{LT}}, \mathrm{ENSO}_{t-\mathrm{LT}-1}, \cdots, \mathrm{ENSO}_{t-12}, \\
&\mathrm{IOD}_{t-\mathrm{LT}}, \mathrm{IOD}_{t-\mathrm{LT}-1}, \cdots, \mathrm{IOD}_{t-12}, \\
&\mathrm{NAO}_{t-\mathrm{LT}}, \mathrm{NAO}_{t-\mathrm{LT}-1}, \cdots, \mathrm{NAO}_{t-12}, \\
&\mathrm{PDO}_{t-\mathrm{LT}}, \mathrm{PDO}_{t-\mathrm{LT}-1}, \cdots, \mathrm{PDO}_{t-12})
\end{aligned} \tag{3-5}
$$

式中，t 表示预测变量的目标时段；LT表示预测因子较预测变量的最小提前时间；$t-\mathrm{LT}$ 表示预测时所处的时间，即采用此时的信息去预测未来LT个月之后的SPEI；$\mathrm{SPEI}_{t-\mathrm{LT}}$ 代表预测模型的初始状态；$\mathrm{ENSO}_{t-\mathrm{LT}}, \mathrm{ENSO}_{t-\mathrm{LT}-1}, \cdots, \mathrm{ENSO}_{t-12}$ 分别代表滞时为LT至 12 个月的 ENSO 值，对于 AO、AMO、IOD、NAO 和 PDO 也是如此。

为了量化气候因子在预测中的重要程度，我们采用“预测因子重要性”来衡量不同气候因子对季节尺度干旱的影响。对预测因子施加随机扰动，通过模型预测精度降低的幅度来表征该因子在预测模型中的重要性(Bachmair et al., 2016)。通过均方误差(MSE)的百分比变化来表示敏感性试验中模型精度的降低幅度。均方误差的计算公式如下：

$$
\mathrm{MSE} = \frac{1}{n}\sum_{i=1}^{i=n}(y_i - \hat{y}_i)^2 \tag{3-6}
$$

式中，y_i 和 $\hat{y}_i$ 是每个时间步长的 SPEI 观测和预测值；n 是时间序列的长度。MSE百分比变化值越高表示该气候因子对季节尺度干旱的影响越大。采用单边二项式检验来测试预测因子重要性的统计学显著性。

3. 大尺度环流机制分析方法

通过大尺度环流过程分析，研究了不同气候因子影响下相应的水汽输送和大气环流机制。大气变量的异常值是通过去除 1960～2015 年的气候学均态来计算的。本章采用的环流分析方法包括线性回归分析、奇异值分解和气候因子位相划分与合成分析。

1)线性回归分析

为了探索大气环流对大尺度气候振荡变化的反应，采用了基于最小二乘法的线性回归分析。该方法是将网格化的大气变量 y 与标准化后的某个目标变量(本章中指各种气候因子)进行回归，采用线性回归模型：

$$
y = \alpha + \beta x \tag{3-7}
$$

式中，α 和 β 分别指拟合线性回归方程的截距和变化率(即回归系数)。通过对大气变量进行逐网格的回归分析，得到回归系数 β 的空间分布，与大气变量 y 保持相同的空间分辨率。

2) 奇异值分解

奇异值分解法(singular value decomposition analysis，SVD)(Björnsson and Venegas, 1997)也称为最大协方差分析法(maximum covariance analysis，MCA)，是一种用于将矩阵归约成其组成成分的矩阵分解方法。该方法在气象领域中常用于两个气象要素场时空相关性耦合信号的诊断分析，提取要素场之间的异性相关模态。本章通过 SVD 方法对气象场的大尺度环流模式进行识别，从历史观测资料中提取决定同期鄱阳湖流域季节尺度干旱的主要空间模态。

SVD 来源于矩阵理论中的奇异值分解定理，是一种用于广义对角化的交叉协方差矩阵运算方法。其基本过程如下：设两个变量场 X 和 Y 分别为左场和右场，左场和右场分别包含 m 和 n 个空间格点或站点，时间长度为 k：

$$X=\begin{bmatrix} x_{11} & \cdots & x_{1k} \\ \vdots & & \vdots \\ x_{m1} & \cdots & x_{mk} \end{bmatrix}, Y=\begin{bmatrix} y_{11} & \cdots & y_{1k} \\ \vdots & & \vdots \\ y_{n1} & \cdots & y_{nk} \end{bmatrix}, \quad k=1,2,\cdots,r \tag{3-8}$$

计算 X 和 Y 的交叉协方差矩阵 Q，对其进行奇异值分解，得到 U 和 V 两个奇异向量。若第一模态空间奇异向量为 U_1 和 V_1，将左场和右场分别投影到奇异向量，得到第一模态的时间系数：

$$a_1=U_1^{\mathrm{T}}X, \quad b_1=V_1^{\mathrm{T}}Y \tag{3-9}$$

计算左场和右场每个格点或站点时间序列与对应时间系数的异性相关系数 R：

$$R(X,b_1)=\frac{\sigma_1}{\sqrt{\frac{1}{k}\sum_{K-1}^{k}b_{1k}^2}}u_1, \quad R(Y,a_1)=\frac{\sigma_1}{\sqrt{\frac{1}{k}\sum_{K-1}^{k}a_{1k}^2}}v_1 \tag{3-10}$$

式中，σ_1 为特征根矩阵第一模态的特征值。进一步地，可以计算 SVD 第一模态对总协方差平方和的累计贡献率：

$$\mathrm{SCF}=\sum_{k=1}^{K}\mathrm{SCF}_k=\frac{\sum_{k=1}^{K}\sigma_k^2}{\sum_{k=1}^{r}\sigma_k^2} \tag{3-11}$$

3) 气候因子位相划分与合成分析

在已确定关键致旱大尺度气候因子的前提下，通过合成分析探究因子的不同位相及多因子位相组合配置对干旱及环流特征的影响。选取 0.7 倍标准差作为气候指数正负位相的划分阈值，当指数介于二者之间时为正常状态，得到关键气候因子在每个季节的异常状态(正负位相)或正常状态。根据划分结果，计算鄱阳湖流域 SPEI 与亚洲地区 500 hPa 位势高度的异常年合成分布，包括单个因子正负位相的异常状态合成分布和多个因子不同位相组合配置的异常状态合成分布，从而可以分析多因子位相组合配置对鄱阳湖流域季节尺度干旱的影响及相应的致旱环流背景。

3.2　单气候因子对干旱的滞后影响

3.2.1　双变量滞后线性相关

图 3-3 显示了 1960～2015 年期间，滞时从 0(无滞后)到 12 个月情况下 6 个气候因子(PDO、NAO、IOD、ENSO、AO、AMO)与鄱阳湖流域平均 SPEI 指数之间的皮尔逊相关系数(PCC)，黑点表示相关性在 0.05 显著性水平上显著。总的来说，在不考虑滞时(即滞后=0)的情况下，6 种气候因子与鄱阳湖流域季节尺度干旱之间都表现出相对较低的线性相关性，且没有检测出统计学显著性。但是，在考虑滞时(即滞后>0)的情况下，气候因子与 SPEI 之间显示出更高的相关性，且随着滞时的变化，PCC 值的变化幅度很大。在滞后 3～6 个月时，结果显示 SPEI 与 ENSO 之间存在最高的正相关关系，且在 0.05 的显著性水平上显著；而在滞后 2～3 个月时，SPEI 与 NAO 之间存在最高的负相关关系，且在 0.05 的显著性水平上显著。此外，NAO、AO、AMO 和 ENSO 的相关关系的正负随滞时而变化，而 PDO 和 IOD 在不同滞时下都表现为正相关关系。例如，NAO 和 SPEI 之间的相关性在滞后 1～3 个月时为负值且在 0.05 的显著性水平上显著，在滞后 6～9 个月时转变为正值且在 0.05 的显著性水平上显著。与 NAO 的滞后相关模式类似，AO 与 SPEI 在滞后半年左右(1～5 个月)时呈负相关关系，当滞时超过 6 个月(7～12

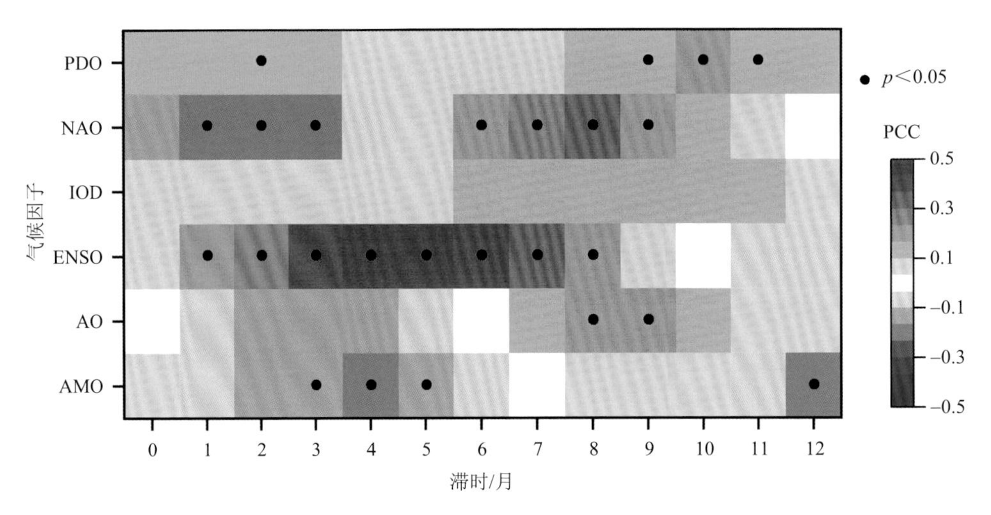

图 3-3　6 个气候因子在 0～12 个月滞时下与流域平均 SPEI 的皮尔逊相关系数

个月)时呈正相关，但仅在滞后8和9个月时在0.05的显著性水平上显著。对于PDO和IOD，二者与SPEI在所有滞时上都是正相关关系。总的来说，双变量线性相关分析发现ENSO和NAO与SPEI的滞后相关性最强，PDO、AO和AMO次之，而IOD的相关性最弱。

3.2.2 双变量滞后非线性相关

通过交叉小波变换分析量化了1960～2015年期间选定的6个气候因子和流域平均SPEI之间的滞后非线性相关性(图3-4)。图3-4中粗黑线表示95%置信度的相关性区域。蓝红色带代表从弱到强的小波相关性。箭头向右表示同相关系，箭头向左表示反相关系，箭头向上表示SPEI较气候因子存在π/2个相位的滞后，箭头向下表示SPEI较气候因子存在π/2个相位的领先。其中AMO和SPEI的小波相关性显示出6个以上不同滞时的显著相关峰值区(集中于8～16个月、18～64个月和20～36个月的周期)，除了2000～2015年期间8～16个月周期的反相关系，AMO和SPEI在95%置信度相关峰内主要表现为同相关系[图3-4(a)]。对于AO[图3-4(b)]，在1960～1965年期间，显著相关性区域主要出现在10～15个月周期内。在1970～1988年和1990～2000年期间，ENSO与SPEI在16～48个月的周期内有显著的正相关关系，它们之间平均相位差意味着ENSO的变化领先于鄱阳湖流域的SPEI的变化，时间差约为9.4个月[图3-4(c)]。图3-4(d)显示，在1968～1980年和1992～1998年期间，IOD和SPEI之间存在显著的一致性，周期为24～40个月。NAO的显著负相关周期为1960～1970年期间的10～16个月周期和2005～2015年期间的24～40个月周期[图3-4(e)]，而PDO的显著正相关周期为1985～2015年期间的48～64个月周期[图3-4(f)]。

此外，通过比较显著相关模式(即95%置信度相关性区域的分布)，可以发现存在两组相似的显著相关模式。图3-4(c)和图3-4(d)显示出ENSO和IOD有相似的显著相关模式(IOD的相关性较ENSO弱)，在1970～2000年期间二者存在相似的周期(约16～48个月)。此外，图3-4(b)和图3-4(e)显示出AO和NAO也存在类似的相关模式，他们在1960～1970年期间具有相同的8～16个月周期的显著相关区域。因此，ENSO和IOD，NAO和AO可以被归类为两组对鄱阳湖流域具有相似遥相关影响的组合模式。这与气候信号本身的空间位置和物理意义相吻合，即ENSO和IOD代表热带区域SST异常，而NAO和AO代表北半球中高纬度大气环流异常。

通过计算XWT中显著相关区域的相位角(即所有箭头的平均角度)和波长(可通过周期推算)，可以获取变量间的平均滞时。表3-2列举了通过XWT方法提取出的6个气候因子对于特定波长的显著相关区域内的平均相位角(即滞时)，代表了从不同气候信号到鄱阳湖流域局地气候的传播时间。结果显示，鄱阳湖流

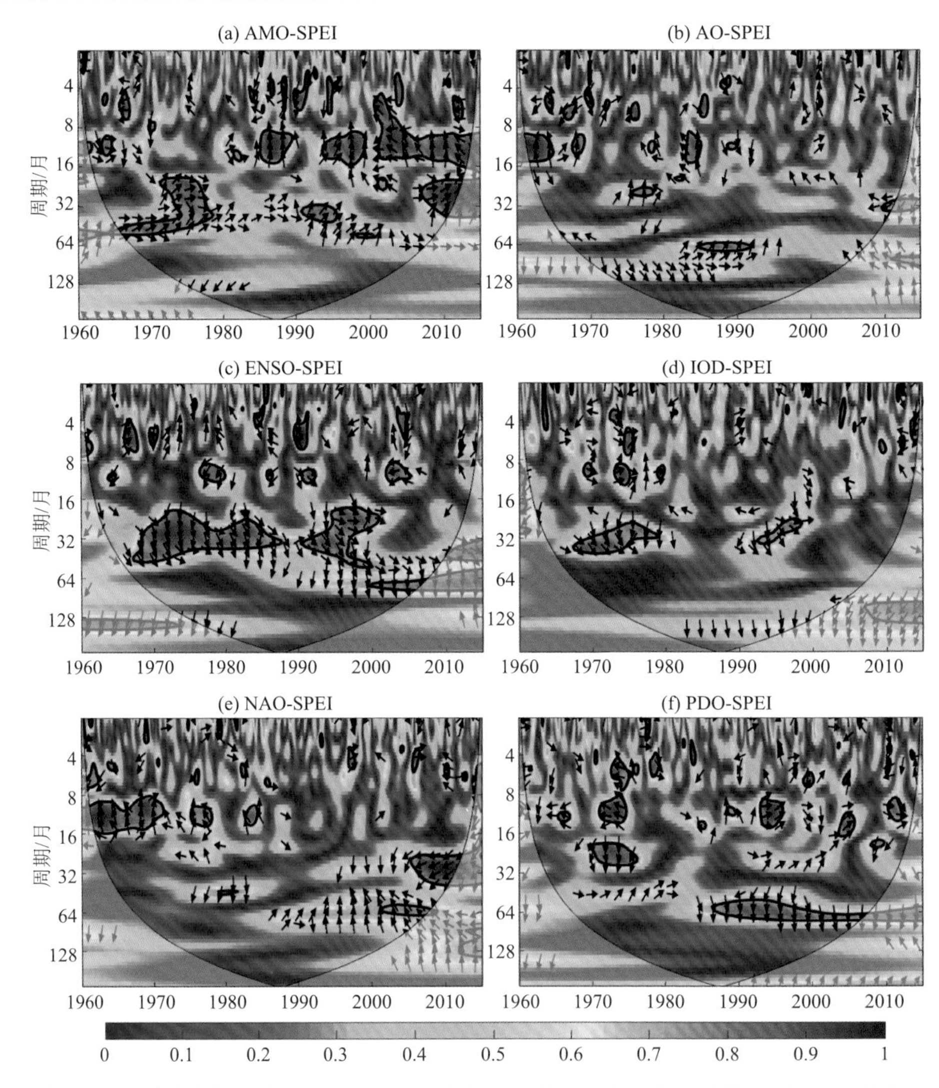

图 3-4　6 个气候因子与流域平均 SPEI 之间的小波相关性(着色阴影)和相位差(箭头)

表 3-2　基于相位角的气候因子和 SPEI 之间的滞时

气候因子	滞时/月
AMO	6.1
AO	6.6
ENSO	9.4
IOD	10.6
NAO	4.6
PDO	11.7

域平均 SPEI 对 ENSO、IOD 和 PDO 的滞后时间在 9 个月以上，对 NAO 的滞后时间约为 4.6 个月。因此，可以推断，在不同的时间尺度上，鄱阳湖流域的旱涝异常状态对 NAO 的变化反应较为迅速，其次是 AMO 和 AO，但对 ENSO、IOD 和 PDO 的反应相对缓慢。

3.3 多因子对干旱的协同影响及主要因子组合提取

在本节中，基于同时考虑多个气候因子及其滞时的随机森林模型，并进行基于因子敏感性分析的重要性评价，评估了 6 个气候因子对鄱阳湖流域季节尺度干旱的综合影响和组合效应。图 3-5 呈现了在 4 个不同预见期(1、3、6 和 9 个月)下气候因子的重要性评价结果，图中黑点表示在 0.05 显著性水平上显著。综合 4 个不同预见期的模型评估结果，发现在 6 个气候因子中，ENSO 表现为重要性最高的因子，其次是 NAO、AO 和 IOD。显著性检验结果表明，在较短的滞时(例如，滞时为 1 个月)下，鄱阳湖流域季节尺度干旱主要受 NAO 和 AO 的驱动，而在滞时较长时(滞时≥3 个月)，季节尺度干旱主要由 ENSO 驱动，同时也受到 NAO 和 AO 的调制。考虑不同预见期的影响，当滞时为 3、6 和 11 个月时，ENSO 对 SPEI 变化的滞后影响在 0.05 显著性水平上显著。相比之下，NAO 和 AO 的显著影响对应的滞时范围分布更广(2～9 个月)，并且 NAO 和 AO 对 SPEI 变化的影响程度随着滞时的延长而降低。IOD 在 4 个预见期下对 SPEI 的变化有显著影响，但是其滞时较长，为 9～12 个月。

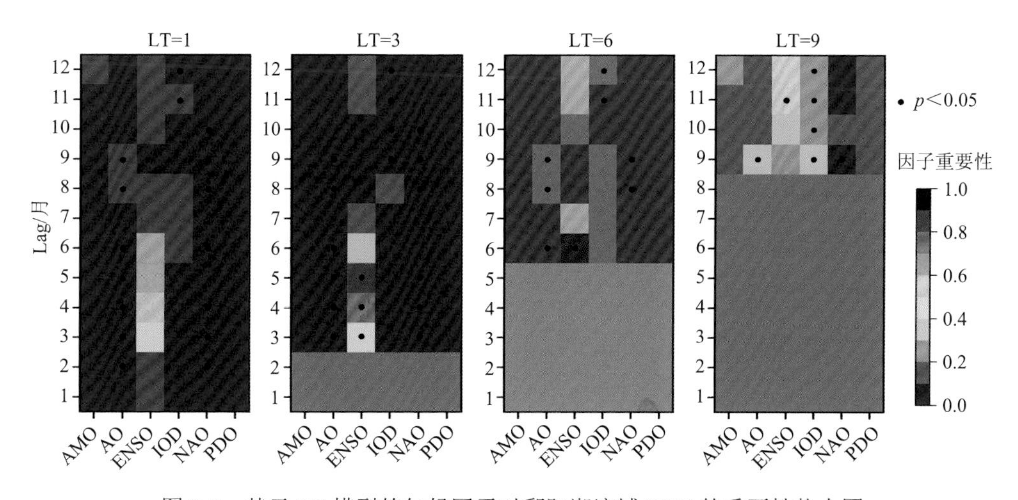

图 3-5 基于 RF 模型的气候因子对鄱阳湖流域 SPEI 的重要性热力图

对于多种气候因子的组合效应，RF 模型所揭示的因子重要性和皮尔逊滞后相关系数的结果表明，ENSO 和 NAO 是对鄱阳湖流域干湿状态影响最显著的一组外强迫因子，三种统计模型都检测到了其显著的相关关系。对于时间上的滞后影响，皮尔逊滞后相关分析和小波分析及 RF 模型所识别的滞时大部分是重叠的。具体来说，我们发现 ENSO 是选定的 6 个气候因子中最主要的遥相关模式，对鄱阳湖流域的季节尺度干旱有重要影响。在不同的滞时下，滞后 3～6 个月（与 SPEI 正相关）或 11 个月（与 SPEI 负相关）的 ENSO 是可能引发后续干湿状态转换的主要驱动因素之一。此外，滞后 2～3 个月（与 SPEI 负相关）和 8～9 个月（与 SPEI 正相关）的 NAO 也是与鄱阳湖流域的干/湿状态密切相关的调节因子。特别地，当关注 SPEI 负位相（即干旱）的主要影响因素时，滞后 11 个月的 ENSO 和滞后 2～3 个月的 NAO 的共同作用是其主要驱动因子。

值得注意的是，除了 ENSO 和 NAO 之外，RF 模型也识别出了 IOD 和 AO 的重要性。然而，单因子分析显示出 IOD（AO）与 ENSO（NAO）具有类似的相关模式（包括线性和非线性）。IOD（AO）与 SPEI 的相关性低于 ENSO（NAO）与 SPEI 的相关性。因此，IOD（AO）对鄱阳湖流域气候状况的遥相关作用与 ENSO（NAO）是相似的，其影响可以通过 ENSO（NAO）来替代。实际上，NAO 和 AO 本质上是一致的（NAO 和 AO 之间的相关系数为 0.63，且在 0.05 显著性水平上显著），它们都是高纬度热带大气低频变化的主要模式（Báez et al., 2013; Rogers and McHugh, 2002），AO 的尺度较 NAO 更大，NAO 本质上是 AO 在北大西洋区域的表现。通常，NAO 被认为比 AO 更具有物理意义，对北半球的气候变异性具有更强的解释性（Ambaum et al., 2001），一定程度上受到北极地区冰盖的影响。此外，基于观测或模拟的多项研究指出了 ENSO 和 IOD 之间存在交叉相关性（Pillai et al., 2021; Stuecker et al., 2017; Wang et al., 2019a; Yuan and Li, 2008），其相关系数为 0.31（在 0.05 显著性水平上显著）。其原因是 ENSO 和 IOD 都代表了来自于热带低纬度空气/海洋耦合系统的固有的动力学不稳定性（Behera et al., 2006; Lestari and Koh, 2016）。

因此，综合因子重要性排序和因子间的相互作用，从多种气候振荡因子中提取了 ENSO 和 NAO 作为主要外强迫因子组合，代表了影响鄱阳湖流域气候异常的主要遥相关模式。

3.4 滞后影响与协同效应的大尺度环流机制分析

前文基于多种统计方法识别出 ENSO 和 NAO 的滞后组合模式是触发鄱阳湖流域干旱的主导因子。在本节中，通过解析主要大尺度气候因子对应的大气环流过程，进一步研究时滞协同效应的物理机制。为此，采用了线性回归方法来解析

ENSO 和 NAO 所引起的滞后大气环流模式：将 850 hPa 风场异常和 500 hPa 位势高度异常回归到不同滞时下去趋势的 ENSO 和 NAO 指数上。此外，采用奇异值分解(SVD)解析了去趋势化和标准化后的 SPEI 场和前期的太平洋 SST 场，北大西洋 SLP 场以及同期的 500 hPa 位势高度场，探究了鄱阳湖流域典型季节尺度干旱相关的大气环流模式及其与前期 ENSO 和 NAO 之间的联系。

3.4.1　关键因子滞后影响的环流机制分析

图 3-6 显示了 1960～2015 年 500 hPa 位势高度异常和 850 hPa 风场异常对不同滞时下的 ENSO(NAO)的回归模式，揭示了鄱阳湖流域上空大气环流模式对 ENSO(NAO)变化的滞后反应，解释了干旱(或湿润)的动力成因，从而验证了基于统计方法的驱动规律。

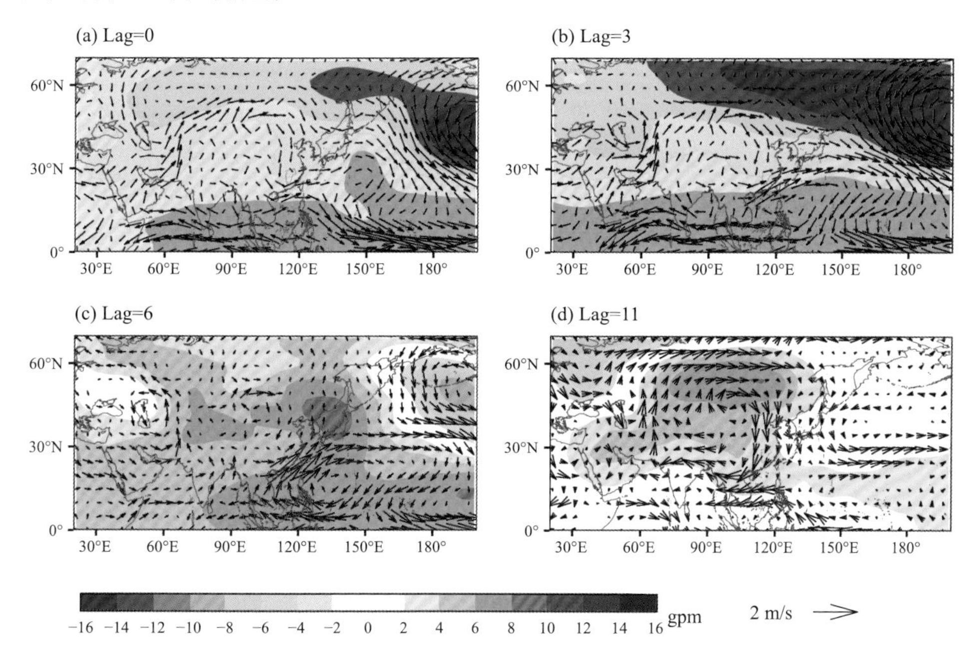

图 3-6　不同滞时下 500 hPa 位势高度异常(阴影；gpm)和 850 hPa 风场异常(向量；m/s)对 ENSO 指数的线性回归场

与不考虑滞时的情况相比[图 3-6(a)]，西北太平洋气旋式异常(WNPC)在 3 个月滞时 ENSO 的影响下[图 3-6(b)]得到加强，向西延伸至贝加尔湖地区。相应地，西太平洋副热带高压(WPSH)被加强的西北太平洋气旋式异常所抑制，促进了华南地区的西南风异常。因此，来自中国南海和孟加拉湾的大量水汽可以通过高压区和低压区之间的交界区输送，从而带给鄱阳湖流域大量水汽。在滞后 6 个月时[图 3-6(c)]，西北太平洋气旋式异常开始减弱，WPSH 的北脊继续向北延伸，导致鄂霍次克海阻塞高压的形成。由于此时中国东南海的高压异常，鄂霍次克海阻塞高压没有抑制低纬度的水汽输送，西太平洋副热带高压西部边缘的强西南风异常为鄱阳湖流域带来了大量水汽。在滞后 11 个月时[图 3-6(d)]，鄂霍次克海高压脱离了西太平洋副热带高压，迁移到蒙古-西伯利亚地区，形成了西伯利亚阻塞高压(SH)，且中国东南海的异常高压减弱，这种“北强南弱”的环流模式导致了中国东部(包括鄱阳湖流域)的异常偏北风，并削弱了东亚夏季风(EASM)。因此，西伯利亚阻塞高压东侧的干冷空气沿华东平原向南输送并经过鄱阳湖流域，同时，来自印度洋和南太平洋的暖湿水汽减少，从而触发了鄱阳湖流域季节尺度气象干旱。总的来说，西伯利亚阻塞高压及其引发的北风异常很好地吻合了滞时为 11 个月的 ENSO 与 SPEI 之间的强负相关关系，解释了鄱阳湖流域季节尺度气象干旱的水汽条件背景。

同上文分析，图 3-7 显示了滞时为 0、2、3 和 8 个月时环流场对 NAO 的回归模式。当滞时从 0 发展到 2 个月时[图 3-7(a)和图 3-7(b)]，NAO 引起的大面积中高纬度异常高压范围缩小并向北移动。同时，南海上空的热带气旋式异常(SCSC)和西北太平洋气旋式异常开始出现，鄱阳湖流域上空的风异常由东南风转变为东北风，抑制了来自低纬度的水汽输送。此时[图 3-7(b)]的回归模式，即贝加尔湖和鄂霍次克海异常高压和南海为中心的异常低压，与正 EU 遥相关型相似。

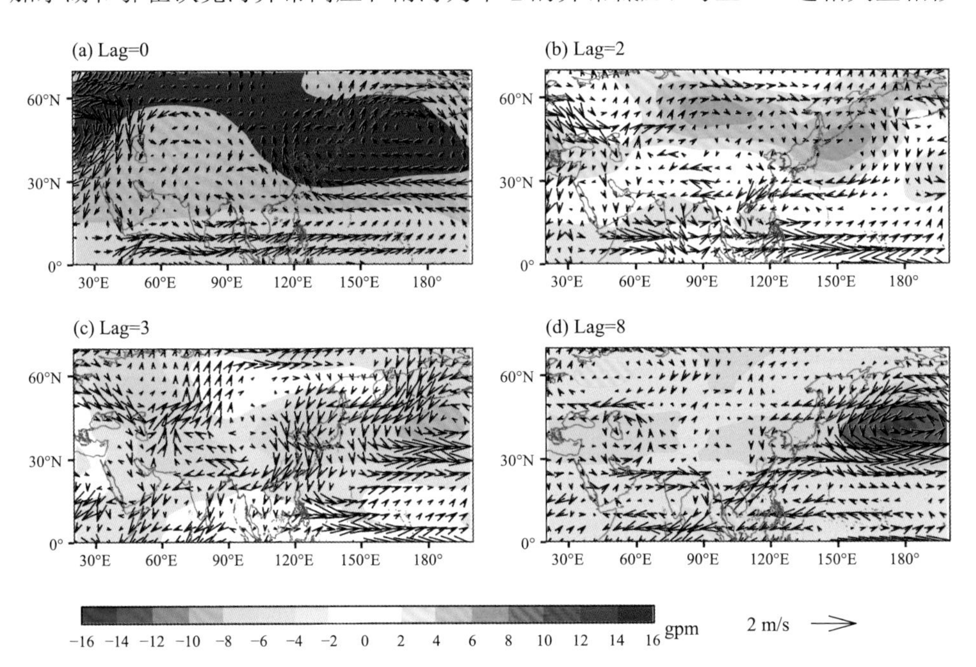

图 3-7　不同滞时下 500 hPa 位势高度异常(阴影; gpm)和 850 hPa 风场异常(向量; m/s)对 NAO 指数的线性回归场

在滞后 3 个月时[图 3-7(c)]，图 3-7(b)中的西伯利亚阻塞高压消失，南海上空的热带气旋式异常向北移动并与增强的西北太平洋气旋式异常合并，导致整个华东地区的水汽输送由偏北风异常主导。此时的风场仍有利于干旱的发生。在滞后 8 个月时[图 3-7(d)]，西北太平洋气旋式异常的覆盖范围向东扩展，低纬度高压异常产生，导致风向异常向西南方向转变。从而加强了来自印度洋和南太平洋的水汽输送。

总的来说，回归分析表明，滞后 11 个月的 ENSO 和滞后 2～3 个月的 NAO 都具备触发鄱阳湖流域上空易旱环流模式的条件，这与它们和鄱阳湖流域 SPEI 的负相关关系是一致的；而滞后 3～6 个月的 ENSO 和滞后 8 个月的 NAO 所对应的大气环流异常易于促进鄱阳湖流域的降水，从而解释了它们与 SPEI 的正相关关系。

此外，为了验证前文提到的 ENSO(NAO)对 IOD(AO)在鄱阳湖流域季节尺度遥相关影响上的替代作用，同时对关键滞时下 IOD 和 AO 对应的环流模式进行了回归分析。图 3-8 显示了滞时为 0 和 11 个月时，位势高度场和风场对 IOD 指数的回归模式。在无滞时情况下，东海地区的气旋式异常和鄂霍次克海反气旋式异常是鄱阳湖流域西南风异常的原因。在滞时为 11 个月时，鄂霍次克海阻塞高压仍然支配着环流形势，而东海地区的气旋式异常大面积衰减，导致鄱阳湖流域风场转变为东北风异常，从而由湿润转变为干旱。这种环流异常的变化可以解释 IOD 和 SPEI 的滞后相关关系。与 ENSO 类似，中高纬度的阻塞高压是鄱阳湖流域干旱的主要环流背景。

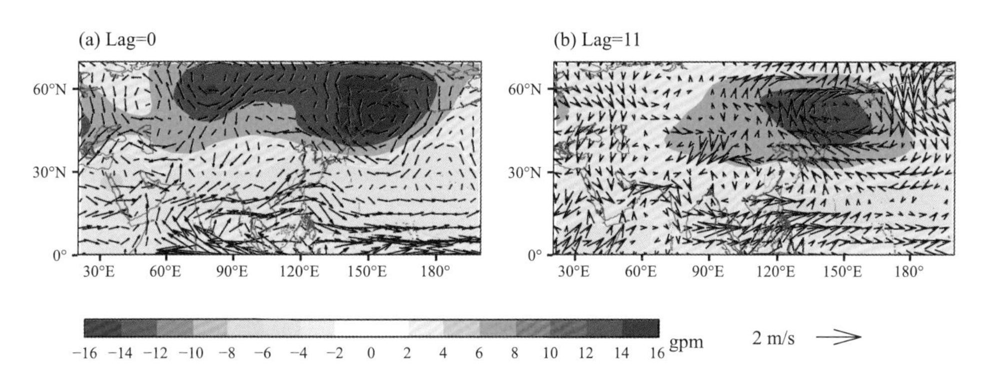

图 3-8　不同滞时下 500 hPa 位势高度异常(阴影；gpm)和 850 hPa 风场异常(向量；m/s)对 IOD 指数的线性回归场

图 3-9 显示了滞时为 0、2、3 和 8 个月时，风场和位势高度场对 AO 的回归模式。结果表明，横跨西伯利亚地区和西北太平洋的大面积阻塞高压的减弱和鄂霍次克海低压的增强是 AO 所驱动的不同滞时下的大尺度环流模态的主要特征。

由于鄱阳湖流域位于该环流系统的西南边界，随之变化的水平风向异常导致了鄱阳湖流域由干到湿的变化。与 NAO 的环流模式(图 3-7)对比，发现二者具有相似的环流模式，即通过改变中高纬度的阻塞形势，尤其是西伯利亚高压和鄂霍次克海高压，来抑制低纬度的水汽输送，从而引发中国南部地区的干旱。因此，NAO 和 AO 对东亚区域的环流系统具有相似的影响。

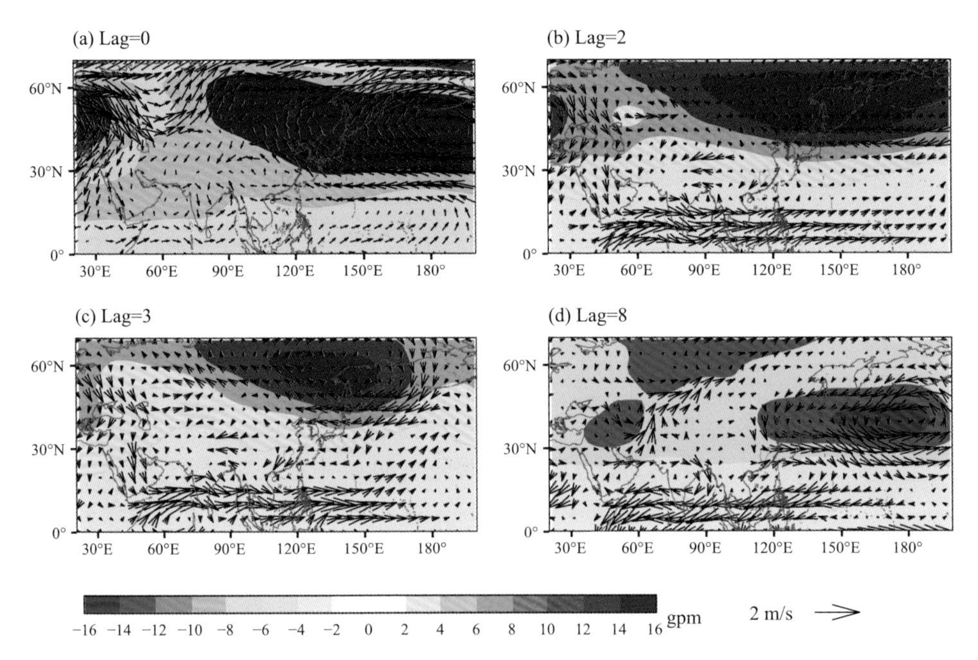

图 3-9 不同滞时下 500 hPa 位势高度异常(阴影；gpm)和 850 hPa 风场异常(向量；m/s)对 AO 指数的线性回归场

3.4.2 关键因子协同影响的环流机制分析

3.4.1 节已经根据统计分析总结出 ENSO 和 NAO 的滞后组合模式是触发鄱阳湖流域干旱的主导因子，且基于回归分析探究了分别导致 ENSO 和 NAO 滞后影响的大尺度环流模式。为了进一步调查在 ENSO 和 NAO 的组合影响下大尺度环流模式的响应机制及鄱阳湖流域局地气候的相应变化，采用 SVD 方法解析了去趋势化和标准化后的 SPEI 场和前期的太平洋 SST 场、北大西洋 SLP 场以及同期的 500 hPa 位势高度场。由于秋旱是鄱阳湖流域季节尺度极端干旱的主要形式，因此在 SVD 分析中采用 10 月的 SPEI 来表征秋季的流域旱涝状况。

图 3-10 显示了 1981～2016 年鄱阳湖流域夏季 SPEI 与太平洋地区前一年冬季海温异常的 SVD 分解第一模态的异性空间回归场以及相应的标准化时间序列，同

时也计算了 SST 第一模态时间序列与同期 ENSO 指数的相关系数。图中“**”表示相关性在 99%的置信度下显著，“*”表示在 95%的置信度下显著。当前冬赤道太平洋中东部出现明显的 SST 正异常时[图 3-10(b)]，鄱阳湖流域 SPEI 表现为全流域负异常的空间模态[图 3-10(a)]，从而验证了前冬 El Niño[图 3-10(b)]与鄱阳湖流域秋旱[图 3-10(a)]的紧密耦合关系。该模态在总方差贡献中占比为 55%，SPEI 和 SST 第一模态的标准化事件序列的相关系数为 0.75(在 0.01 的显著性水平上显著)，表明该模态是决定鄱阳湖流域秋旱的主要大尺度海温异常模态之一。此外，SST 第一模态对应的时间序列与同期 ENSO 指数高度相关(相关系数为 0.65)，且在 0.01 的显著性水平上显著，进一步验证了该海温模态为 ENSO 模态。

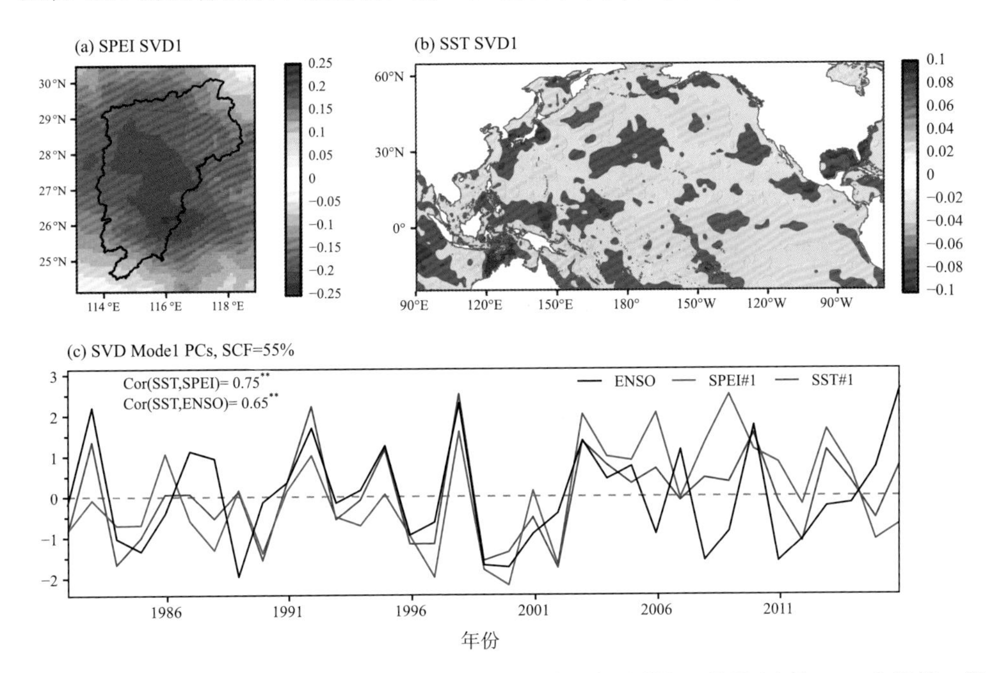

图 3-10 1981～2016 年鄱阳湖流域秋季 SPEI(a)和前冬太平洋海温异常(b)的 SVD 分解第一模态异性空间回归场及相应的标准化时间序列(c)

类似地，图 3-11 显示了 1981～2016 年鄱阳湖流域秋季 SPEI 与北大西洋夏季海平面压力(SLP)异常的 SVD 分解第一模态的异性空间回归场以及相应的标准化时间序列，同时也计算了 SLP 第一模态时间序列与同期 NAO 指数的相关系数。当夏季北大西洋 SLP 异常表现为以冰岛低压区偏东且表现为正异常，且亚速尔高压区偏西且表现为负异常的格局时[图 3-11(b)]，代表此时 NAO 处于负位相，相应的鄱阳湖流域 SPEI 表现为全流域负异常模态[图 3-11(a)]，即秋旱模态。该模态在总方差贡献中占比为 43%，SPEI 和 SLP 第一模态的标准化事件序列的相关系数为 0.64(在 0.01 的显著性水平上显著)，表明该模态也是决定鄱阳湖流域秋旱的主要大尺度异常模态之一。此外，SLP 第一模态对应的时间序列与同期 NAO 指数呈负相关(相关系数为–0.16)，进一步验证了该 SLP 模态为 NAO 负位相模态，尽管相关性较弱，但仍然存在趋势一致性。

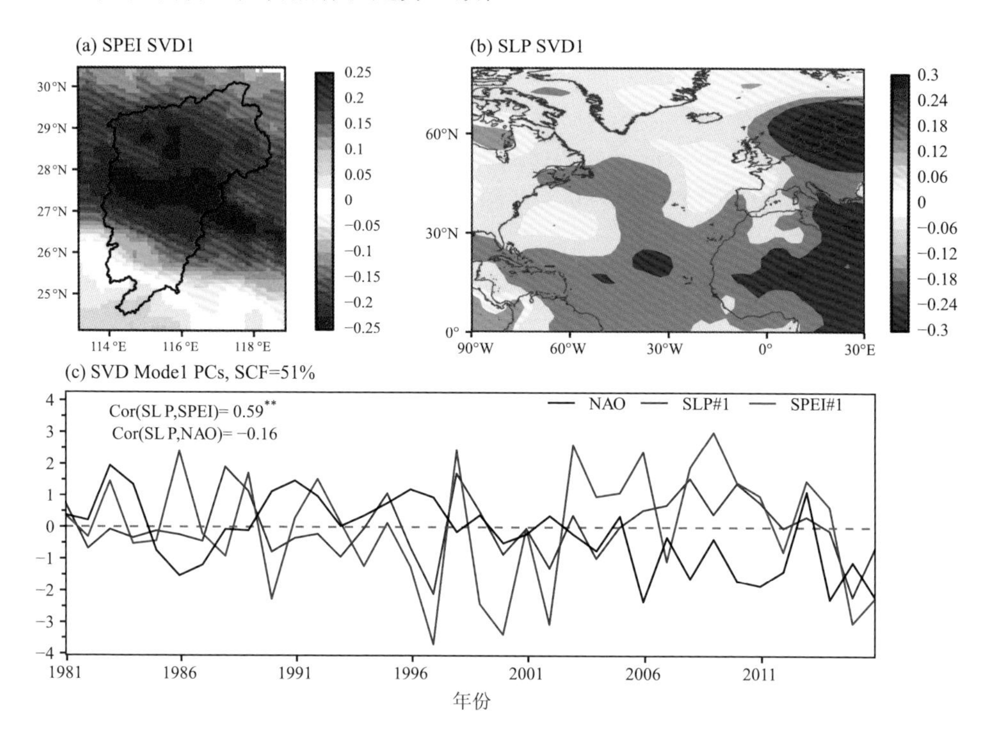

图 3-11　1981～2016 年鄱阳湖流域秋季 SPEI(a)和前夏北大西洋海平面压力异常(b)的 SVD 分解第一模态异性空间回归场及相应的标准化时间序列(c)

为了进一步研究与鄱阳湖流域秋旱相关的大气环流模式，以及 ENSO 和 NAO 的强迫作用，对鄱阳湖流域 SPEI 和 500 hPa 位势高度场(HGT500)进行了 SVD 分解。图 3-12 展示了 1981～2016 年期间鄱阳湖流域秋季 SPEI 与同期北半球 500 hPa 的 SVD 分解第一模态异性空间回归场和相应的标准化时间序列。同时也计算了 HGT500 第一模态时间序列与前冬 ENSO 指数和前夏 NAO 指数之间的相关系数，“**”表示相关性在 99%的置信度下显著，“*”表示在 95%的置信度下显著。

结果显示，当 SPEI 的 SVD 第一模态空间分布表现为全流域干旱时，对应的 HGT500 第一模态表现为典型的欧亚遥相关型(EU) (Wallace and Gutzler, 1980)，即当巴伦支海-喀拉海地区和中国东南沿海地区 HGT500 出现负异常时，西伯利亚-贝加尔湖地区出现正异常，这种“–+–”的槽脊形势有助于形成中亚和贝加尔湖地区的阻塞高压，从而利于副热带高压北抬，导致长江中下游地区降水偏少。

同时，东亚-太平洋区域伴随着较强的经向环流异常，即沿东海-日本-鄂霍次克海北部分布的“–+–”的波列。这 2 种环流形势在 11 个月滞时下的 ENSO 回归模式[图 3-6(d)]和 2 个月滞时下的 NAO 回归模式[图 3-7(b)]中也得到了体现。该模态在总方差贡献中占比为 55%，SPEI 和 HGT500 标准化时间序列的相关系数为 0.65(在 0.01 的显著性水平上显著)，表明欧亚遥相关型是导致鄱阳湖流域秋旱的主要大气环流模式。此外，HGT500 的第一模态时间系数与当年夏季 NAO 指数和前一年冬季 ENSO 指数高度相关，相关系数分别为–0.41 和 0.34(在 0.05 的显著性水平上显著)，表明欧亚遥相关型与前冬 ENSO 正位相和前夏 NAO 负位相高度相关。结合秋旱与前期太平洋海温(图 3-10)和北大西洋海平面压力(图 3-11)的 SVD 主要模态解析结果，可以证明前冬 El Niño(ENSO 正位相)和前夏 NAO 负位相是共同导致鄱阳湖流域秋季干旱的主要气候模态。

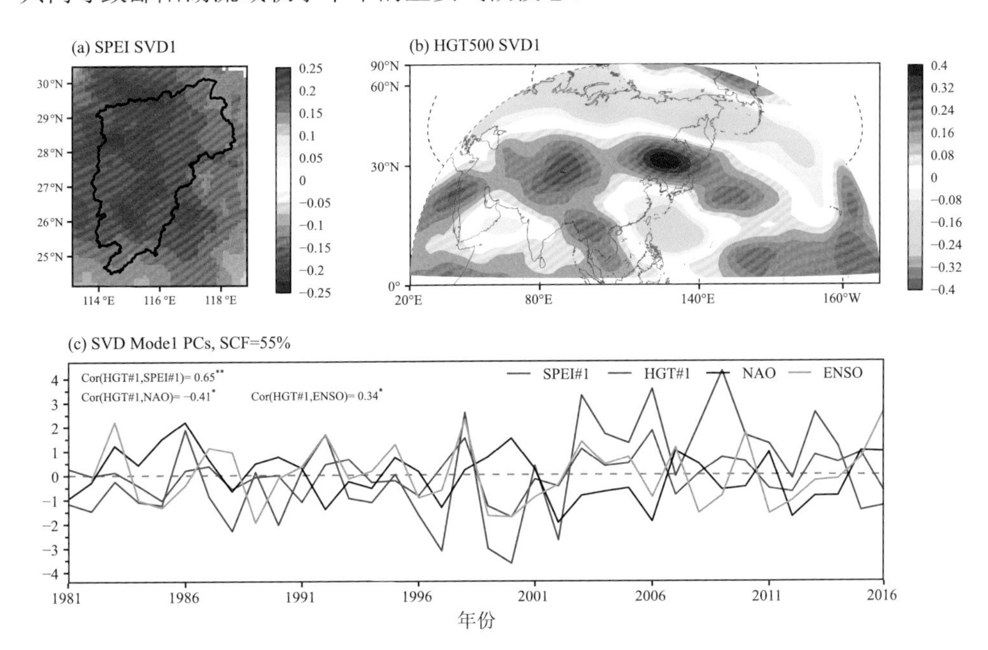

图 3-12 1981～2016 年鄱阳湖流域秋季 SPEI(a)和同期 500 hPa 位势高度异常(b)的 SVD 分解第一模态异性空间回归场及相应的标准化时间序列(c)

需要注意的是，本章识别的 ENSO 正位相和 NAO 负位相的耦合模态是鄱阳湖流域秋旱的主导外强迫因子，指的是大部分全流域型秋旱可以用这对强迫因子的叠加效应来解释。这并不意味着所有的秋旱都是由该强迫类型驱动的。此外，虽然强调了 El Niño 对秋旱的驱动作用，但是从单个干旱事件来看，La Niña 也可以触发干旱，只是可能与其他因子的协同效应较弱，或共同作用机制有所不同。

东亚季风系统是中国夏季气候异常的主要驱动力，由海陆热力差异引起，并受到热带和中高纬海洋外强迫作用的共同影响。热带太平洋和印度洋地区的对流活动为东亚夏季风系统提供了最基本的驱动力，并为中国夏季降水提供最主要的水汽输送源。北半球中高纬环流系统与季风系统的共同配置是季节降水形成的直接原因。本章提取的前期 ENSO 模态和 NAO 模态分别代表了来自热带和中高纬的大气环流异常信号，其协同作用导致的以阻塞高压为特征的环流形势是造成长江中下游地区干旱的主要原因。

综合关键因子组合提取结果和协同-滞后影响的大气环流机制分析结果，可以总结出鄱阳湖流域秋旱的主要成因，以及 ENSO 和 NAO 的致旱机制。图 3-13 为前期 ENSO 和 NAO 对鄱阳湖流域秋旱的协同-滞后影响机制示意图，冬季 ENSO 正位相和夏季 NAO 负位相滞后影响在秋季时产生协同效应，形成了以欧亚遥相关型和阻塞高压为特征的组合环流模式，导致了鄱阳湖流域上空的偏东北风异常，抑制了热带太平洋和印度洋地区的对流活动和季风水汽输送，从而触发了鄱阳湖流域的秋旱。

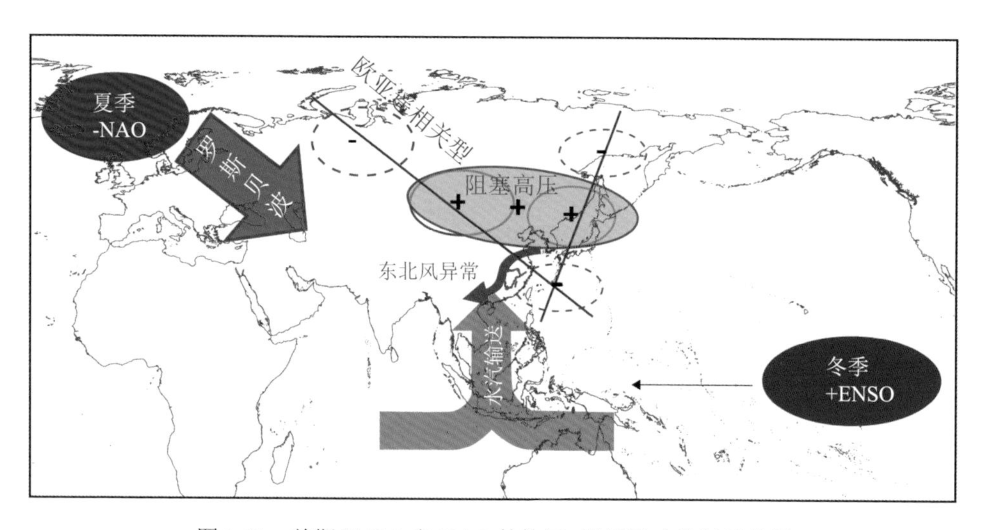

图 3-13　前期 ENSO 和 NAO 的协同-滞后影响机制示意图

3.5　前期 ENSO 与 NAO 的不同位相配置对干旱的协同影响

从 1981～2016 年鄱阳湖流域 SPEI 和 500 hPa 位势高度场的 SVD 分解结果来看，驱动季节尺度干旱主要模态的位势高度场与前期 ENSO 和 NAO 高度相关。本节根据前期 ENSO 和 NAO 不同位相的组合配置划分异常年份，对鄱阳湖流域 SPEI 和位势高度场进行合成分析，进一步探究不同季节前期 ENSO 和 NAO 的位相组合对流域旱涝的影响。3.4.2 节分析表明冬季成熟期的 ENSO 对之后 11 个月内的干旱具有较强的滞后影响，而 NAO 对其滞后 2～3 个月的干旱有显著触发作用，因此分别根据前一年冬季 ENSO 和前一季节的 NAO 的不同位相组合提取异常年，分别针对春夏秋冬四季进行异常年合成分析。

图 3-14 展示了独立的 ENSO 或 NAO 正负位相下的 SPEI 合成分布，其中 ENSO(+/–) 和 NAO(+/–) 分别指前一年冬季 ENSO 的位相和前一季节的 NAO 位相。结果表明，对应于前期 ENSO 正位相，春夏季鄱阳湖流域表现为偏湿，秋冬季表现为偏旱；对应于前期 ENSO 负位相，全年都表现为偏旱状态，且从春季至冬季偏旱区域呈逐渐南移的过程，秋季表现为南旱北涝的分布。ENSO 正负位相的四季 SPEI 合成分布与第二章中 El Niño 对干旱“先增后减”和 La Niña 对干旱“全年一致”的触发规律一致。对应于前期 NAO 正位相，四季都表现为偏涝的

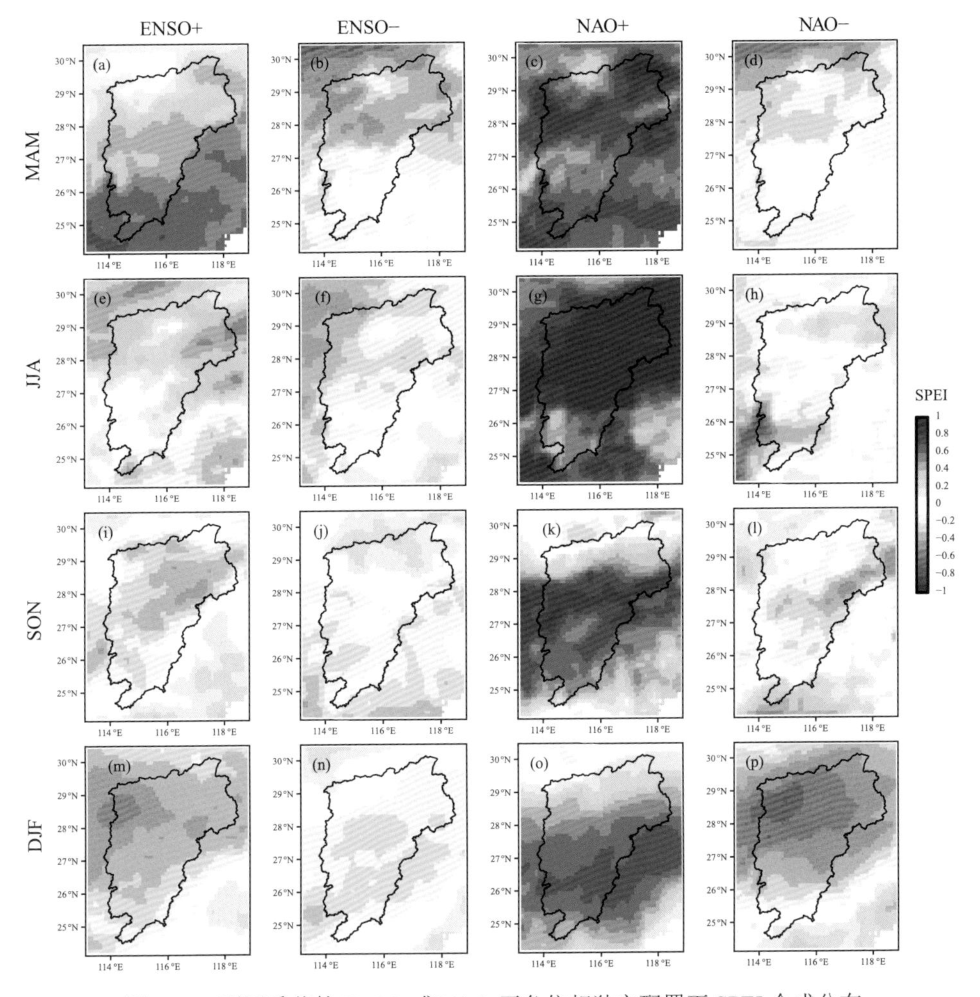

图 3-14　不同季节的 ENSO 或 NAO 正负位相独立配置下 SPEI 合成分布

态势，且春夏季湿润程度最大，秋冬季湿润程度较弱，这与 NAO 在冬季变化最显著的季节分布规律相符合(Hurrell and Deser, 2010)。对应于前期 NAO 负位相，除夏季表现为北涝南旱的格局之外，其他季节都表现为偏旱，尤其是春季和冬季，且偏旱区域主要分布于流域北部。

图 3-15 展示了独立的 ENSO 或 NAO 正负位相下的位势高度场合成分布，其中 ENSO(+/–)和 NAO(+/–)分别指前一年冬季 ENSO 的位相和前一季节的 NAO 位相。对应于前期 ENSO 正位相下的春夏偏涝的格局，相应的 HGT500 表现为负的欧亚遥相关型，即贝加尔湖附近呈低压异常，同时乌拉尔山和中国东南部海域附近呈高压异常的波列分布，该环流模态有利于低纬度水汽向北输送。相反，对应于前期 ENSO 正位相下的秋冬季节偏旱的分布，相应的 HGT500 表现为正的欧亚遥相关型，中国东南沿海出现低压，而中国东北或贝加尔湖地区呈高压，因此有利于研究区的干旱发展。ENSO 负位相下春季和夏季的环流模式以鄂霍次克海高压为主导，秋冬季时阻塞高压北移，冬季时东亚大部分区域为低压区，因此冬季干旱区域有北移的趋势[图 3-14(n)]。对应于前期 NAO 正位相，春季的环流特征呈现出典型的负欧亚型波列[与图 3-15(a)类似]，夏季和冬季表现以亚洲东部的经向环流异常(鄂霍次克海低压和日本高压)为主导。前期 NAO 负位相对应的环流形势与 NAO 正位相呈相反的特征，即鄂霍次克海高压和日本低压为主导，但是亚洲南部被大面积低压控制，因此对鄱阳湖流域干旱的影响程度有限。

对比 ENSO 和 NAO 的合成分布可知，当 ENSO 和 NAO 都处于同位相时，在春夏季节，二者对鄱阳湖流域旱涝异常具有相似的影响，造成的环流异常也具有相似的空间分布；而在秋冬季节，二者对鄱阳湖流域旱涝异常和环流异常都具有反相的影响。秋冬季节的反相影响可能与所选取的 ENSO 和 NAO 的季节不同有关。这种春夏同相，秋冬反相的环流机制会对二者的组合效应产生影响。

图 3-16 展示了各季节前期 ENSO 和 NAO 的四种不同位相组合配置下的 SPEI 合成分布，其中 ENSO(+/–)和 NAO(+/–)分别指前一年冬季 ENSO 的位相和前一季节的 NAO 位相，空白图表示研究时段内没有符合筛选要求的异常年。可以发现，考虑 ENSO 和 NAO 的组合影响会对流域的旱涝异常分布产生明显的变化。ENSO+/NAO+的组合下鄱阳湖流域全年偏湿润，ENSO+/NAO–组合配置下整体呈偏旱的状态，其中夏季流域南部的干旱特征最显著，秋冬季干旱区域集中于流域中北部。ENSO–/NAO+的组合比较少见，其冬季呈偏旱状态；ENSO–/NAO–组合下，春季流域呈偏旱状态，秋季流域呈偏涝状态，其他季节流域的旱涝状态不明显。总之，除了 ENSO+/NAO+的组合配置，其余三种组合下都可能发生干旱。对鄱阳湖流域季节尺度干旱有显著影响的配置组合为 ENSO+/NAO–，这与之前对鄱阳湖流域秋旱的 SVD 分析结果相吻合，ENSO–/NAO+(ENSO–/NAO–)仅对冬季(春季)干旱有明显的影响。

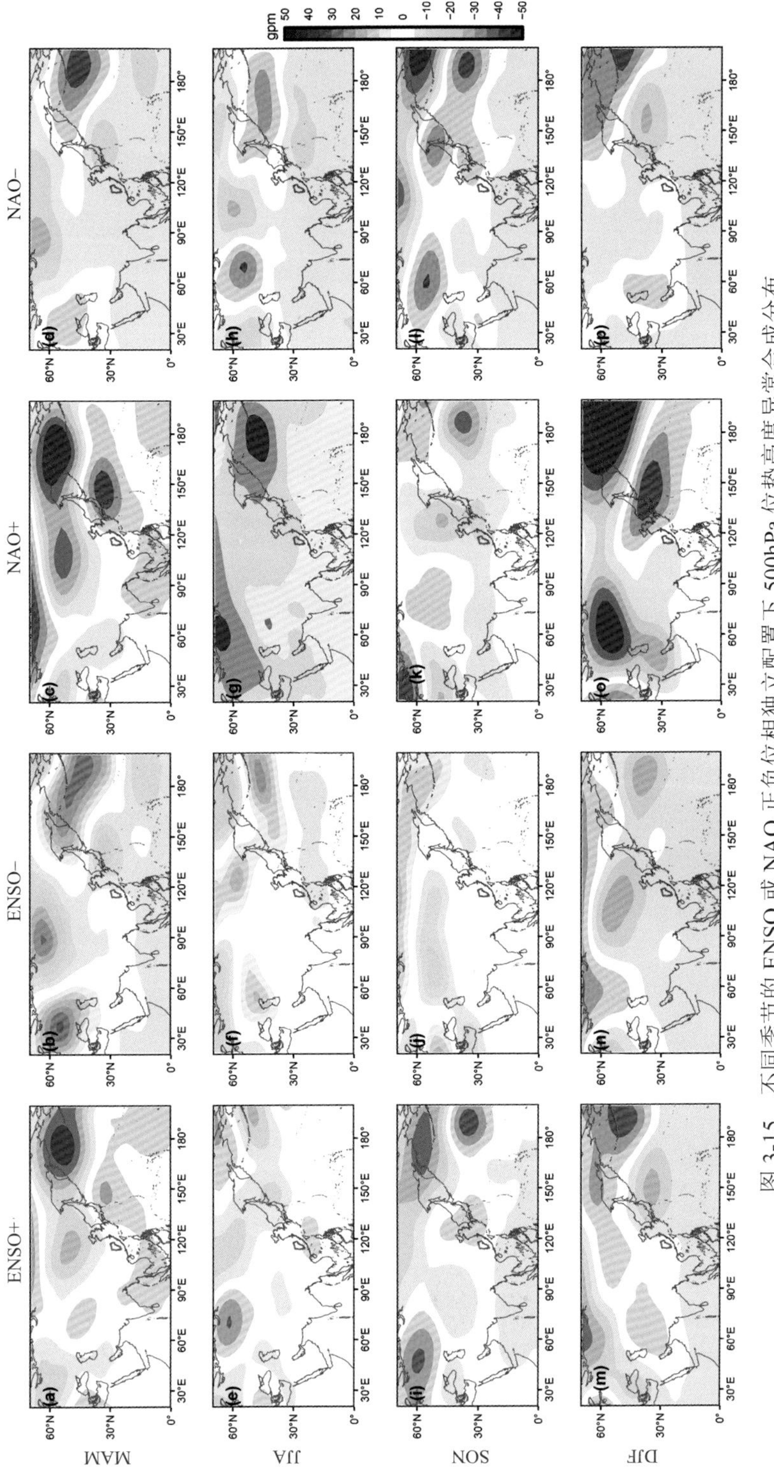

图 3-15 不同季节的 ENSO 或 NAO 正负位相独立配置下 500hPa 位势高度异常合成分布

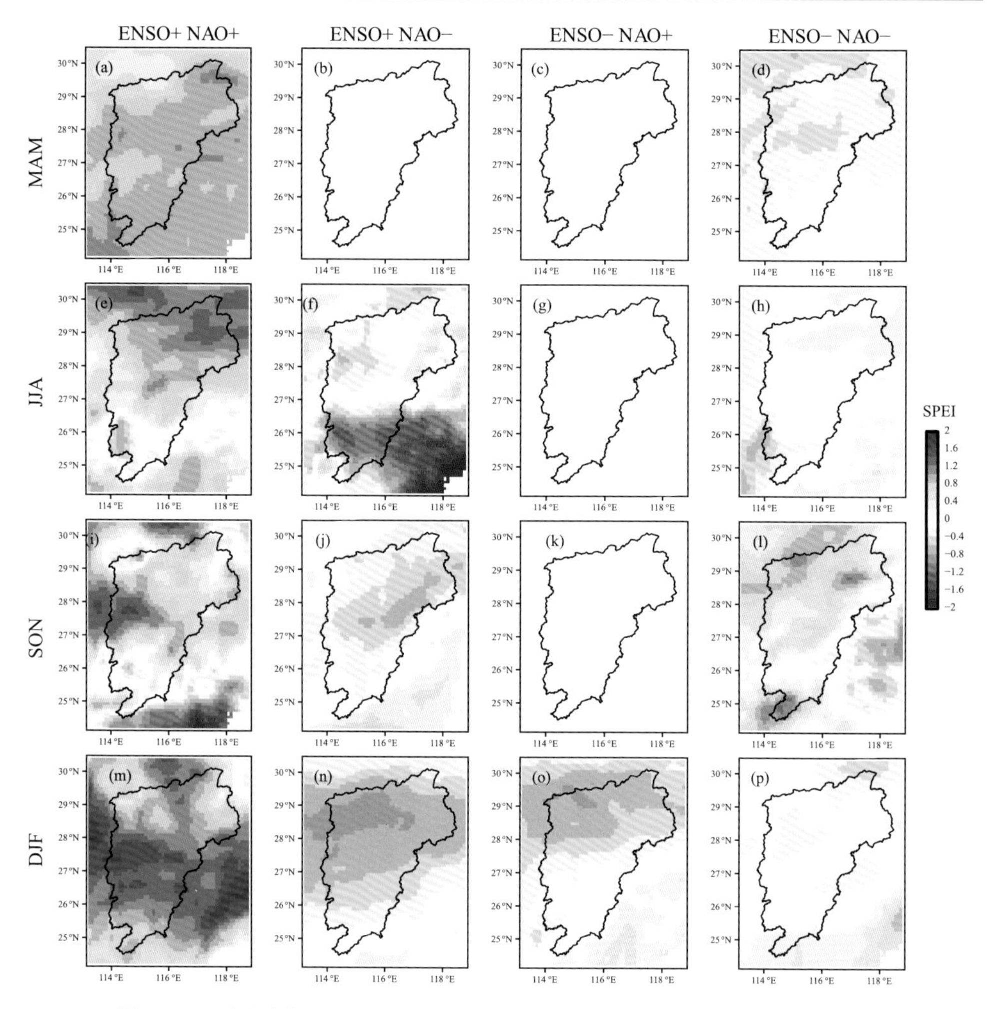

图 3-16　不同季节 ENSO 和 NAO 四种不同位相组合配置下 SPEI 合成分布

图 3-17 展示了各季节 ENSO 和 NAO 的四种不同位相组合配置下的 HGT500 合成分布，其中 ENSO(+/–) 和 NAO(+/–) 分别指前一年冬季 ENSO 的位相和前一季节的 NAO 位相。由于 ENSO 和 NAO 单独造成的环流异常在春夏季具有同相的特征，所以 ENSO+/NAO+和 ENSO–/NAO–的组合位相下春夏季的环流异常与单独的 ENSO 或 NAO 正负位相相比，也呈现同相的特征，且强度更高，因此这两种组合在春夏季对鄱阳湖流域旱涝的影响与单独 ENSO 或 NAO 的影响一致。秋冬季 ENSO 和 NAO 单独造成的环流异常具有反相的特征，其叠加之后的环流形势取决于单因子造成的环流异常的强度，图 3-17(i)、(m)、(l)、(p) 表明 ENSO+/NAO+组合下秋季为 ENSO 主导，冬季为 NAO 主导，而 ENSO–/NAO–组合下正好相反。对于 ENSO+/NAO–与 ENSO–/NAO+组合，由于秋冬季 ENSO

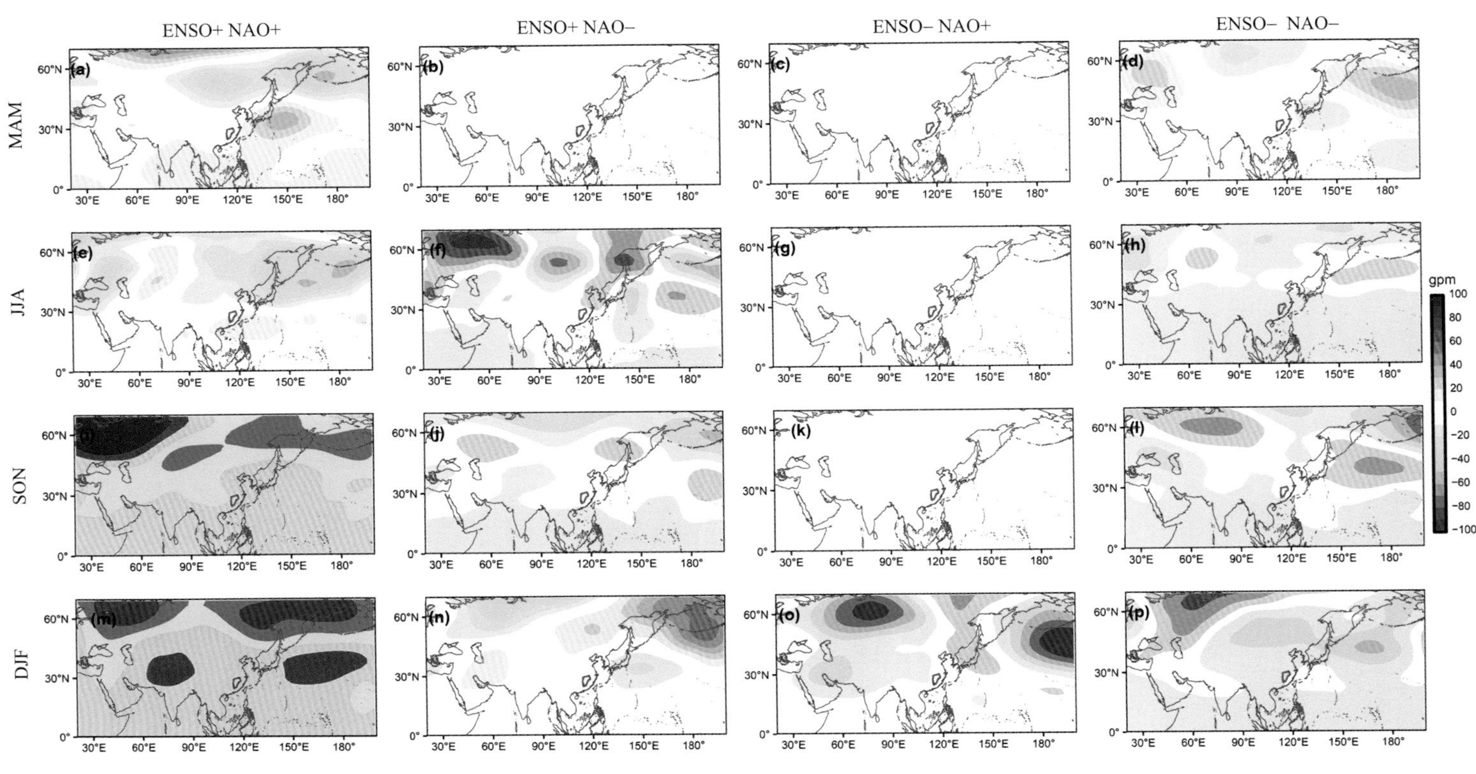

图 3-17　不同季节 ENSO 和 NAO 四种不同位相组合配置下 500hPa 位势高度异常合成分布

和 NAO 造成环流异常的反相特征，当 ENSO 或 NAO 反位相存在时，其环流异常处于同位相，叠加结果为单因子引起的环流形势的增强。因此，秋冬季 ENSO+/NAO–与 ENSO–/NAO+组合下表现为典型的欧亚遥相关型，从而容易触发鄱阳湖流域的秋冬季节尺度干旱。

3.6 本章小结

本章重点关注多重大尺度气候因子对鄱阳湖流域干旱的协同影响和滞后效应。为此，采用单变量到多变量的综合分析方法研究了主要大尺度气候模态(AMO、AO、ENSO、IOD、NAO 和 PDO)对鄱阳湖流域极端事件的协同和滞后影响。在此基础上，利用回归分析和 SVD 分析探究了主要气候因子的协同和滞后影响的大气环流机制，利用合成分析揭示了关键致旱因子的不同位相组合对各季节尺度干旱的影响机制。主要结论总结如下。

(1) 单变量到多变量综合分析结果表明，在多因子协同影响上，6 个主要气候模态中，ENSO 和 NAO 的协同作用是鄱阳湖流域季节尺度气象干旱的主要驱动因素，分别代表了热带太平洋和中高纬大西洋的外强迫作用。从时滞效应来看，ENSO 和 NAO 具有相反的滞后影响机制，滞后 11 个月的 ENSO 和滞后 2～3 个月的 NAO 是鄱阳湖流域干旱的主要驱动因子；而滞后 3～6 个月的 ENSO 和滞后 8～9 个月的 NAO 是流域洪涝的主要驱动因子。

(2) 大尺度环流异常分析表明，ENSO 和 NAO 通过致旱环流来影响鄱阳湖流域的季节尺度干旱。与 ENSO 和 NAO 对应的致涝环流背景都与西北太平洋气旋式异常高度相关，而致旱环流背景都与中高纬度西伯利亚和鄂霍次克海阻塞高压系统(或西北太平洋异常反气旋)紧密联系。前冬 ENSO 和前夏 NAO 的组合模态可以解释鄱阳湖流域秋旱及同期的大尺度环流形势 55%的方差，这种组合模态作用下，环流异常呈现出正欧亚遥相关型的波列分布，伴随着东亚-太平洋区域的强经向环流异常，造成了长江中下游地区的偏北风异常，从而削弱了东亚夏季风，抑制了低纬度的水汽北上，进而触发了季节尺度干旱。

(3) 在前期 ENSO 和 NAO 的不同位相组合中，前冬 ENSO 正位相背景下，提前一个季节的 NAO 负位相可以导致鄱阳湖流域夏、秋、冬季节尺度干旱。在前冬 ENSO 负位相背景下，前冬 NAO 负位相和前秋 NAO 正位相分别可以触发鄱阳湖流域春旱和冬旱。前期 ENSO 和 NAO 造成的环流异常具有春夏同相，秋冬反相的特征，因此当前期 ENSO 和 NAO 处于相反位相时，秋冬季环流异常处于同位相，其叠加作用导致了欧亚遥相关型和阻塞高压的增强，从而造成了鄱阳湖流域的秋冬季节尺度干旱。春夏季节尺度干旱同样可以用环流模态的叠加作用来解释。

第 4 章　短期气候模式预测能力评估及可预测性来源解析

近年来，短期气候模式的物理性能、数据输入和计算效率有了很大改进。然而，为了使短期气候模式的季节尺度预测可以用于实际干旱预测，仍然有许多问题需要解决。目前由于动力框架和物理过程描述不足和初值问题，动力模型不可避免地存在误差，季节尺度降水预测的技能水平仍然过低，无法满足实际应用需求，尤其是在中国等中高纬度地区。

本章旨在评估欧洲中期天气预报中心(ECMWF)第五代季节尺度气候预测模式(SEAS5)对鄱阳湖流域季节尺度干旱的预测能力并分析其可预测性来源。为此，本章分析 SEAS5 预测能力的时空分布规律和影响因素，基于第 3 章总结的外强迫因子组合和致旱环流背景，解析了长预见期下 SEAS5 预测偏差的来源，探讨了气候模态的变化是如何改变气候系统的响应和反馈的，加强了对气候系统中大尺度异常与区域尺度极端气候之间相互联系和调控机制的理解。

本章的研究内容是：①分析 SEAS5 模式对鄱阳湖流域降水、气温和 SPEI 预测偏差的时空分布特征，评估其对于极端干旱事件的预测能力；②分析预见期对 SEAS5 预测能力的影响；③从大尺度气候因子和致旱环流模态的角度，解析 SEAS5 对极端干旱事件的可预测性来源。相关结果揭示了 GCMs 中区域气象要素可预测性的关键影响因素和与 ENSO 等大尺度模态的关系，为区域干旱预测提供更可靠的预测信息，帮助决策者和社会应对气候变化和减轻相关灾害风险，并为干旱预测模型的改进奠定基础。

4.1　数据与方法

4.1.1　季节尺度气候预测模式 SEAS5

本书采用欧洲中期天气预报中心(ECMWF)的第五代季节尺度气候预测模式(SEAS5)为鄱阳湖流域季节尺度干旱预测提供气象驱动(Johnson et al., 2019)。SEAS5 是海洋-陆地-大气全耦合的季节尺度动力预测模式，是基于 ECMWF 的第四代季节尺度预测模式 IFS 的改进版本。SEAS5 提供了全球回顾性及实时季节尺度气候预测，包括降水、气温、蒸散发等 32 个地面变量和 11 个压力层的位势高度、风速等 5 个高空气象变量。

相对于第四代预测系统，SEAS5 在海洋模型、大气分辨率和陆面初始化方面进行了升级，实现了不同时间尺度下的模拟无缝衔接。SEAS5 的海洋模块采用的是欧洲海洋模拟核心(Nucleus for European Modelling of the Ocean，NEMO)，并对海洋物理和分辨率进行了升级：模型配置采用海洋模型配置 ORCA025z75，垂直分层为 75 层，增加了海洋上层的垂直分层，前 50 m 分层为 18 层，水平分辨率为 0.25°。海洋垂直分辨率的提升使得 SST 昼夜循环得到了更好的模拟，极大地提升了 SST 的预测能力。SEAS5 海冰模式采用的是 NEMO 模式框架中的 LIM2，可以模拟海冰覆盖对大气-海洋状态变化的响应，从而捕捉海冰覆盖的年际变化和趋势。SEAS5 海洋和海冰初始条件由海洋分析和再分析集合 ORAS5 提供，ORAS5 使用与 SEAS5 中的耦合预测相同的海洋和海冰模型，并由实地采集的海洋观测数据驱动。大气模块水平解析度为 TCo319，相应的网格分辨率为 36 km，垂直分辨率为 L91。为了使回顾性预测部分和实时预测部分保持相同的陆面初始条件，以 TCo319 分辨率和校正后的气象强迫对陆面状态进行了离线重新计算，从而使预测系统的历史测试期与未来预测期保持着很好的一致性。与其前身 IFS 相比，SEAS5 最显著的优势在于对海温模拟误差的极大改善，特别是赤道太平洋地区，以及改进的北极海冰预测技能(Johnson et al., 2019)。改进的海洋模式和大气物理学相结合，使热带太平洋的 2 m 温度预测技能得到了改善。在非热带地区，海洋水平分辨率的提高和海洋垂直混合的改进降低了部分区域的 SST 偏差(如北太平洋)，但是，在西北太平洋也存在预测技能下降的区域。

SEAS5 是一个全球尺度的短期气候预测模式，在陆面区域尺度上，预测精度可能会有所下降。这是因为区域尺度的气候变化受到更多的局地因素的影响，例如地形、土壤、城市化、陆面反馈、植被变化等，陆面部分较高的空间异质性使不确定性增加，而 SEAS5 模型并没有完全考虑这些因素。此外，SEAS5 模型没有对区域尺度的气候变化进行细致的模拟。使用降尺度和误差校正技术可以将大尺度预测转换成区域预测，以改善区域尺度上的预测精度。

SEAS5 从 2017 年 11 月起投入运行。模型网格为简化 O320 高斯网格，其空间分辨率约为 36 km。SEAS5 预测的时间范围为 1981 年至当前，预测在每个月的第一天发布(即模型起始时间)，预测时间持续到未来的 215 天(7 个月)，即预见期最长为 215 天。在 1981～2016 年的回顾性预测期内，SEAS5 提供 25 个集合成员，在 2017 年之后的实时预测中，提供 51 个集合成员。2016 年之前，季节尺度预测以 ERA-Interim 大气数据作为初始条件；2017 年及以后，以 ECMWF 的即时再分析数据作为初始条件。

本书选用 1981～2016 年，预见期为 1～7 个月的鄱阳湖流域历史回报气象数据(包括降水、最高气温和最低气温)和北半球气象或海洋变量回报数据(包括 500 hPa 位势高度、海平面气压和海表温度等)，用于干旱可预测性研究和预测模型的构建。

SEAS5 回顾性预测数据由 25 个集合成员组成，本书中取集合均值作为预测值。根据模型最长 215 日(7 个月)的预见期，将逐日预测变量累加(或平均)到月尺度。以 1981 年 1 月 1 日起报为例，将当日发布并持续到 1981 年 3 月 31 日的模型输出逐日变量转化到逐月变量，并将 1～3 月的模型预测值称为 1 月起报的 1、2 和 3 个月预见期下的预测值，其余以此类推。

4.1.2　参考数据

ERA5-Land 是欧洲中期天气预报中心(ECMWF)提供的全球陆面再分析数据集，它是 ECMWF 最新再分析产品 ERA5 陆面子模式的输出(Baker et al., 2021)。该数据集基于多种观测数据源进行再分析，包括气象站观测数据和遥感数据等。ERA5-Land 使用来自 ERA5 再分析的大气强迫，以 9 km 的高空间分辨率持续计算每小时的地表气象变量。尽管 ERA5-Land 没有直接同化观测数据，但用于约束 ERA5 大气强迫数据的数百万次观测为 ERA5-Land 的陆面参数提供了间接支持。ERA5-Land 提供了地表水文气象要素的全球覆盖数据，包括温度、湿度、风速、降水量、积雪、土壤水、气压、径流等 50 个变量。时间分辨率为 1 小时，空间分辨率为 0.1°×0.1°，时间范围涵盖了 1979 年至今。

ERA5 是 ECMWF 对全球气候的第五代大气再分析数据集，其前身是 ERA-Interim 再分析数据集。ERA5 将模型数据与多源观测数据相结合，形成了全球范围内完整、一致的高精度数据集，为大气、海洋和陆面变量提供了逐小时的估计。时间范围为 1940 年至今，大气变量的空间分辨率为 0.25° × 0.25°，海洋变量的空间分辨率为 0.5° × 0.5°。ERA5 提供的大气变量包括：温度、风速、风向、湿度、降水量、降水强度和气压等。同时， ERA5 数据集还提供了多个垂直分层的数据，如地面层(single level)和压力层(pressure level)。

本书采用 ERA5-Land 作为验证 SEAS5 鄱阳湖流域地面预测的参考资料，采用 ERA5 作为验证 SEAS5 海温和大尺度环流场预测的参考资料。由于 SEAS5 大气和陆面模块所采用的初始场由 ERA5 的前身 ERA-Interim 再分析数据提供，因此采用 ERA5 系列数据作为 SEAS5 模式预测的参考值，可以降低观测误差带来的不确定性，排除初始场带来的误差，从而只考虑气候系统本身的混沌性导致的模式偏差，更有利于理解 GCMs 的可预测性。本书工作分别提取了 1981～2016 年 ERA5-Land 的鄱阳湖流域范围内每日降水量和平均、最低和最高 2 m 气温，以及 ERA5 的海表温度(SST)、海平面气压(SLP)、500 hPa 位势高度(HGT500)。为了与 SEAS5 的预测进行比较，对 ERA5-Land 和 ERA5 的网格分辨率进行了重采样，使其与 SEAS5 预测保持相同的分辨率，并将逐日数据汇总到月尺度。

4.1.3　SPEI 预测值计算

通过与实际观测数据进行对比，可以评估模型在模拟干旱时空分布方面的准确性，并提供对干旱事件的解释和诊断。考虑到与之前的干旱机制研究保持一致性，干旱预测研究部分仍然采用 $SPEI_3$ 作为季节尺度气象干旱指标。由于 SPEI 的计算需要长期观测数据以构建水平衡数据的概率分布，需要将季节尺度预测数据与参考数据融合，从而实现 SPEI 从监测期到预测期的扩展，才能计算 SPEI 的预测值。在进行预测和参考数据集的合并时，需确保二者具有相同的时间和空间分辨率，且气象变量的气候学平均值基本相同。

为了在不同预见期下构建 3 个月时间尺度的 SPEI，本书采用了 Dutra 等（2013, 2014）的方案，将 SEAS5 回顾性预测融合到历史监测时期，以实现从气象监测到预测的无缝过渡。$SPEI_3$ 序列生成的关键在于计算 3 个月的累积供需水量平衡量（水分累计亏缺量，BAL=P–PET）。对于预测起始日为第 m 个日历月第一天，预见期为 l 个月下（$1 \leqslant l \leqslant 7$）的 BAL 可以由以下公式计算：

$$\begin{cases} \sum\limits_{i=l-2}^{i=l} \text{BAL}'_{m,i} & l \geqslant 3 \\ \sum\limits_{i=1}^{i=l} \text{BAL}'_{m,i} + \sum\limits_{j=m+l-3}^{j=m-1} \text{BAL}_j & l < 3 \end{cases} \tag{4-1}$$

式中，BAL_j 是基于参考数据计算的第 j 个日历月的水平衡量；$\text{BAL}'_{m,i}$ 是基于第 m 个日历月起报的预测数据计算的供需平衡；i 为预见期的长度。一旦确定了预测目标时段的 BAL，就可以按照 SPEI 的后续计算程序计算得到 $SPEI_3$ 的预测值。

4.2　SEAS5 模式区域尺度预测效果评估

为评估 SEAS5 原始预测的性能，清楚了解 SEAS5 对鄱阳湖流域气象要素的预测能力，本书将 SEAS5 与参考数据 ERA5-Land 进行了多个方面的比较，包括气象变量的月际分布特征、预测的预见期依赖效应和历史干旱事件的回报能力。GCMs 的预测偏差来源复杂，很难将不同来源的偏差完全分离，但分析偏差的可能影响因素可以增强对 SEAS5 在季风区预测性能的了解。

4.2.1　模式偏差的时空分布特征

图 4-1 显示了 1～7 个月预见期下的 SEAS5 对鄱阳湖流域气象变量逐月预测值的整体分布情况，以及与参考值的对比。箱形图的各节点表示 10、30、50、70、90 百分位数值。方形点表示平均值，灰点表示离群值。由降水的箱型图可以看出，

SEAS5 原始预测对降水的中值和均值预测误差较小，但是对降水的极值(即最大和最小降水)SEAS5 难以准确地捕捉，特别是当预见期大于 3 个月时，SEAS5 预测的极端降水(>350 mm/月或<10 mm/每月)与 ERA5-Land 相比显示出较大的负偏差。

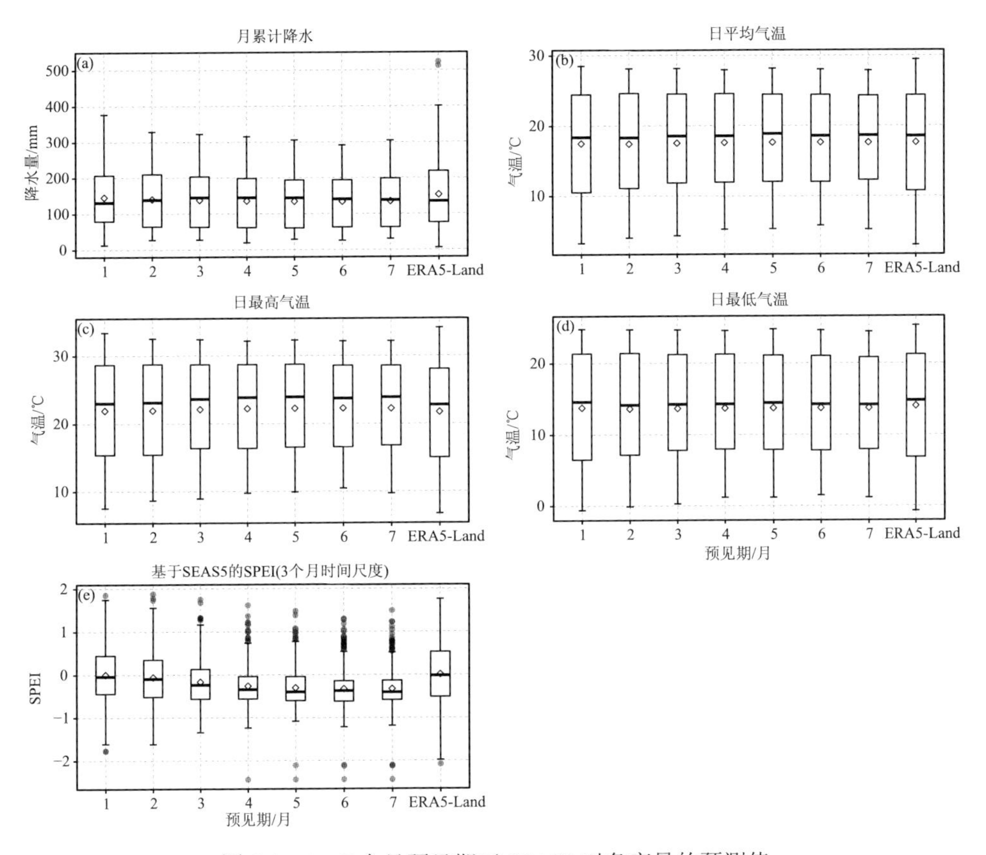

图 4-1　1～7 个月预见期下 SEAS5 对各变量的预测值

相对降水，SEAS5 对 2 m 气温具有更高的预测能力[图 4-1(b)～(d)]。可以看出,不同预见期下 SEAS5 对降水均值和中值的预测与参考值相比误差很小。在 1 个月预见期下，SEAS5 预测的平均温度、最高温度和最低温度的方差与观测值一致,而随着预见期的增长,预测值的方差范围趋于缩小,表明长预见期下 SEAS5 捕捉极端温度的能力呈下降的态势。但是，与降水相比，SEAS5 气温预测的整体分布情况与参考值更为接近。

基于 SEAS5 计算得到的 SPEI 指数综合了降水和温度的预测能力，可以反映 SEAS5 对季节尺度旱涝事件的预测能力。根据 SPEI 指数的定义，整个观测期的 SPEI 时间序列的平均值应为 0，而 SPEI 预测值的正负偏差代表预测值的湿偏差或干偏差，其中干偏差表示低估降水或高估温度(高估蒸散发)，湿偏差表示高估降水或低估温度(低估蒸散发)。图 4-1(e)展示了不同预见期下 SPEI 预测值与观测值的整体分布情况，可以看出，当预见期为 1～2 个月时，SPEI 预测值的均值约为 0，表示 SEAS5 对季节尺度旱涝事件的捕捉比较准确；当预见期大于等于 3 个月时，SEAS5 预测的 SPEI 均值小于 0，表示 SEAS5 所预测的鄱阳湖流域旱涝趋势具有一定的干偏差。同时，随着预见期的提升，SPEI 预测值的方差迅速减小。当预见期为 4 个月及以上时，SPEI 预测值的 10%～90%分位数区间集中分布在 –1.2～1 数值区间上，分布范围不及参考值的一半，这表明长预见期下 SEAS5 捕捉季节尺度极端气候的能力很弱。

为了描述 SEAS5 原始预测的年内分布特征，图 4-2 显示了 1981～2016 年期间不同预见期下 SEAS5 的原始预测的多年月平均值，以及 ERA5-Land 参考值，其中横坐标轴代表预测的目标月份。在 1～7 个月的预见期下，降水、平均气温、最高气温和最低气温与参考数据的偏差都显示出明显的年内周期性变化特征。对

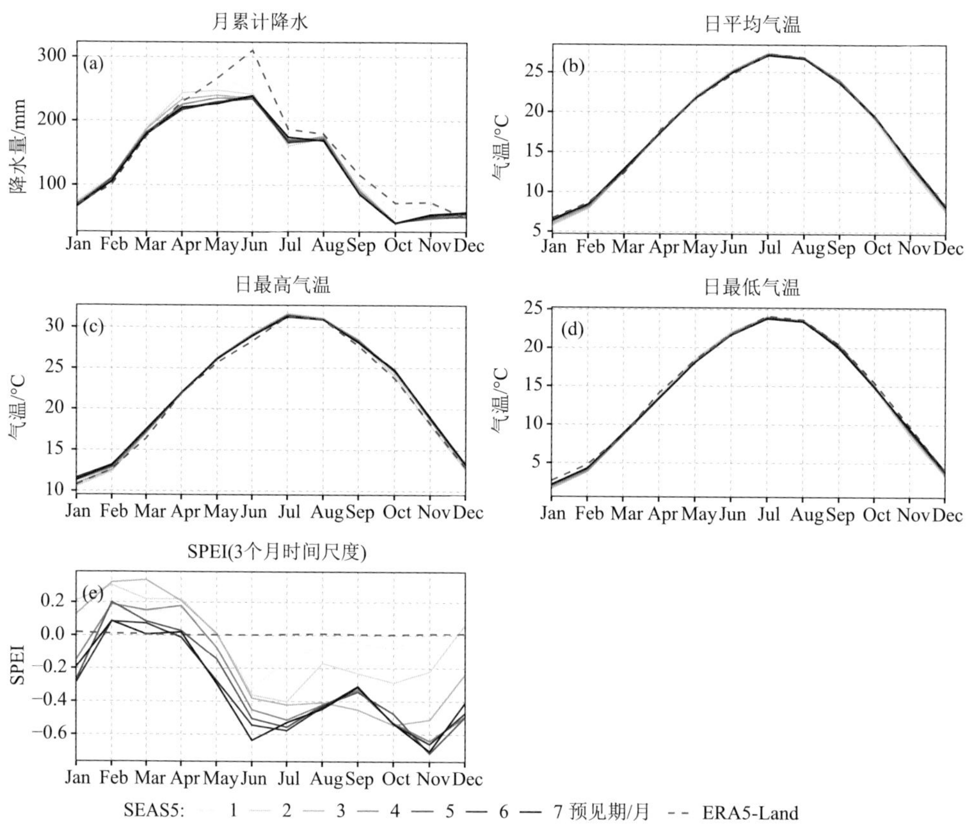

图 4-2　1～7 个月预见期下 SEAS5 预测的多年月平均值

降水量(a)；平均温度(b)；最高温度(c)；最低温度(d)；SPEI(e)

于降水[图 4-2(a)]，雨季(6 月)偏差达到峰值(负偏差)，旱季(7～12 月)偏差仍然存在，雨季之前(1～3 月)SEAS5 对降水存在略微的高估。在偏差最高的 6 月，SEAS5 在所有预见期下都严重低估了降水量，其绝对误差约为 70 mm/月。不同预见期下降水预测值的年内分布具有较大的差异，尤其是雨季(4～5 月)，随着预见期的延长，对降水的预测由高估转为低估。但是，在大多数月份，SEAS5 给出的降预测都呈低估的态势。

对于温度[图 4-2(b)～(d)]，其偏差的年内分布没有表现出明显的月际变化。除了日最高温度显示出 0.9℃的正偏差以外，日均温和最低温度的 SEAS5 预测值与参考值高度吻合，表明 SEAS5 对温度具有较高的预测能力。

对于 SPEI 预测值，图 4-2(e)显示出其预测偏差较强的年内季节性分布特征。5～12 月 SEAS5 给出的 SPEI 预测值表现出干偏差，在 6 月和 11 月干偏差达到峰值；而 2～4 月表现出湿偏差，在 3 月湿偏差达到峰值。从湿偏差到干偏差的过渡发生在 4～5 月期间。不同预见期下 SPEI 预测值的偏差绝对值有较大的不同，但是偏差的年内分布模式大体一致。

上述分析总结出 SEAS5 预测的降水具有较高的偏差，且集中在 4～7 月。为了更好地了解降水预测偏差的空间分布，图 4-3 显示了不同预见期下 SEAS5 对 4～7 月平均降水预测偏差的空间分布。可以发现，最大的预测偏差出现在 6 月，约为–140 mm/月，偏差集中分布在流域东北部。不同的月份，其偏差表现出不同的空间分布模式。5 月的降水偏差显示出“北正南负”的模式，而 7 月的偏差模式正好相反。随着预见期的增长，偏差的绝对值呈增加的趋势，但是偏差的空间分布模式没有随预见期的变化而改变。总的来说，SEAS5 对雨季降水的预测表现出高负偏差的特征，且负偏差的分布面积随着预见期的增加而扩大。

4.2.2　预见期对偏差分布的影响

对 SEAS5 预测偏差的时空分布特征分析中发现，预见期很大程度上决定了偏差的分布模式。因此，本小节着重分析预见期对 SEAS5 预测性能差异的影响。在大多数情况下，低预见期下的预测与参考数据的吻合度较高，随着预见期的增加，预见期依赖效应加强，预测偏差呈增加的趋势，本书将预测精度随着预见期提高而下降的现象称为“预见期依赖效应”。上一节的分析表明，SEAS5 预测的降水显示出高度的预见期依赖效应，预见期越长，降水量越被低估，尤其是雨季，而气温预测的预见期依赖效应较弱。此外，3 个月预见期是预测性能的转折点，在当预见期超过 3 个月时，预测精度会急剧下降。因此，提高 3 个月以上预见期的预测精度成了基于短期气候模式的季节尺度预测研究的主要任务之一。

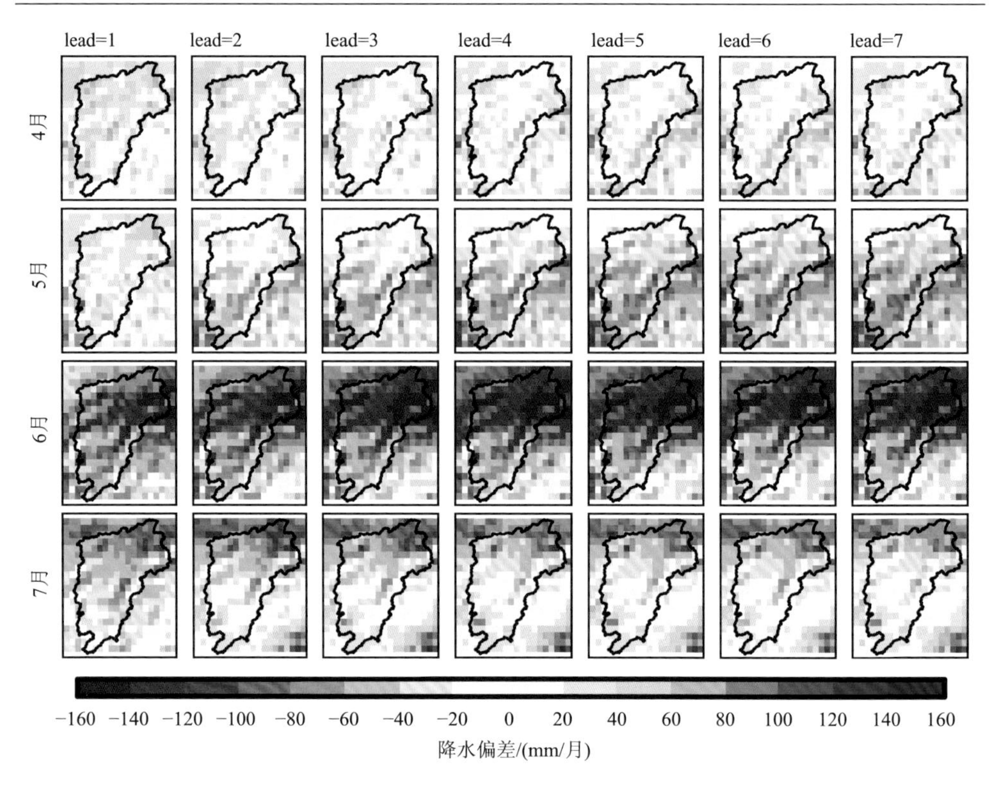

图 4-3　1～7 个月预见期下 SEAS5 预测降水偏差的空间分布(4～7 月)

为了进一步探究不同预见期下降水和 SPEI 预测值的分布模式，图 4-4 分别给出了不同预见期下降水和 SPEI 预测值的经验分布，从中可以清晰地看出，对于预测值的不同区间，预见期依赖效应的强弱有所不同。当降水预测值在 0～120 mm 和 200～300 mm 区间时，预见期依赖效应最显著[图 4-4(a)]，且降水预测的累积

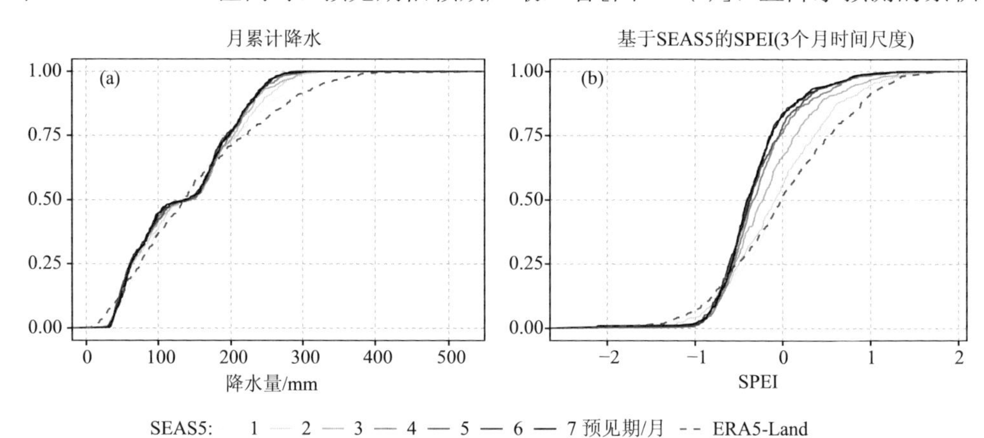

图 4-4　1～7 个月预见期下 SEAS5 降水预测(a)和 SPEI 预测(b)的经验累积频率分布

频率曲线呈向左偏移的特征。但是，在 100～200 mm 区间，预测降水的累积频率出现了反常的下降。对于 SPEI 预测值[图 4-4(b)]，预见期效应最显著的区间范围为–0.6～1，且预测值的累积经验分布曲线出现了向左偏移的特征。这表明长预见期下，SEAS5 预测不能准确地还原降水和 SPEI 的实际频率分布。

图 4-5 进一步显示了不同月份的 SPEI 预测值的经验分布曲线随预见期的变化，结果表明，6～12 月期间的 SPEI 预测较其他月份显示出更强的预见期依赖效应，频率分布曲线向左偏移的趋势更加明显，10～11 月这种效应达到最强，而 1～5 月期间 SPEI 预测值的经验分布曲线“左移”的特征并不明显。因此，相对于雨季，长预见期下 SEAS5 对旱季的 SPEI 预测能力不足，给出的 SPEI 预测不能准确地还原流域实际旱涝状态的概率分布。

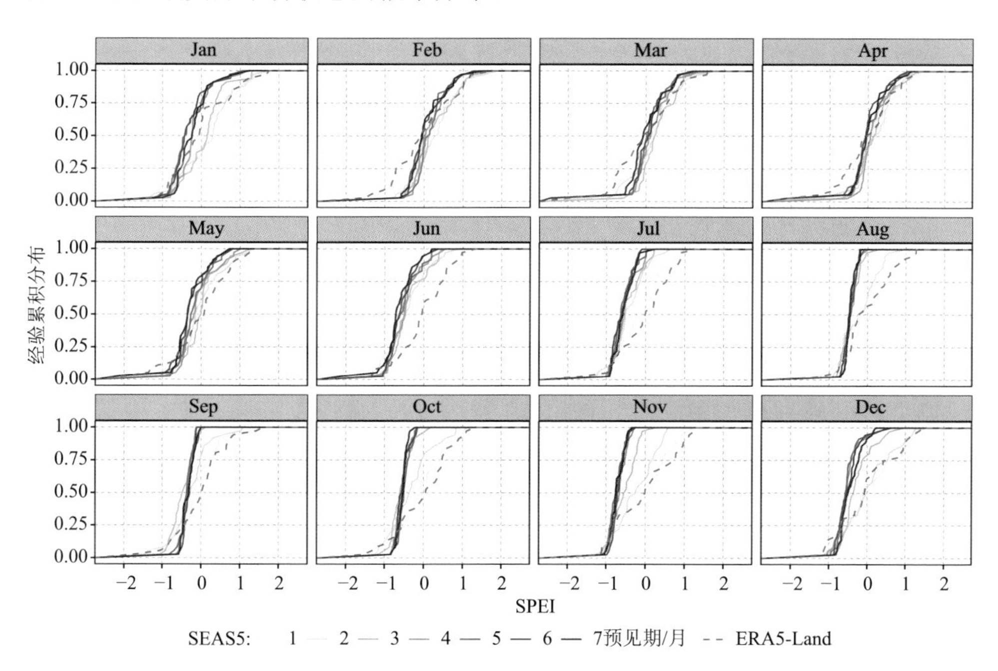

图 4-5　1～7 个月预见期下 SEAS5 输出的 1～12 月 SPEI 预测的经验累积频率分布

4.2.3　历史干旱预测效果评估

本小节通过对历史典型干旱事件的回顾性预测，检验了 SEAS5 对季节尺度干旱事件的预测能力。图 4-6 和图 4-7 分别显示了不同预见期下 SEAS5 对 2006 年和 2013 年夏秋季节极端干旱事件的回报结果及相应的观测值。根据参考数据，2006 年的干旱事件起始于 7 月，从流域的西北部发生并向南扩展。干旱的高峰出现在 10 月，之后干旱从南向北逐渐衰减(11～12 月)。在 1～2 个月预见期下，

SEAS5 预测的 SPEI 基本上再现了历史干旱的发生和衰退过程。3 个月预见期下，SEAS5 仍然可以捕捉到干旱事件的峰值和衰减过程(10～12 月)，但对于发展阶段(7～9 月)，SEAS5 没有还原干旱区域从北向南的发展过程，并且明显低估了 8 月干旱的严重程度。对于 3 个月以上预见期，基于 SEAS5 的 SPEI 预测分布失去了空间连续性，出现了许多不合理的网格单元。此外，高预见期的预测显然低估了研究区东部 10 月的干旱峰值。

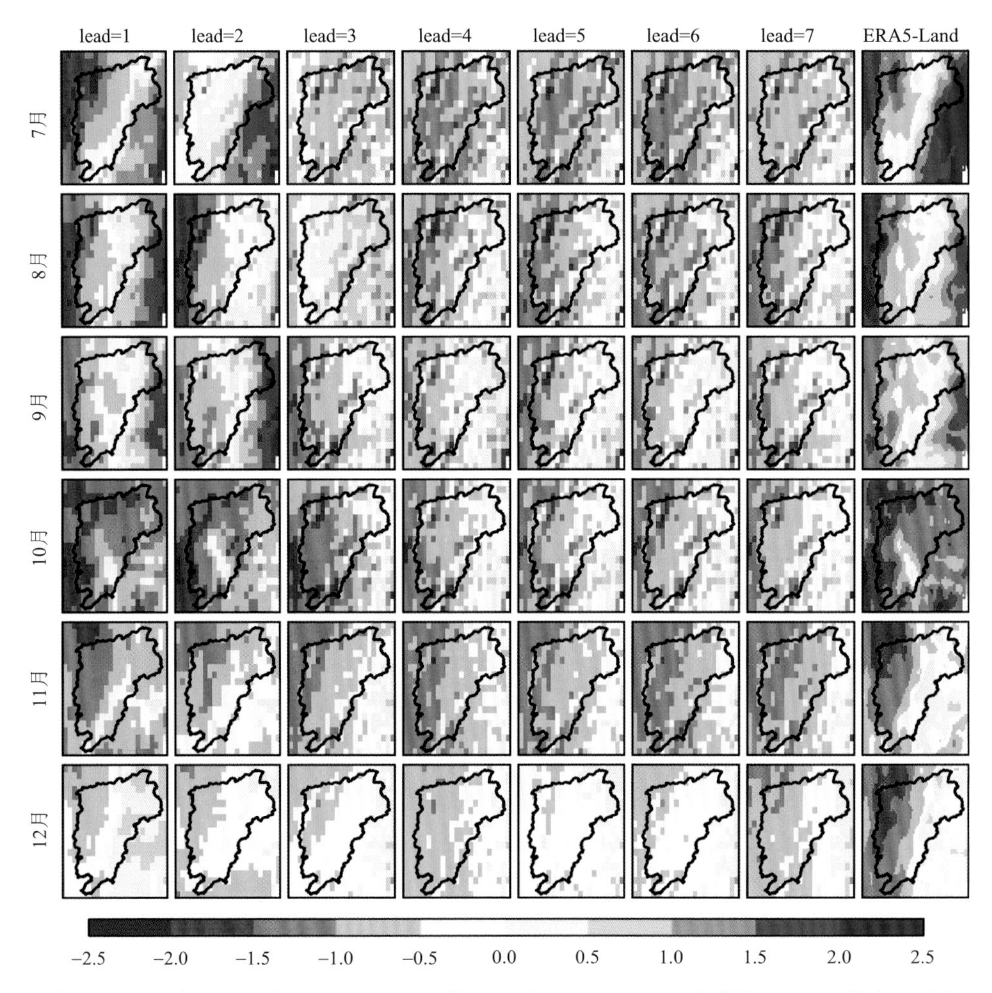

图 4-6　1～7 个月预见期下 SEAS5 回报的 2006 年 7～12 月干旱事件期间 SPEI 的空间分布

从 2013 年的干旱事件中也可以观察到类似的结果，短预见期下(1～3 个月)SEAS5 准确地再现了干旱变化的空间分布过程，而长预见期(4～7 个月)下 SEAS5 对干旱的严重程度存在大范围的低估。与 2006 年干旱回报不同的是，对于 2013 年干旱事件的衰减阶段(11～12 月)，短预见期和长预见期下 SEAS5 的回报虽然没有低估干旱的严重程度，但是 2 个月预见期下 SEAS5 高估了 11 月流域东部的干旱程度，且 3 个月以上预见期下对 12 月的 SPEI 也作出了高估的预测。因此，长预见期下 SEAS5 预测倾向于在干旱的发展阶段低估干旱，而在干旱的衰退阶段高估干旱。

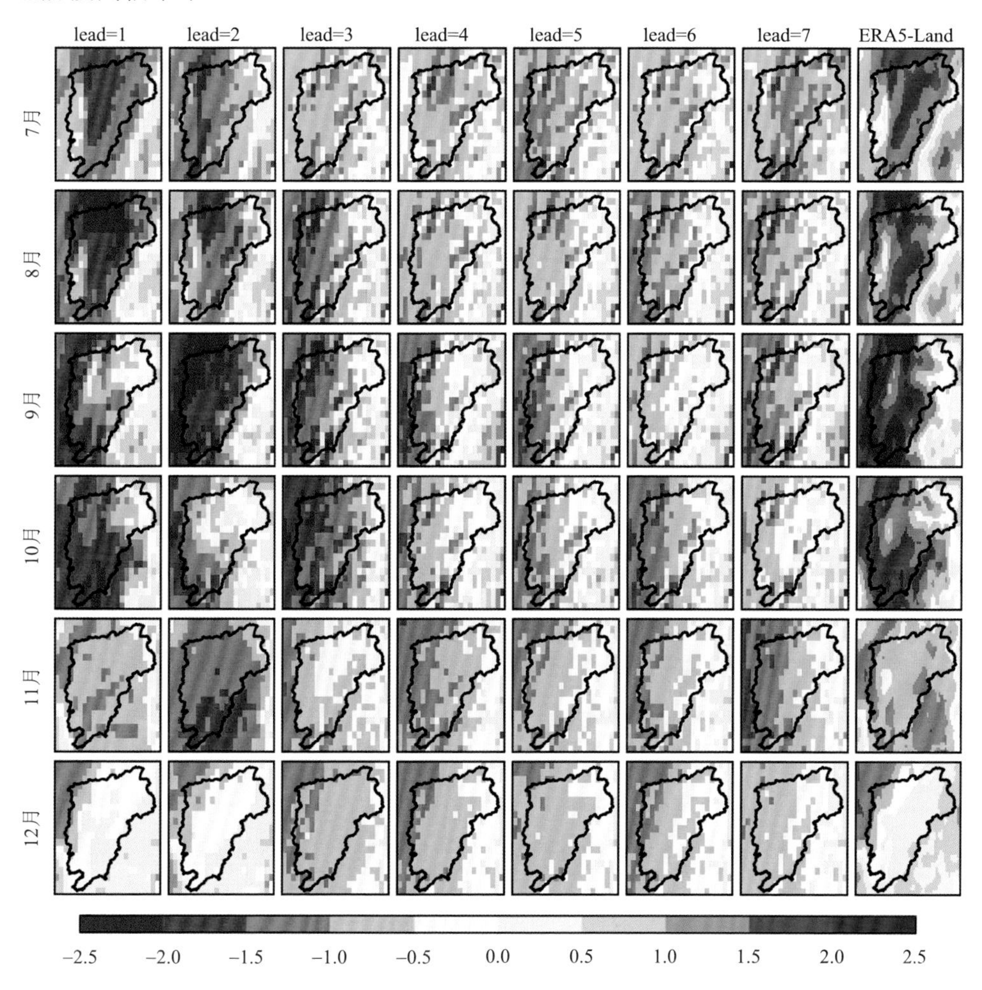

图 4-7　1～7 个月预见期下 SEAS5 回报的 2013 年 7～12 月干旱事件期间 SPEI 的空间分布

为了量化 SEAS5 对干旱事件的回报能力，图 4-8 展示了 2006 年和 2013 年 7～12 月 SEAS5 回报的干旱面积比例的随时间变化曲线(SPEI<−0.5 为干旱判定条件)。总的来说，SEAS5 预测的 SPEI 值在 1～3 个月预见期下可以很好地再现历史干旱面积的变化，特别是在干旱事件的峰值和衰减阶段。对于预见期在 3 个月以上的预测，SEAS5 显著地低估了干旱的严重程度，没有捕捉到 2006 年 10 月的

全流域大面积干旱，也没有准确预测出 2013 年 12 月干旱的终止。因此，SEAS5 长预见期的原始预测不能直接用于干旱预测系统的构建，需要在深入分析 SEAS5 区域气象变量可预测性的基础上，采用后处理的手段修正其原始预测结果。

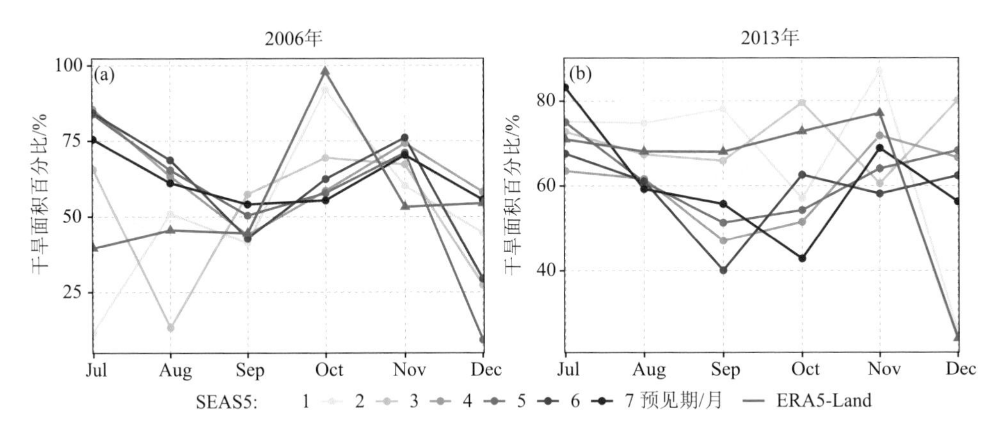

图 4-8 1～7 个月预见期下 SEAS5 预测的 2006 年(a)和 2013 年(b)7～12 月干旱面积百分比

4.3 SEAS5 模式可预测性来源解析

4.3.1 大尺度气候因子预测能力

根据第三章的结论，ENSO 和 NAO 是鄱阳湖流域极端事件的主要驱动因子，因此本章主要关注 SEAS5 中 ENSO 和 NAO 的预测能力。图 4-9 展示了 1～6 个月预见期下 SEAS5 对 ENSO 和 NAO 指数的预测值与观测值对比，可以看出 SEAS5 对大尺度预测因子的预测能力明显高于对鄱阳湖流域降水的预测能力，基本还原了 ENSO 和 NAO 的年际变化特征，捕捉到了大部分异常信号，且在不同预见期下均具有较高的预测能力。但是，对于强 ENSO 事件，SEAS5 的预测仍有偏差，比如高估了 1998 年 El Niño 和 2004 年 La Niña 的强度，高估了 1996 年和 2010 年的 NAO 正位相和 2001～2005 年期间的 NAO 负位相。

4.3.2 秋旱的大尺度环流背景预测能力

针对鄱阳湖流域中度及以上秋旱(SPEI<–1)，提取了 1981～2016 年期间短预见期和长预见期下 SEAS5 预测的 SPEI 和相应的以热带太平洋海温、北大西洋 SLP 和东亚地区 500 hPa 位势高度为代表的同期大尺度海温/环流异常，以探究造成长预见期下 SEAS5 预测能力下降的动力学原因。图 4-10 为 1 个月和 6 个月预见期下 SEAS5 预测的秋旱期间合成 SPEI 分布及相应的参考值，在 1 个月预见期下，

SEAS5 准确地再现了干旱强度和干旱面积的历史特征；而在 6 个月预见期下 SEAS5 明显低估了秋旱的严重性和干旱面积，且 SPEI 值的分布不具备空间上的连续性。

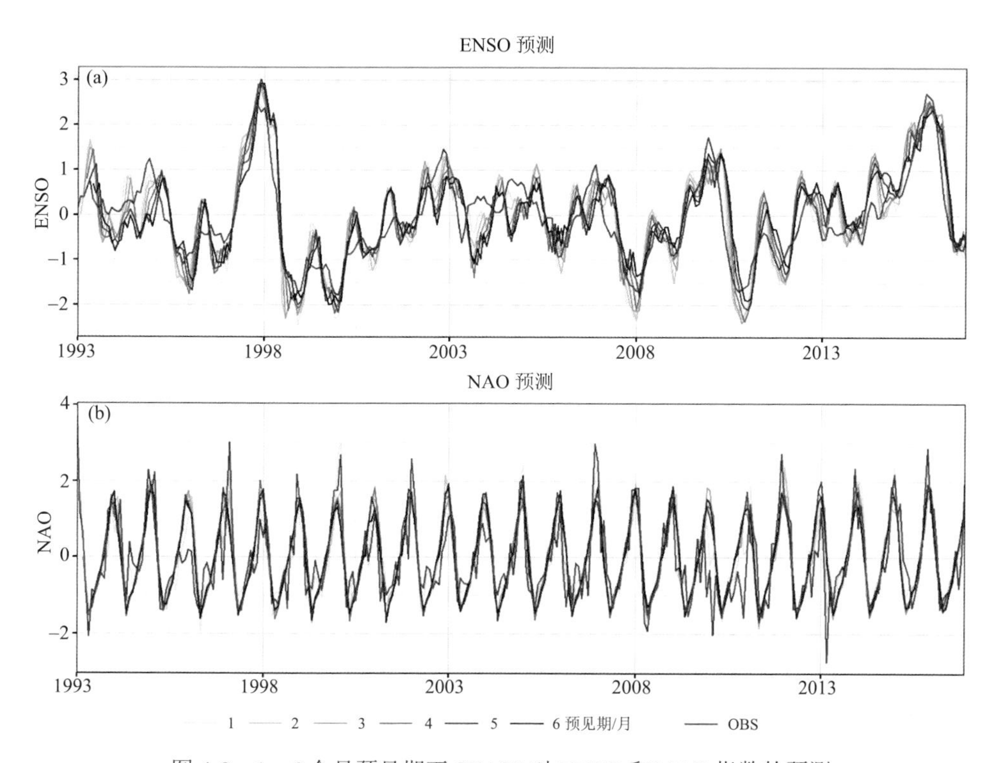

图 4-9　1～6 个月预见期下 SEAS5 对 ENSO 和 NAO 指数的预测

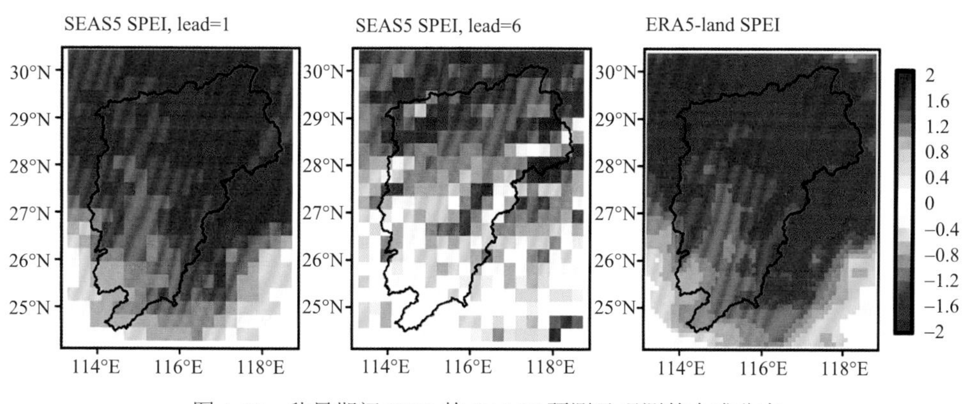

图 4-10　秋旱期间 SPEI 的 SEAS5 预测及观测的合成分布

图4-11中同期的1个月和6个月预见期下热带太平洋海温都表现为弱La Niña型，与参考值相符，6 个月预见期下 La Niña 信号略强。这表明 ENSO 信号及强

度可以被动力模式准确地预测，但这并没有增加长预见期下鄱阳湖流域秋旱的可预测性。同时，1 个月预见期下北大西洋 SLP 分布表现为“– + –”的经向三级模式，冰岛和亚速尔群岛附近都呈负异常，而 6 个月预见期下表现为冰岛低压区偏东且表现为正异常，同时亚速尔高压区偏西且表现为负异常的“NAO 负位相”格局。二者强度都较弱，1 个月预见期下 SEAS5 捕捉到了以格陵兰岛为中心的正异常，与参考值类似。

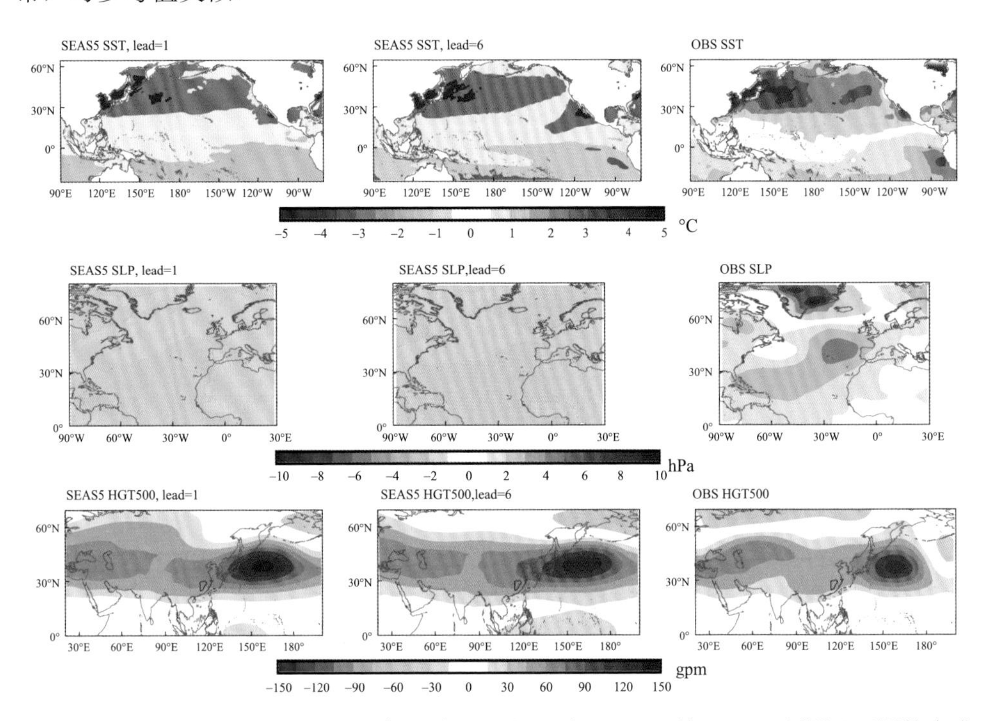

图 4-11　秋旱期间太平洋 SST、北大西洋 SLP 和亚洲 HGT500 的 SEAS5 预测及观测的合成分布

对于同期的 500 hPa 位势高度分布，SEAS5 在两种预见期下都表现出以西北太平洋反气旋异常为特征的致旱环流形势，这与观测结果一致。但是 SEAS5 预测的西北太平洋反气旋的强度和范围略大于参考值，6 个月预见期下这种高估更加明显。此外，SEAS5 对赤道附近的西太平洋高压异常存在较大的模拟误差，尤其是在 6 个月预见期下，高压异常覆盖了东南亚和西太平洋，而实际上该高压系统没有在参考值中出现。西太平洋副热带高压的出现减弱了亚洲东部的经向环流异常，有助于低纬度湿润气流向北输送，减弱了阻塞高压对中国南部降水的抑制作用，从而造成了模型对鄱阳湖流域降水的高估和对干旱的低估。因此，SEAS5 在长预见期下对秋旱的低估与赤道附近的西太平洋副热带高压系统的模拟误差紧密相关。

4.4 本章小结

本章评估了欧洲中期天气预报中心(ECMWF)第五代季节尺度气候预测模式 SEAS5 的区域降水、气温和干旱预测能力，分析了模式偏差的时空分布特征和预见期对预测能力的影响，探究了 SEAS5 用于区域季节尺度气象干旱预测的潜力和局限性。此外，进一步评估了 SEAS5 对大尺度气候因子和致旱环流模态的预测能力，分析了长预见期下 SEAS5 区域降水预测能力下降的来源。主要结论总结如下。

(1) SEAS5 对鄱阳湖流域气温的预测性能较高，不同季节和不同预见期下 SEAS5 预测的最高、最低和平均气温都具有较高的预测能力。SEAS5 对降水的均值预测偏差较小，但是极端降水预测能力较差。SEAS5 整体上低估了降水，其偏差表现出较强的季节变化，雨季(4～7 月)降水预测的负偏差较大，其余月份偏差较小。预见期的长短对 SEAS5 降水预测具有显著影响，当降水预测值在 0～120 mm 和 200～300 mm 区间时，预见期依赖效应最显著。

(2) SEAS5 对鄱阳湖流域干旱预测能力与预见期的长度高度相关，当预见期超过 3 个月时，SEAS5 的干旱预测能力会急剧下降。6～12 月期间的 SPEI 预测较其他月份显示出更强的预见期依赖效应。历史极端干旱事件的回顾性预测检验表明，预见期小于等于 3 个月时 SEAS5 可以再现历史干旱面积和严重程度的变化，预见期大于 3 个月时，SEAS5 会严重低估干旱的严重程度。

(3) SEAS5 对大尺度环流模态的预测要显著优于对局地气候要素的预测，其中对热带太平洋海温模态的预测较北大西洋环流模态的预测更加准确。SEAS5 对鄱阳湖流域的干旱预测能力来源于对热带和高纬度气候变率的捕捉和对以西北太平洋高压为特征的致旱环流模式的预测。长预见期下 SEAS5 对鄱阳湖流域秋旱严重程度的低估与其对赤道西太平洋上高压异常的模拟误差有关。

第5章 基于统计-动力混合方法的鄱阳湖流域干旱预测模型构建

针对 SEAS5 模式的评估研究表明，SEAS5 模式对大尺度海表温度等大尺度环流模态的预测能力强于对区域气象要素的预测能力，而大尺度气候模态是鄱阳湖流域季节尺度降水年际变异的主要驱动因素。因此，在大尺度气候因子与局地气候变量之间具有长期稳定的显著相关关系的前提下，将具有较高可预测性的大尺度环流作为预测因子，构建其与局地预测目标气象要素之间的统计关系模型，成为提高短期气候模式预测能力的新思路。

本章旨在改进 SEAS5 的季节尺度降水预测，以产生无偏差且具有可靠性和稳定性的长预见期干旱预测。为此，我们利用 SEAS5 对海温和海平面气压的预测能力，基于鄱阳湖流域的关键致旱外强迫因子组合与 SEAS5 动力预测模式，提出了一种新的动力模式与 Vine Copula 概率统计模型相结合的统计-动力混合干旱预测方法，并对该方法进行历史回报实验，通过与传统的偏差校正方法进行对比，评估混合预报模型对原始 SEAS5 模式预测能力的提升效果。

5.1 数据与方法

5.1.1 预测数据

与第 4 章相同，本章采用的短期气候模式是季节尺度气候预测模式 SEAS5，并采用 ERA5-Land 作为观测值来验证本章所构建的混合预测模型。研究时段为 1993～2016 年，预见期为 1～6 个月，采用的预测数据包括鄱阳湖流域降水、最高气温、最低气温和北大西洋海平面气压（SLP）和太平洋海表温度（SST）。其中北大西洋海平面气压用于 NAO 指数预测值的计算，太平洋海表温度用于 ENSO 指数预测值的计算。本书取回顾性预测中 25 个集合成员的均值作为预测值。

5.1.2 预测方法

1. 边缘分布函数

构建多变量联合分布之前，需要确定各变量的边缘分布函数。随机变量的经验分布采用统计学上常用的经验 Gringorten 公式计算：

$$P(K \leqslant k) = \frac{K - 0.44}{N + 0.12} \tag{5-1}$$

对于每个数据点 k，计算其经验分布函数(即数据序列中小于等于该点数据的比例)。其中 K 为该数据点在有序数据序列中的排名，N 为数据序列的总长度。Gringorten 公式的优点在于对样本量较少的数据也能够给出准确的百分位数值。

进一步,采用参数化边缘分布函数对每个变量观测序列的经验分布进行拟合。备选的分布函数包括：正态分布、指数分布、对数正态分布、Weibull 分布、Gamma 分布、Logistic 分布和 Cauchy 分布等。参数估计方法采用极大似然法，并通过 AIC(Akaike information criterion)(Nguyen-Huy et al., 2020)拟合优度检验来优选最适合的边缘分布类型。AIC 是一种模型比较方法，旨在通过评估不同模型的拟合效果和复杂度来确定最佳模型。AIC 值是基于信息理论的，计算公式如下：

$$\text{AIC} = -2\ln(l_{\max}) + 2k \tag{5-2}$$

式中，$\ln(l_{\max})$ 是模型的最大似然估计值；k 是模型参数的数量。

AIC 准则认为，模型的优劣不仅要考虑其对数据的拟合程度，还要考虑模型复杂度的影响。在比较不同模型时，AIC 值越小表示模型越好，因为它在拟合数据的同时最大限度地减小了模型的复杂度。在样本量较少的情况下，AIC 可以避免过度拟合。之后的 Copula 函数优选也将基于该准则。

2. 二维 Copula 函数

Copula 函数是定义在$[0,1]^n$区间上的多维联合分布函数，其优势在于可以连接多个边缘分布函数，从而构造多变量联合分布函数，且不受随机变量边缘分布类型的限制(Van de Vyver and Van den Bergh, 2018)。在二维情景下，按照 Sklar 定理(Schefzik et al., 2013)，任何一个联合概率分布函数 $F(z_1,z_2)$ 可由两个单变量参数化边缘分布函数 $F_1(z_1)$、$F_2(z_2)$ 和一个参数化 Copula 函数 $c(u_1,u_2)$ 组成，具体可表示如下：

$$F(z_1,z_2) = c(F_1(z_1),F_2(z_2)) = c(u_1,u_2) \tag{5-3}$$

式中，u_i 表示边缘分布函数 $F_i(z_i)$。由上式可知，利用边缘分布函数和 Copula 函数，可以完全确定两个随机变量之间的依赖关系。变量本身的分布信息由边缘分布表示，变量间的关系由 Copula 函数刻画，二者相互独立，构建模型时不会造成统计信息失真。

进一步，通过对二元 Copula 函数求一阶偏导数，可以给出二元 Copula 函数 $c(u_1,u_2)$ 的条件概率函数：

$$F(z_1|z_2) = c(u_1|u_2) = \frac{\partial c(u_1,u_2)}{\partial u_2} \tag{5-4}$$

Copula 函数有多种类型，主要可分为阿基米德型 Copula 函数和椭圆型 Copula 函数。本书所采用的备选二元 Copula 函数包括 Gaussian Copula、Student-t Copula、Clayton Copula、Frank Copula、Gumbel Copula 和 Joe Copula 及它们的旋转形式(rotated forms)，其二元函数表达式及其相关性质如表 5-1 所示。

表 5-1　二元 Copula 函数表达式及其参数区间

函数名	二元 Copula 函数表达式 $C_\theta(u,v)$	参数 θ 区间
Gaussian	$\int_{-\infty}^{\phi^{-1}(u)}\int_{-\infty}^{\phi^{-1}(v)}\frac{1}{2\pi\sqrt{1-\theta^2}}\exp\left(\frac{2\theta xy-x^2-y^2}{2(1-\theta^2)}\right)\mathrm{d}x\mathrm{d}y$	$\theta\in[-1,1]$
Student-t	$\int_{-\infty}^{t_{\theta_2}^{-1}(u)}\int_{-\infty}^{t_{\theta_2}^{-1}(v)}\frac{\Gamma((\theta_2+2)/2)}{\Gamma(\theta_2/2)\pi\theta_2\sqrt{1-\theta_1^2}}\left(1+\frac{x^2-2\theta_1 xy+y^2}{\theta_2}\right)^{(\theta_2+2)/2}\mathrm{d}x\mathrm{d}y$	$\theta_1\in[-1,1]$, $\theta_2\in(0,\infty)$
Clayton	$\max(u^{-\theta}+v^{-\theta}-1,0)^{-1/\theta}$	$\theta\in[-1,\infty)/\{0\}$
Frank	$-\frac{1}{\theta}\ln\left[1+\frac{(\exp(-\theta u)-1)(\exp(-\theta v)-1)}{\exp(-\theta)-1}\right]$	$\theta\in R/\{0\}$
Gumbel	$\exp\left\{-\left[(-\ln(u))^\theta+(-\ln(v))^\theta\right]^{1/\theta}\right\}$	$\theta\in[1,\infty)$
Joe	$1-\left[(1-u)^\theta+(1-v)^\theta-(1-u)^\theta(1-v)^\theta\right]^{1/\theta}$	$\theta\in[1,\infty)$

3. Vine Copula 函数及条件预测函数

Copula 函数有效地描述了多个变量联合概率分布和单变量边缘分布之间的联系，在二元变量场景下尤其有效。然而，传统 Copula 函数在面对二个以上变量的情况时会受到变量间复杂依赖关系的限制。

基于分层图形结构和条件 Copula 函数的 Vine Copula 函数(藤 Copula)可以将复杂多变量 Copula 分解为具有简单依赖结构的双变量 Copula(成对 Copula)(Manning et al., 2018)，从而灵活准确地描述高维变量间的相关关系，降低了计算复杂度，为高维联合分布的构造提供了一条有效途径。由于采用了藤结构，相较于传统的多元 Copula 函数，Vine Copula 在构造联合分布函数时不仅可以将各变量的边缘分布和相关结构分开建模，还支持变量两两之间不同的相关结构。目前，Vine Copula 函数已被广泛地用于高维统计模拟、多因子联合风险评估和多变量频率分析等领域(Hao and Singh, 2016)。根据藤结构的类型，常用的 Vine Copula 可以分为两类：C-vine Copula 和 D-vine Copula，其中 C-vine Copula 为星型藤结构，其根节点连接所有其余节点，适用于多变量中具有一个关键变量的情形; D-vine Copula 为线型结构，每个节点只与其他两个节点相连。本书采用 C-vine Copula 来建立三维情景下的条件概率分布，从而预测不同 ENSO 和 NAO 协同作用下的干旱强度。

一般来说，n 维 C-vine Copula 由 $n(n-1)$ 对二元 Copula 以 $n-1$ 层次树构成，每棵树都具有 1 个根节点和 C_n^2 条边(即其内部双变量 Copula)。需要指出的是，C-vine Copula“藤”的结构取决于中间节点变量。本书需要构建预测变量的条件概率分布，预测变量不能作为中间节点，因此，三维 C-vine Copula 可能的结构有两种(图 5-1)，图中数字 1、2、3 分别代表变量 z_1、z_2 和 z_3，其中 z_2 和 z_3 是条件变量，z_1 是预测变量。

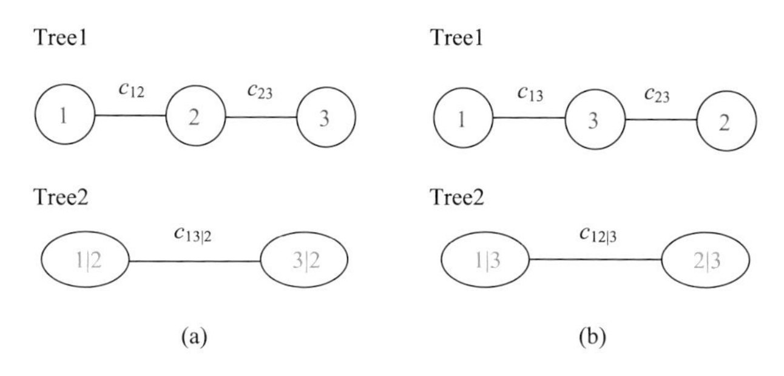

图 5-1　三维 C-vine Copula 结构示意图

当变量顺序为 z_1、z_2 和 z_3［图 5-1(a)］时，三变量的联合概率密度函数(probability density function，PDF) f_{123} 可以分解为

$$f_{123} = f_1 \cdot f_2 \cdot f_3 \cdot c_{12} \cdot c_{23} \cdot c_{13|2} \tag{5-5}$$

式中，z_2 和 z_3 是条件变量，z_1 是预测变量；f_1、f_2 和 f_3 是 z_1、z_2 和 z_3 的边缘分布函数；c 是双变量 Copula 函数；c_{12}、c_{23} 和 $c_{13|2}$ 分别表示 $c(F_1(z_1),F_2(z_2))$、$c(F_2(z_2),F_3(z_3))$ 和 $c(F_1(z_1 \mid z_2),F_3(z_3 \mid z_2))$。为了方便推导 z_1 的条件概率密度函数，引入 h 函数来表示在条件 $\boldsymbol{w}$ 下的 Copula 函数的条件概率函数：

$$h(z \mid \boldsymbol{w};\theta) := F(z \mid \boldsymbol{w}) = \frac{\partial C_{z \cdot w_j | w_{-j}}\left[F(z \mid w_{-j}), F(w_j \mid w_{-j})\right]}{\partial F(w_j \mid w_{-j})} \tag{5-6}$$

式中，θ 为双变量 Copula 函数 $C_{z \cdot w_j | w_{-j}}$ 的参数；三维场景下 $\boldsymbol{w} = (w_1, w_2)$，为除变量 z 以外的其余变量(条件变量)；w_j 为 $\boldsymbol{w}$ 中任意一个分量，w_{-j} 为除 w_j 以外 $\boldsymbol{w}$ 的其他分量。

二维情况下，对于任意一对变量，若用 u_i 表示变量 z_i 的累积分布函数 $F_i(z_i)$，则条件概率分布 $F(z_1 \mid z_2)$ 可以表示为

$$F(z_1|z_2) = h(u_1 \mid u_2;\theta_{12}) = h_{12}(u_1 \mid u_2) \tag{5-7}$$

式中，θ_{12} 为双变量 Copula 函数 $c(u_1,u_2)$ 的参数；h_{12} 为函数 $h(u_1 \mid u_2;\theta_{12})$ 的简化表示。

因此，条件累积概率分布 $F(z_1 | z_2, z_3)$ 可以用 h 函数分解为

$$F(z_1 | z_2, z_3) = h_{13}[h_{12}(u_1 | u_2) | h_{32}(u_3 | u_2)] \tag{5-8}$$

进一步，由条件分布 $F(z_1 | z_2, z_3)$ 的逆函数 F^{-1} 可以推导出目标变量 z_1 的预测函数：

$$z_1 = F^{-1}(\tau | z_2, z_3) = F_1^{-1}(u_1) = F_1^{-1}\left\{h_{12}{}^{-1}\left[h_{13}{}^{-1}\left(\tau | h_{32}\left(u_3 | u_2\right)\right) | u_2\right]\right\} \tag{5-9}$$

式中，F^{-1} 是条件分布函数 $F(z_1|z_2, z_3)$ 的逆函数；F_1^{-1} 是函数 u_1（$F_1(z_1)$）的逆函数，$h_{12}{}^{-1}$、$h_{13}{}^{-1}$ 和 $h_{32}{}^{-1}$ 分别是函数 h_{12}、h_{13} 和 h_{32} 的逆函数；τ 是[0,1]之间的任意值。通过上式，即可以 z_2 和 z_3 的值为条件对 z_1 的值进行预测。

当变量顺序为 z_1、z_3 和 z_2［图 5-1(b)］时，三变量的联合概率密度函数 f_{123} 可以表示为

$$f_{123} = f_1 \cdot f_2 \cdot f_3 \cdot c_{13} \cdot c_{23} \cdot c_{12|3} \tag{5-10}$$

同理，条件累积概率分布 $F(z_1 | z_2, z_3)$ 可以分解为

$$F(z_1 | z_2, z_3) = h_{12}\left[h_{13}\left(u_1|u_3\right)|h_{23}\left(u_2|u_3\right)\right] \tag{5-11}$$

目标变量 z_1 的预测函数可以表示为

$$z_1 = F^{-1}(\tau | z_2, z_3) = F_1^{-1}(u_1) = F_1^{-1}\left\{h_{13}{}^{-1}\left[h_{12}{}^{-1}(\tau | h_{23}(u_2 | u_3)) | u_3\right]\right\} \tag{5-12}$$

此外，在二维情况下，根据式(5-4)，同样可以推导出变量 z_1 的以 z_2 为条件的预测函数：

$$z_1 = F^{-1}(\tau | z_2) = F_1^{-1}(u_1) = F_1^{-1}[h_{12}{}^{-1}(\tau | u_2)] \tag{5-13}$$

5.2　干旱预测实验设计

为了探究考虑大尺度气候因子对季节尺度干旱预测的附加价值，本书开展了两组平行的预测试验，即考虑大尺度前兆因子的统计-动力混合干旱预测(3C-vine Copula 方案)和基于传统偏差校正的动力模式预测(Bivariate Copula 方案)。两组实验的预测起始日相同，采用的短期气候预测模式均为 SEAS5，在指定的预见期下进行预测实验(预见期为 1～6 个月)。前者采用三变量 C-vine Copula 进行建模，输入变量包含了 SEAS5 预测的大尺度气候因子；后者采用双变量 Copula 对 SEAS5 的原始气象预测进行误差校正。由第 4 章结果可知，SEAS 对温度的预测能力已可以满足干旱预测要求，因此两种预测方案都只针对鄱阳湖流域的月降水量(P)进行预测(或校正)。各模型输出的降水预测与 SEAS5 原始气温预测结果将同时用于与观测数据的融合，并生成干旱指标 SPEI，从而预测鄱阳湖流域的干旱过程。图 5-2 展示了所设计的两组平行预报方案的流程，后文将详细介绍两种方案的建

模与预报过程。

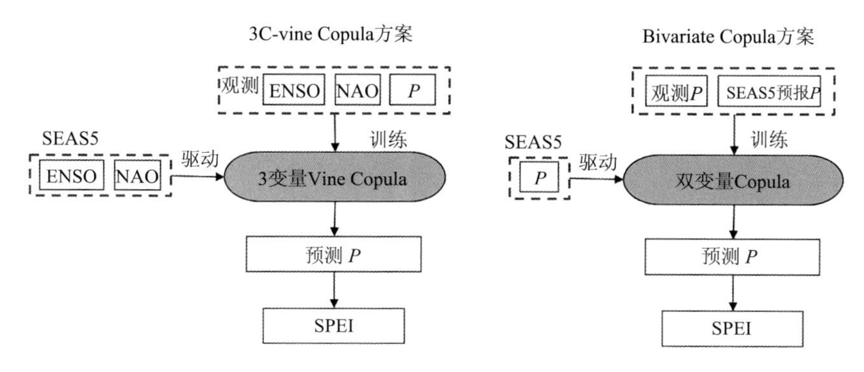

图 5-2　两组平行预报方案流程示意图

需要注意的是，由于作为观测数据的 ERA5-Land 和提供季节尺度动力预测的 SEAS5 具有不同的空间分辨率，在构建预测模型之前，采用双线性插值将 SEAS5 数据插值到 0.1°×0.1°网格，与 ERA5-Land 数据集保持一致。因此，以下预测方案均在 0.1°×0.1°网格上循环，直到遍历流域所有网格。

5.2.1　3C-vine Copula 预测方案

由前几章鄱阳湖流域大尺度致旱机制分析可知，ENSO 和 NAO 的共同配置是导致鄱阳湖流域季节尺度干旱的主要驱动因子。由第 4 章 SEAS5 的预测能力评价分析可知，SEAS5 动力模式对 ENSO 和 NAO 具有较强的预测能力，可以为本章所建立的预测模型提供可预测环流因子。因此，本预测模型结合 SEAS5 季节尺度动力模式对可预测气候模态的预测和基于三变量 C-vine Copula(3C-vine Copula)函数的条件预测模型，构建基于短期动力气候模式和概率统计模型的统计-动力混合干旱预测模型，主要包含以下几个步骤。

步骤 1：数据预处理。根据前文的结论，本预测模型中，变量 z_1 为 P，变量 z_2 和 z_3 分别为 ENSO 和 NAO。采用经验 Gringorten 公式将条件变量(ENSO 和 NAO)和预测变量 P 的观测时间序列转化为经验累积频率序列。

步骤 2：建立边缘分布。基于最小 AIC 准则，采用参数化边缘分布函数对每个变量观测序列的经验分布进行拟合，获取各变量的最优边缘分布函数。

步骤 3：确定最优藤结构。基于最小 AIC 准则为变量选择最优的结构，即确定三变量之间的依赖结构为图 5-1 中的哪一种。

步骤 4：确定最优二元 Copula 函数。基于最小 AIC 准则，从表 5-1 中的备选函数中为变量两两之间选择最优双变量 Copula 函数，并为每个 Copula 函数估计参数。至此，可以得到基于观测数据的 3C-vine Copula 模型，以及目标变量的最优条件预测函数[式(5-9)或式(5-12)]。

步骤5：利用SEAS5动力模式驱动3C-vine Copula模型，即将SEAS5对大尺度环流因子的预测代入最优条件预测函数，对目标时段的降水进行预测。具体方法为：利用蒙特卡洛模拟在[0,1]区间上生成1000个均匀分布的随机样本τ；将各样本τ和目标时段SEAS5预测的z_2和z_3代入最优条件预测函数，生成当条件变量z_2和z_3为特定值时，预测变量z_1的1000个随机样本；采用所有随机样本的均值作为预测变量z_1的最优预测值。

本书采用留一法交叉验证(leave-one-out cross-validation，LOOCV)来评估模型的性能，即去除观测数据中的一个样本用于模型验证，其余的观测用于构建3C-vine Copula模型及估计参数。假设预测目标为y年份9月的降水P，按照留一法，采用除y年份以外的所有其他年份9月的观测数据(即z_1、z_2和z_3)组成训练集。仅使用训练集，按照步骤1～4构建模型，确定最优预测函数。然后，使用y年份的z_2和z_3作为预测函数的条件变量值，执行步骤5，得到z_1的最优预测值。重复这个过程36次(用于建模的时段共36年)，直到覆盖所有年份。至此，可以得到所有年份9月的降水预测值。其他月份同理。

5.2.2 Bivariate Copula 预测方案

利用二元Copula函数对SEAS5原始降水预测进行偏差校正，开展一组平行的常规短期气候模式预测试验，以评估3C-vine Copula预测模型的效果。由于气候系统的复杂性和不确定性，气候模式预测的结果往往存在误差。因此，为了提高气候模式预测的准确性和可靠性，通常需要对其进行误差校正。气候模式预测的误差往往是系统性的，即在一定时期内存在一定的趋势和规律。为了与3C-vine Copula预测方案保持可对比性，采用与之相似的建模方法进行传统的偏差校正。二元Copula校正方法的基本思路是：通过Copula函数建立观测值与预测值之间的联合分布，然后根据该联合分布和待校正的预测值，推导出观测值的条件概率分布函数，进而校正预测。该方法的优势在于可以更好地处理非线性关系。

具体误差校正方法包含以下步骤：

步骤1：数据预处理。本预测模型中，变量z_1为P的观测值，变量z_2为P的SEAS5预测值。采用经验Gringorten公式将变量z_1和z_2时间序列转化为经验累积频率序列。

步骤2：建立边缘分布。基于最小AIC准则，采用参数化边缘分布函数对各变量的经验分布进行拟合，获取各变量的最优边缘分布函数。

步骤3：确定最优二元Copula函数。基于最小AIC准则，从表5-1中的备选函数中为变量z_1和z_2的边缘分布选择最优二元Copula函数，并估计其参数。

步骤4：基于优选的二元Copula函数对SEAS5原始预测进行校正。具体方法为：对于待校正降水预测值 P，首先计算 $z_2 = P$ 时的条件 Copula 函数；然后利用蒙特卡洛模拟在[0,1]区间上生成 1000 个均匀分布的随机样本 τ，输入式(5-13)，生成 1000 个 z_1 的随机样本(即伪观测值)；所有伪观测值的均值即为校正后的预测值。

类似地，偏差校正过程中同样采用留一法交叉验证。对于预测的目标月份，以研究时段内所有年份的该月份降水组成样本，去除样本数据中的一个样本用于验证，其余的样本用于构建二元 Copula 函数模型及估计参数。该过程循环往复，直到覆盖所有年份，即可得到所有年份的某月降水预测的校正值。

5.2.3　预测能力评价

本书采用连续概率排位技巧评分(continuous ranked probability skill score，CRPSS)作为评价模型的预测能力的指标(Abedi et al., 2020)。CRPSS 是基于连续概率排位分数(continuous ranked probability score，CRPS)的技巧得分，用于评估两个预测系统的相对预测性能。CRPSS 通过比较待评价预测系统和参考预测系统的 CRPS 指标，从而评估目标预测方法的相对优势。计算方法如下：

$$\mathrm{CRPSS} = 1 - \frac{\mathrm{CRPS}_{\mathrm{forecast}}}{\mathrm{CRPS}_{\mathrm{reference}}} \tag{5-14}$$

式中，$\mathrm{CRPS}_{\mathrm{forecast}}$ 和 $\mathrm{CRPS}_{\mathrm{reference}}$ 分别是指定预测系统和参考预测系统的 CRPS 值。一般 CRPSS 为 1 时代表该预测系统为完美预测系统，为负值代表该预测系统不具有预测能力。通常可用气候态均值、上一次观测值或参考预测模型作为参考预测系统。本书提出的预测系统是基于 SEAS5 气候模式的改进方案，因此采用 SEAS5 的原始预测作为参考预测。

CRPS 是在概率性预测领域使用最广泛的评分指标，它将单个真实值与累积分布函数进行比较，因此适用于预测结果为值的分布而不是逐点估计的情况。CRPS 衡量的是预测分布和真实分布的差异，当预测分布与真实分布完全一致时，CRPS 为零。预测分布过于集中、过于分散，或是偏离观测值太远都会导致 CRPS 增大。对于目标变量 x，令 F_P 为 x 的累积分布函数，则预测与观测之间的连续概率评分 CRPS 计算方法如下：

$$\mathrm{CRPS}(F_P, x_o) = \int_{-\infty}^{+\infty} (F_P(x) - F_o(x))^2 \, \mathrm{d}x \tag{5-15}$$

式中，x_o 为观测值；$F_P(x)$ 和 $F_o(x)$ 分别是集合预测和观测值的累积分布函数。在本书中，采用经验累积分布来近似集合预测的累积概率分布。观测值的累积概率分布被定义为

$$F_o(x) = H(x - x_o) \tag{5-16}$$

式中，$H(x)$ 是 Heaviside 阶跃函数：

$$H(x) = \begin{cases} 1, x \geqslant 0 \\ 0, x < 0 \end{cases} \tag{5-17}$$

CRPS 实质上为广义化的平均绝对误差(mean average error, MAE)，当预测值具有确定性时，CRPS 将还原为 MAE。

5.3 混合干旱预测模型效果评估

5.3.1 基于 C-vine Copula 的降水条件概率分析

通过 3C-vine Copula 预测方案的步骤 1～4，可以由观测数据建立起降水、ENSO 和 NAO 的三维联合概率分布，在给定 ENSO 和 NAO 的前提下，可以从三维联合分布中提取出降水的条件概率分布，基于所构建的各季节 3C-vine Copula 模型计算了 ENSO 和 NAO 为特定值时降水的概率分布，如图 5-3 所示。可以看出，对于所有季节，当 ENSO 值为负时，蓝色的概率密度曲线大都位于其余曲线左侧，表示变量取值较小的情况发生的概率较高，即低降水的发生概率较高。相

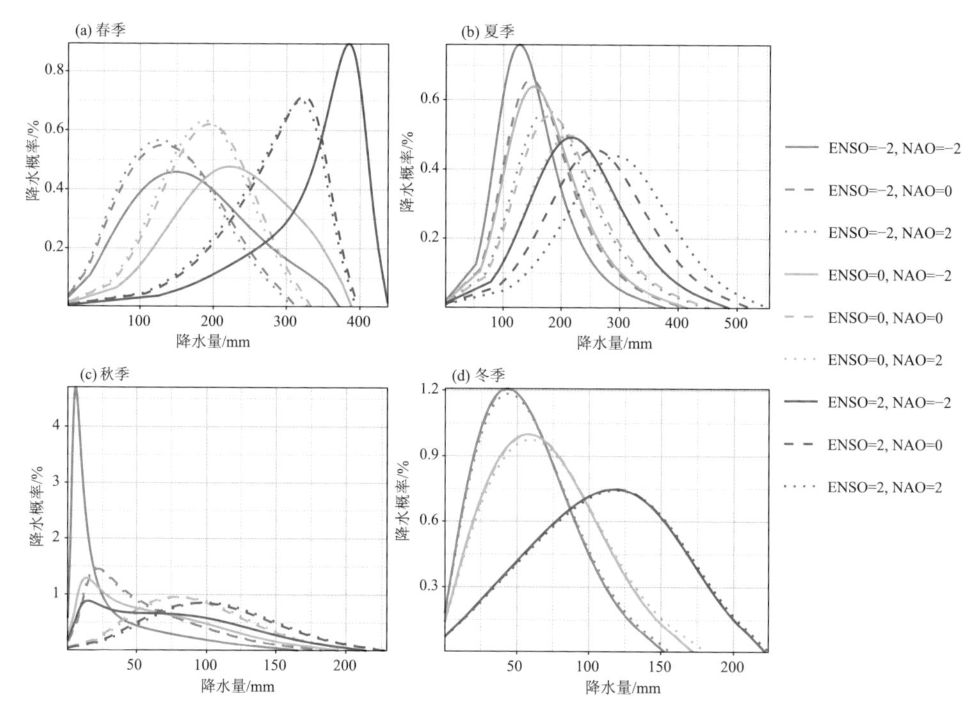

图 5-3 在给定的 9 种 ENSO 和 NAO 组合下，基于 3C-vine Copula 的降水条件概率分布

反，当 ENSO 值为正时，红色概率密度曲线偏向右边，表示高降水的发生概率较高。这种“负左正右”的降水概率密度曲线分布特征，揭示了 ENSO 对同期降水的影响规律，即 ENSO 负位相下同期降水偏低的概率较高，而 ENSO 正位相下同期降水偏高的概率较高。

不同的是，NAO 对降水概率密度曲线的分布随着季节的不同有所变化。在夏季和秋季，实线概率密度曲线(代表 NAO 为负)偏左，而点线概率密度曲线(代表 NAO 为正)偏右，这种“负左正右”的降水概率密度曲线分布特征，表明 NAO 负位相下同期降水偏低的概率较高，而 NAO 正位相下同期降水偏高的概率较高。而在春季，不同 NAO 对应的降水概率密度曲线表现为相反的特征，即“负右正左”的特征，此时 NAO 正负位相下同期降水的条件概率分布则对应地表现为与夏秋季节相反的特征。冬季概率曲线分布最为特殊，不同线型的曲线几乎重合，说明 NAO 的不同取值对冬季同期降水影响不大，冬季降水主要由同期的 ENSO 状态决定。

综上，可以发现，对于不同季节，不同的 ENSO 和 NAO 取值决定了同期降水的概率密度分布。

利用最优条件预测函数和蒙特卡洛模拟，可以模拟出给定的 ENSO 和 NAO 下鄱阳湖流域最大可能降水，用等值线的形式展示在图 5-4 中，其中散点代表实测降水与 ENSO 和 NAO 的关系。对比散点和等值线的分布，发现等值线表示的 3C-vine Copula 模型模拟的最大可能降水分布特征与实测降水的分布基本吻合，表明 3C-vine Copula 模型可以准确反映降水与预测因子的内部联系。

通过等值线的分布和切线的方向可以解析出降水在连续的 ENSO 和 NAO 取值空间中的分布特征，很明显，不同季节下最大可能降水与 ENSO 和 NAO 的关联表现出不同的梯度变化特征。春季的最大可能降水从“ENSO–NAO+”象限到“ENSO+NAO–”象限呈梯度增加趋势，夏季最大可能降水从“ENSO–NAO–”象限到“ENSO+NAO+”象限呈梯度增加趋势，且梯度趋势更加明显。秋季最大可能降水从“ENSO+NAO+”象限到“ENSO–NAO–”象限呈梯度递减趋势，冬季最大可能降水从 ENSO–到 ENSO+呈增加趋势，NAO 对冬季降水的影响不明显。整体来看，ENSO 与最大可能降水呈正相关关系，ENSO 越大则最大可能降水值越高，而不同季节的 NAO 对最大可能降水的影响区别较大。从等值线的切线与坐标轴呈 45°角可以推断出，夏季和秋季 NAO 对降水的影响较显著，且 NAO 越大最大可能降水越高。相反，春季和冬季 NAO 对降水的影响较弱，且春季 NAO 与降水呈负相关关系。

由于本书关注的是干旱预测，因此 3C-vine Copula 模型对低降水量情况的预测能力显得尤为重要。将小于历史同期 20%分位数的降水定义为低降水量，通过 3C-vine Copula 模型推算出给定的 ENSO 和 NAO 下低降水量值对应的累积概率，

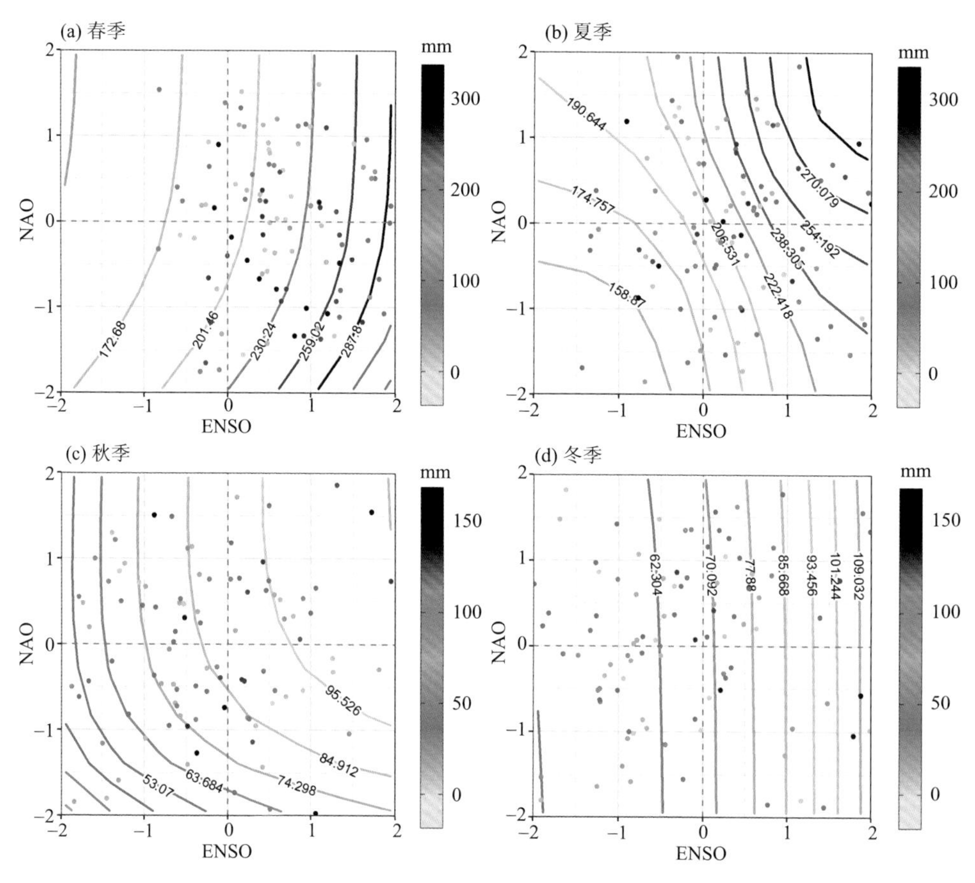

图 5-4 基于 3C-vine Copula 的最大可能降水等值线图

即可得到鄱阳湖流域出现低降水量(即干旱)的条件概率在连续 ENSO 和 NAO 值域空间中的分布特征，用等值线图的形式表示在图 5-5 中，其中散点表示实测降水的经验频率。同样的，对比散点和等值线的分布，发现等值线表示的 3C-vine Copula 模型模拟的低降水量概率与实测降水经验频率的分布基本吻合，表明 3C-vine Copula 模型可以准确反映低降水条件概率与预测因子的内部联系。

通过观察不同季节等值线图的切线方向可以看出，在给定 ENSO 和 NAO 下低降水概率的分布模式，与最大可能降水的分布基本一致。春季的低降水概率高值区位于“ENSO–NAO+”象限，夏季和秋季低降水概率高值区都位于“ENSO–NAO–”象限，冬季低降水概率高值区位于“ENSO–”的两个象限。对比不同季节的低降水概率，秋季当 ENSO 和 NAO 都小于–1 时，低降水出现的概率最高。3C-vine Copula 所揭示的低降水概率与 ENSO 和 NAO 的关联模式表明，利用不同的 ENSO 和 NAO 组合可以预测鄱阳湖流域的干旱风险，当气候模式预测的 ENSO 和 NAO 落在干旱概率高值象限时，可以认为流域发生干旱的风险较高，从而有依据地修正气候模式的局地预测。

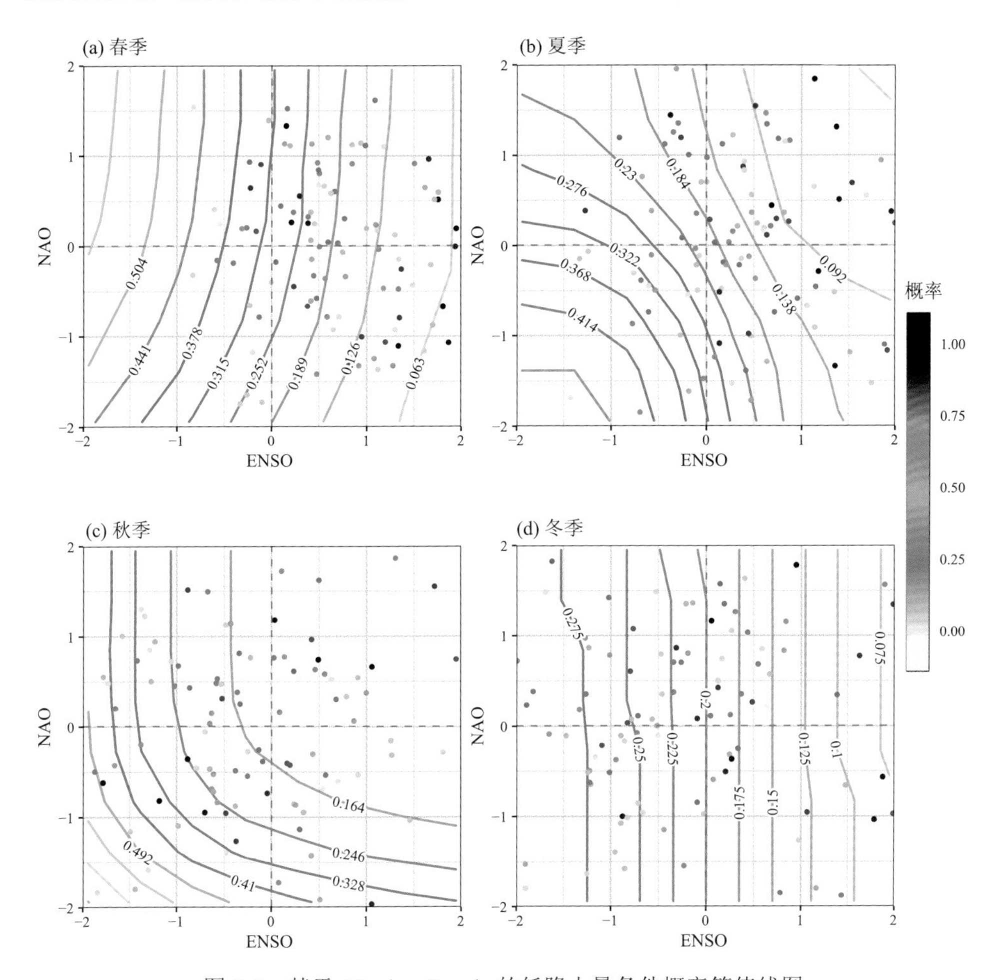

图 5-5　基于 3C-vine Copula 的低降水量条件概率等值线图

5.3.2　季节降水预测能力评估

由于秋季降水异常很大程度上影响了鄱阳湖流域秋冬季节干旱，因此基于两种预测方案对 1993～2016 年鄱阳湖流域秋季降水开展了独立回报实验，并从年际分布、预测观测相关关系、空间分布几个方面综合评估了模型的预测能力。图 5-6 展示了三个月预见期下 Bivariate Copula 预测方案［图 5-6(a)］和 3C-vine Copula 预测方案［图 5-6(b)］对 11 月降水的预测结果。可以看出，传统偏差校正方法的 CRPSS 值为 0.27，代表其将原始 SEAS5 预测的准确度提高了 27%。从校正后的降水时间序列来看，Bivariate Copula 方法有效地校正了 SEAS5 对 11 月降水预测的负偏差，整体上抬高了预测值，使预测值的分布更接近观测值。但是，对于误差较低的 11 月少水年份，如 1999 年、2010 年、2013 年等，Bivariate Copula 方法存在“过度校正”的问题，即将局部的正偏差仍作为负偏差处理，从而导致少水年份降水预测偏大。这是由传统的基于关联函数的校正方法的局限性导致的，由于其仅根据观测数据的分布校正预测值，当出现发生频率较低的极端情况时，基于历史观测数据建立的分布函数往往不再适用。因此，对于远期趋势预测或气候态预测，Bivariate Copula 偏差校正可以适用；对于极端情况（如干旱）的预测，Bivariate Copula 方法不能完全还原真实情况。

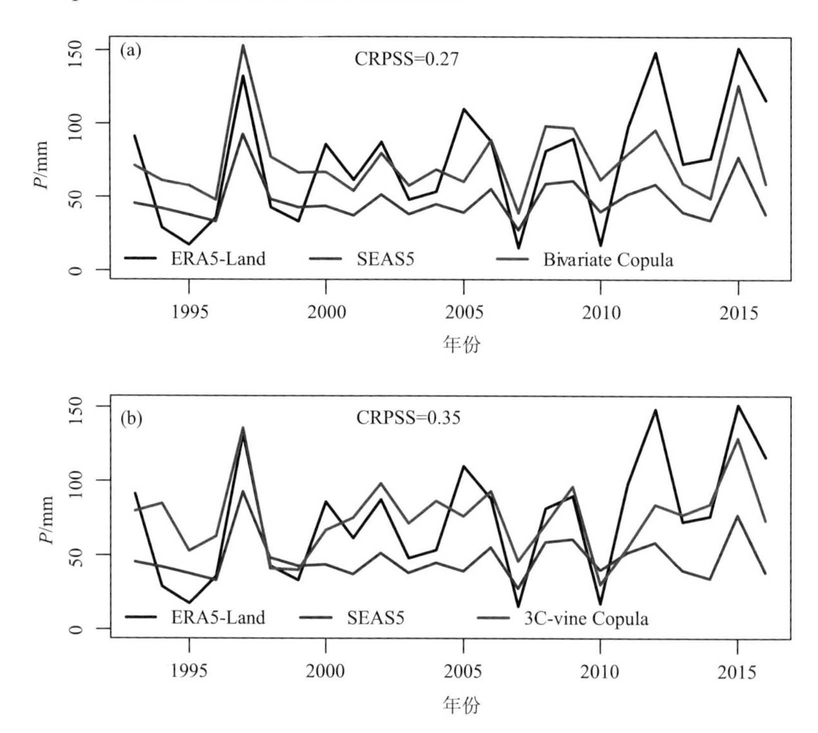

图 5-6　1993～2016 年 11 月降水观测、SEAS5 原始预测（预见期 3 个月）与两种方案预测值对比

(a) Bivariate Copula 方案；(b) 3C-vine Copula 方案

考虑了大尺度气候因子的 3C-vine Copula 预测模型的 CRPSS 值为 0.35，与传统的偏差校正模型相比，其 CRPSS 值提高了 0.08（30%）。由此可见，同时考虑两种大尺度预测因子（ENSO 和 NAO）的混合预测模型的降水预测能力优于仅基于观测数据的偏差校正，对原始动力模式的提升效果更为显著。从 3C-vine Copula 预测的降水时间序列来看，3C-vine Copula 模型不但有效地消除了原始 SEAS5 整体上的负偏差，而且对于极端降水（例如 1999 年、2010 年、2013 年的少雨情况）的预测能力显著优于 Bivariate Copula 方法。

图 5-7 为 3 个月和 6 个月预见期下鄱阳湖流域秋季平均月降水观测值分别与 SEAS5 原始预测值、Bivariate Copula 校正值和 3C-vine Copula 预测值的相关关系，灰色范围为线性拟合的 95%置信区间。距离灰色对角线越近的点表示预测能力越高。可以清晰地看出，SEAS5 原始预测低估了大部分年份的降水，原始预测的线性拟合线与理想拟合线(灰色对角线)相比，存在较大的偏差。Bivariate Copula 校正后的预测值整体上减少了 SEAS5 对降水的低估，其拟合线与 SEAS5 原始预测的拟合线相比，增加了截距，但是其线性倾向(趋势)没有得到修正。不同的是，3C-vine Copula 预测的线性拟合线相对于 SEAS5 原始预测，不但其截距增加了，且其线性倾向也得到了修正，趋势线的斜率更接近理想线。因此，考虑了大尺度气候因子的混合预测模型可以更准确地还原观测降水，不但可以修正动力模式的系统偏差，还可以修正观测值与预测值之间的相对倾向，对于极端降水具有更高的预测能力。

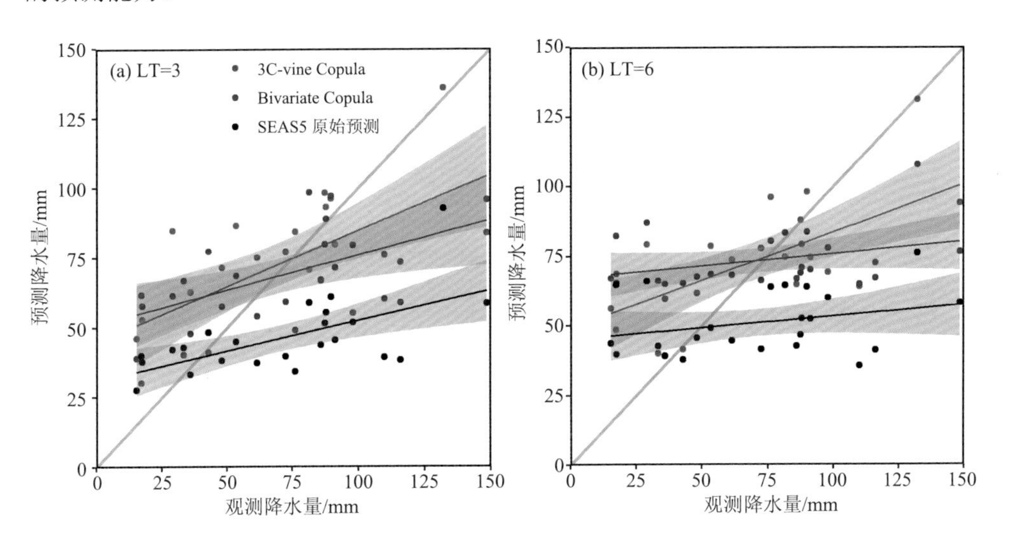

图 5-7　秋季平均月降水观测值与 SEAS5 原始预测值、Bivariate Copula 校正值和 3C-vine Copula 预测值的相关关系及线性拟合

(a) 3 个月预见期；(b) 6 个月预见期

为了评估混合预测方法对秋季降水空间分布的具体预测能力，进一步分析了两种预测方案对鄱阳湖流域 2014 年 11 月降水的回报试验结果。图 5-8 分别对比了观测降水、Bivariate Copula 和 3C-vine Copula 预测方案预测降水的空间分布，以及两种预测方案偏差的空间分布。根据参考数据，此时鄱阳湖流域雨带位于流域中部，降水呈现出中部高南北低的空间分布格局。Bivariate Copula 校正方案在 1 个月预见期下的预测雨带位于流域东部，没有正确地刻画降水的空间分布。在 1 个月以上预见期下，Bivariate Copula 校正方案严重低估了降水，也没有正确预测

出雨带的位置。相比之下，虽然对雨带中心的降水量有所低估，3C-vine Copula 预测方案准确预测出了流域中部东西向的雨带范围，且在 1～6 个月预见期下都给出了较为一致的预测结果。Bivariate Copula 和 3C-vine Copula 预测的偏差空间分布显示，预见期对 Bivariate Copula 预测结果有很大的影响，校正后的降水在 1～3 个月预见期下反而具有较大的偏差，除 1 个月预见期以外，其他预见期下主要表现为负偏差，且集中分布在流域中部。相反，预见期对 3C-vine Copula 预测偏

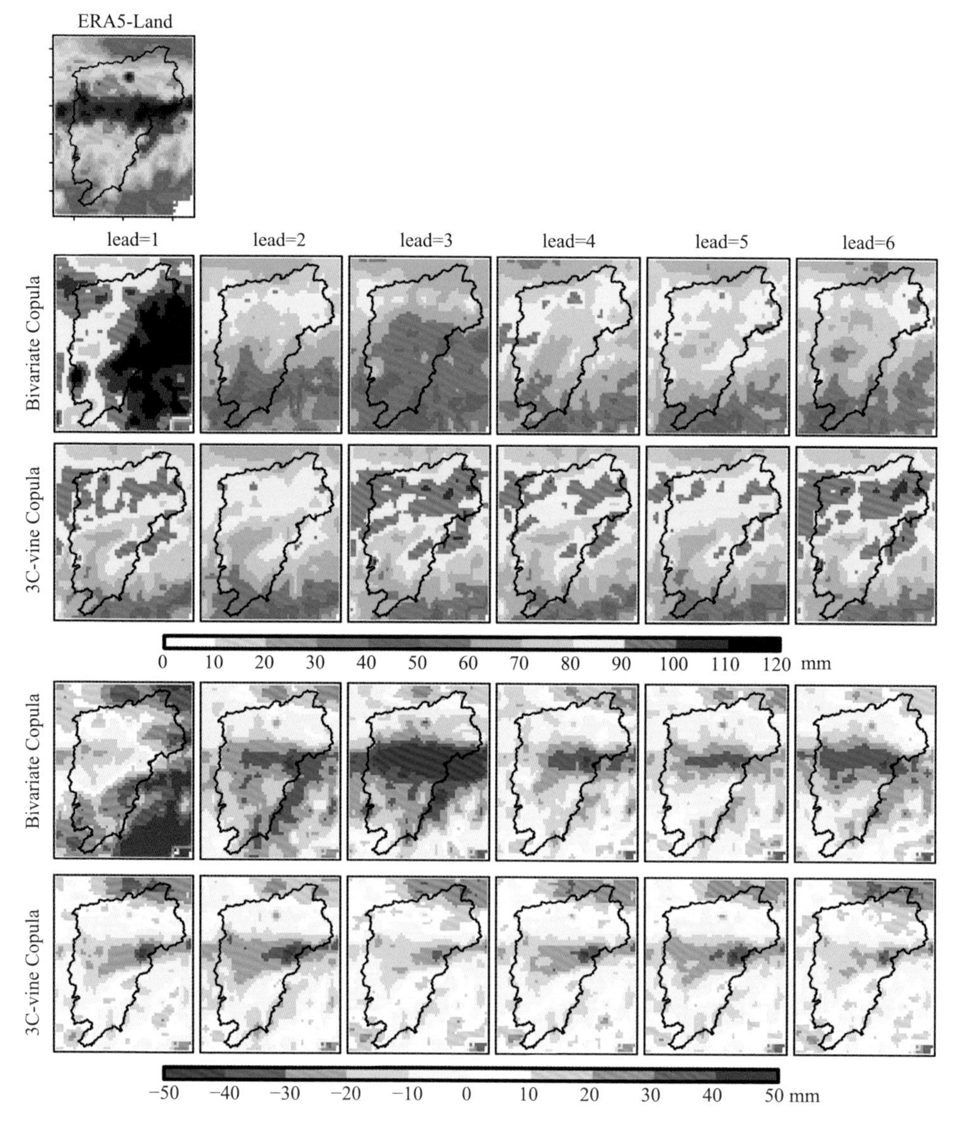

图 5-8　2014 年 11 月观测降水及不同预见期下 Bivariate Copula 和 3C-vine Copula 方案预测降水(与预测偏差)的空间分布

差没有太大的影响，1～6 个月预见期下都表现为较弱的负偏差，主要位于流域中部。因此，相对于 Bivariate Copula 方案，3C-vine Copula 方案在降水空间分布预测上也表现出更高的技巧，且在长预见期下仍然具有较高的精度。

5.3.3　季节尺度干旱预测应用及能力评估

1. 典型干旱场次过程预测

基于 3C-vine Copula 预测模型输出的降水预测结果，可以计算得到鄱阳湖流域的干旱指标(SPEI)预测结果，从而对干旱事件进行预测。本节利用两种平行预测方案对 4 场典型干旱事件进行了回顾性预测，评估混合预测模型对历史极端干旱事件过程的预测能力。图 5-9 分别展示了 6 个月预见期下两个平行预报方案对 2003 年夏秋冬连旱、2009 年秋冬连旱、2011 年春夏连旱和 2013 年夏秋连旱期

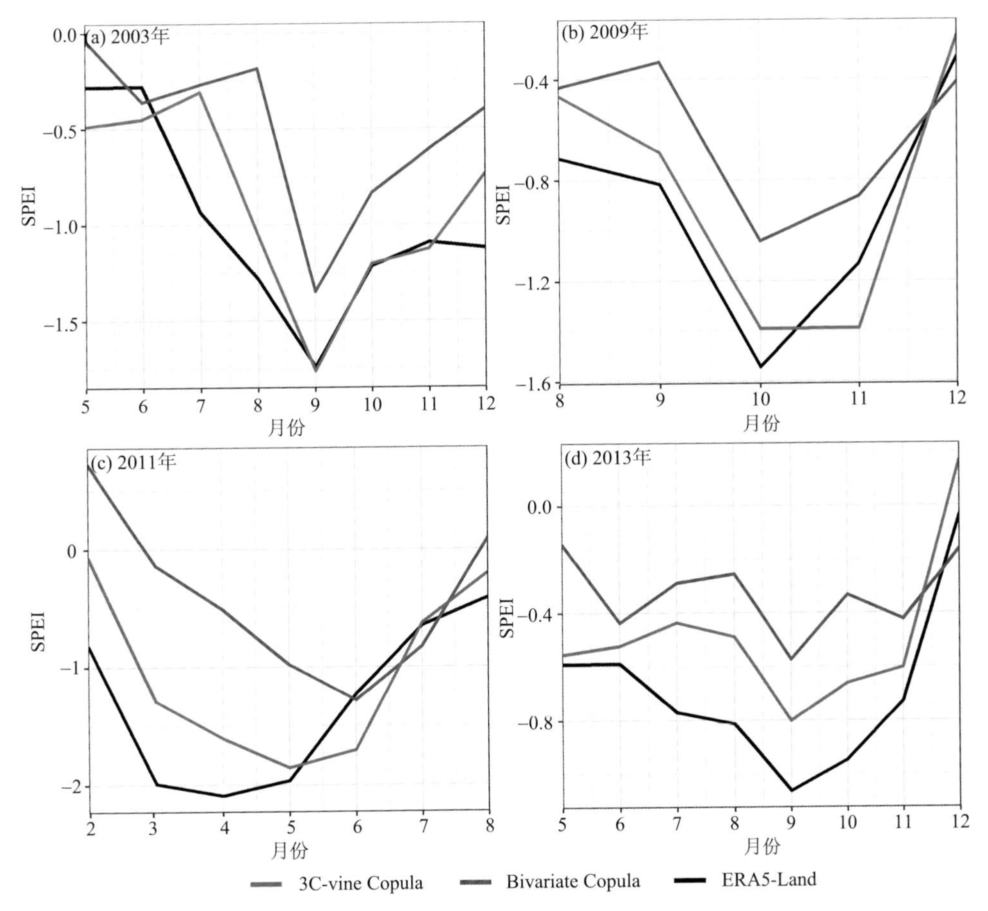

图 5-9　6 个月预见期下 Bivariate Copula 和 3C-vine Copula 模型对 4 场典型干旱场次过程预测

间鄱阳湖流域平均 SPEI 过程线的预测。结果显示，Bivariate Copula 方案对干旱过程仍然存在较严重的低估。3C-vine Copula 方案较 Bivariate Copula 方案对场次干旱过程预测具有更高的能力，预测过程线与基于参考数据的过程线更加接近，可以较好地指示干旱过程的变化，尤其是对干旱峰值和衰退过程的捕捉较准，这有赖于 3C-vine Copula 对干旱恢复阶段降水过程的预测能力。

2. 典型干旱场次空间分布预测

针对 2013 年夏秋连旱，进一步分析了混合预报模型对干旱空间分布及干旱面积的预测能力。图 5-10 展示了基于再分析数据的 2013 年 5～12 月的干旱事件发展及衰退过程，以及 3 个月预见期下两种预测方案的空间分布回报结果。根据 ERA5-Land 的观测结果，2013 年 5 月干旱开始发生，9 月达到峰值，11 月干旱逐渐消失。经过 Bivariate Copula 偏差校正后的预测结果，可以捕捉到 9 月的干旱峰值，但对干旱的面积仍然存在较大的低估。从干旱发生和衰退的过程回报结果来看，Bivariate Copula 方案没有能够再现重度干旱面积的变化过程，严重低估了 5～8 月和 10 月的干旱烈度，仅在 9 月干旱最严重时捕捉到了特旱的分布格局。相比之下，3C-vine Copula 预测方案可以捕捉到干旱的烈度，重现了 7～9 月干旱的发展过程(但是仍然低估了干旱面积)，且准确预测出了干旱高峰期间(9～10 月)的干旱范围和 11～12 月干旱的衰退过程。但是，3C-vine Copula 方案仍然没有准确地捕捉到 6～7 月干旱发展过程中重旱发生的区域。

图 5-11 展示了预见期为 6 个月时，基于再分析数据和两种预测模型的 2013 年 5～12 月的极端干旱事件发展及衰退过程。与 3 个月预见期相比，Bivariate Copula 方案对干旱过程的回报能力进一步下降，不但低估了发展阶段(7～8 月)的干旱烈度，还低估了干旱衰退阶段(11 月)的中旱的面积。与之相比，长预见期下 3C-vine Copula 方案仍维持较高的预测能力，给出的干旱空间分布预测与 3 个月预见期下基本一致。由于 SEAS5 对大尺度气候因子较高的预测能力，在长预见期下，考虑了气候因子的 3C-vine Copula 模型的预测能力没有明显下降，表明了混合干旱预测模型显著提升了 SEAS5 的预测能力，在较长的预见期内仍然给出了比较可靠的干旱预测结果。

图 5-12 为预见期为 6 个月时，基于再分析数据和两种预测模型的 2013 年 5～12 月的极端干旱事件发展及衰退过程中干旱面积比例的变化，包含了轻旱、中旱、重旱和特旱，依据表 2-1 进行等级划分。结果显示，Bivariate Copula 方案低估了所有等级干旱面积，基本没有识别到特旱面积，但是对干旱面积最大值出现的时间作出了较准确的预测。相比之下，3C-vine Copula 方案更准确地重现了干旱面积随时间的变化过程，尤其是对中旱面积过程线的预测。对比干旱的发展和衰退过程，3C-vine Copula 方案对干旱衰退阶段的预测较发展阶段更为准确，在发展

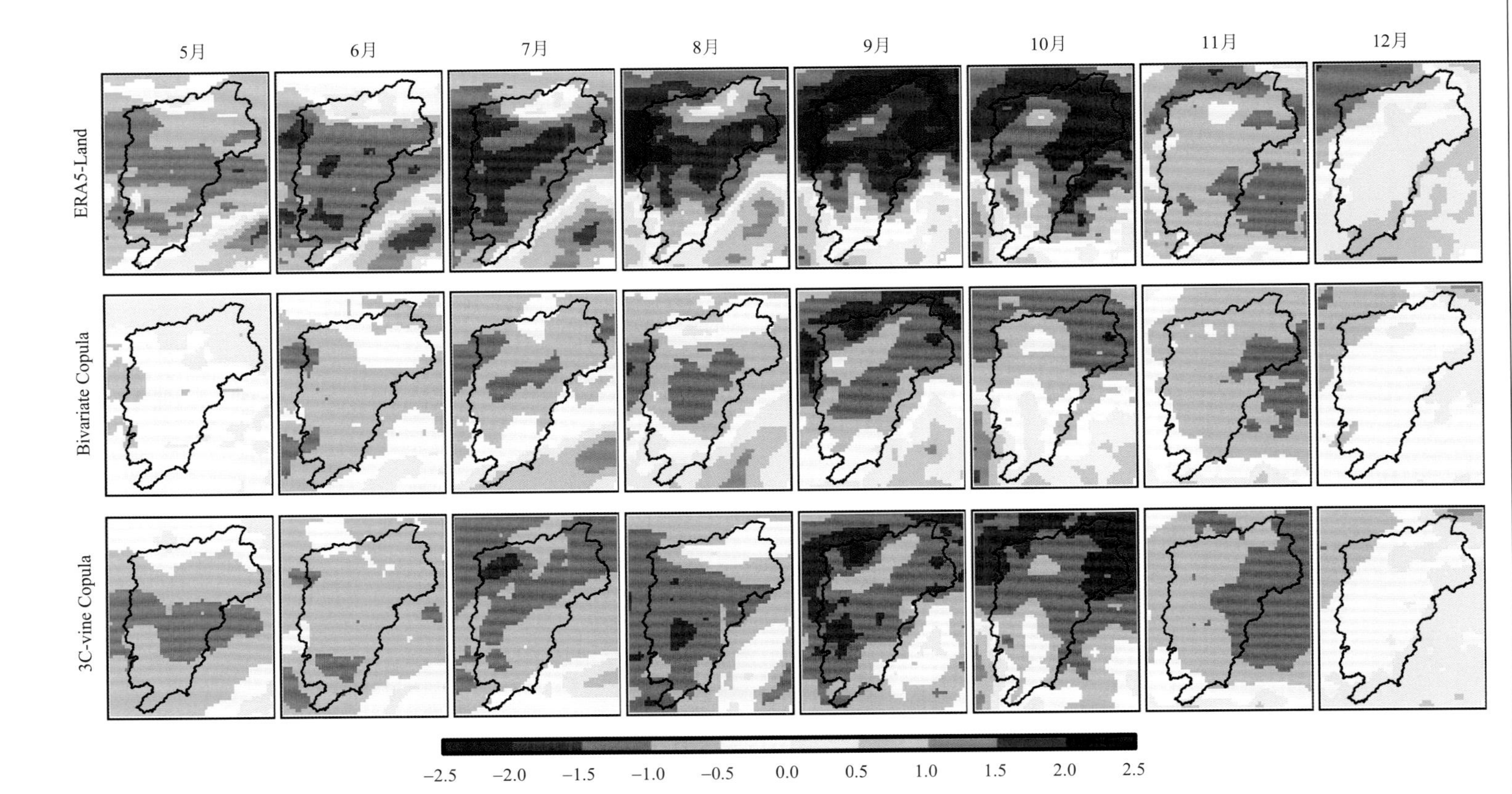

图 5-10　3 个月预见期下 Bivariate Copula 和 3C-vine Copula 方案对 2013 年极端干旱空间分布回报

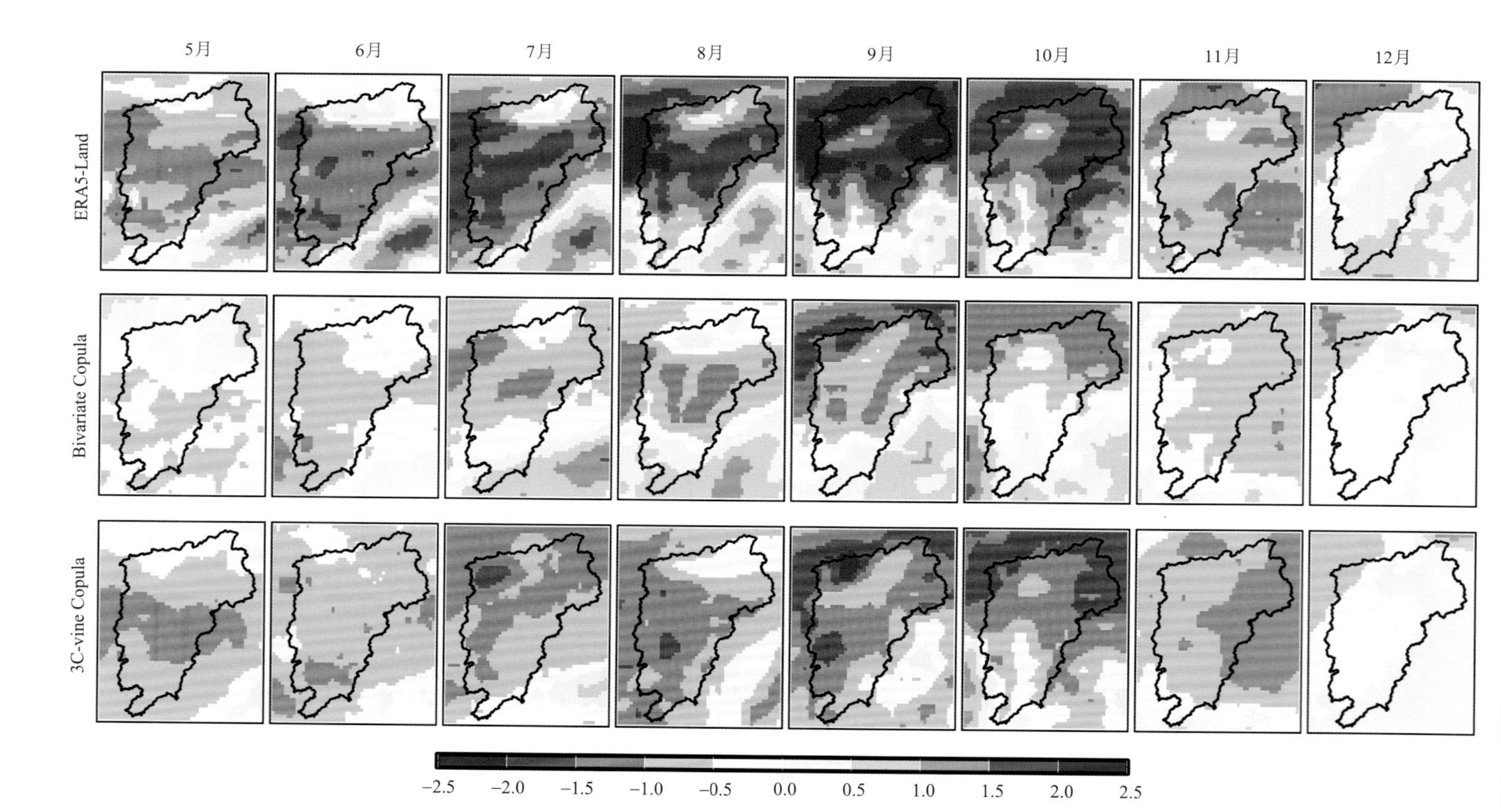

图 5-11 6 个月预见期下 Bivariate Copula 和 3C-vine Copula 方案对 2013 年极端干旱空间分布回报

过程中高估了轻旱的面积，低估了重旱的面积，而衰退阶段对面积的估计和观测值基本一致。这是由于3C-vine Copula对降水范围的预测能力较强，对干旱衰退阶段降水空间分布的高预测精度导致了对此时干旱面积下降情况的准确估计，而干旱发展阶段影响因素更为复杂，蒸散发、前期无雨日数等因素对干旱的发展均有影响，因此模型对发展阶段的估计具有较高的不确定性。两种方案对特旱面积的预测效果都较差，可能需要增加考虑更多的气候因子，以提高对特旱的预测能力。

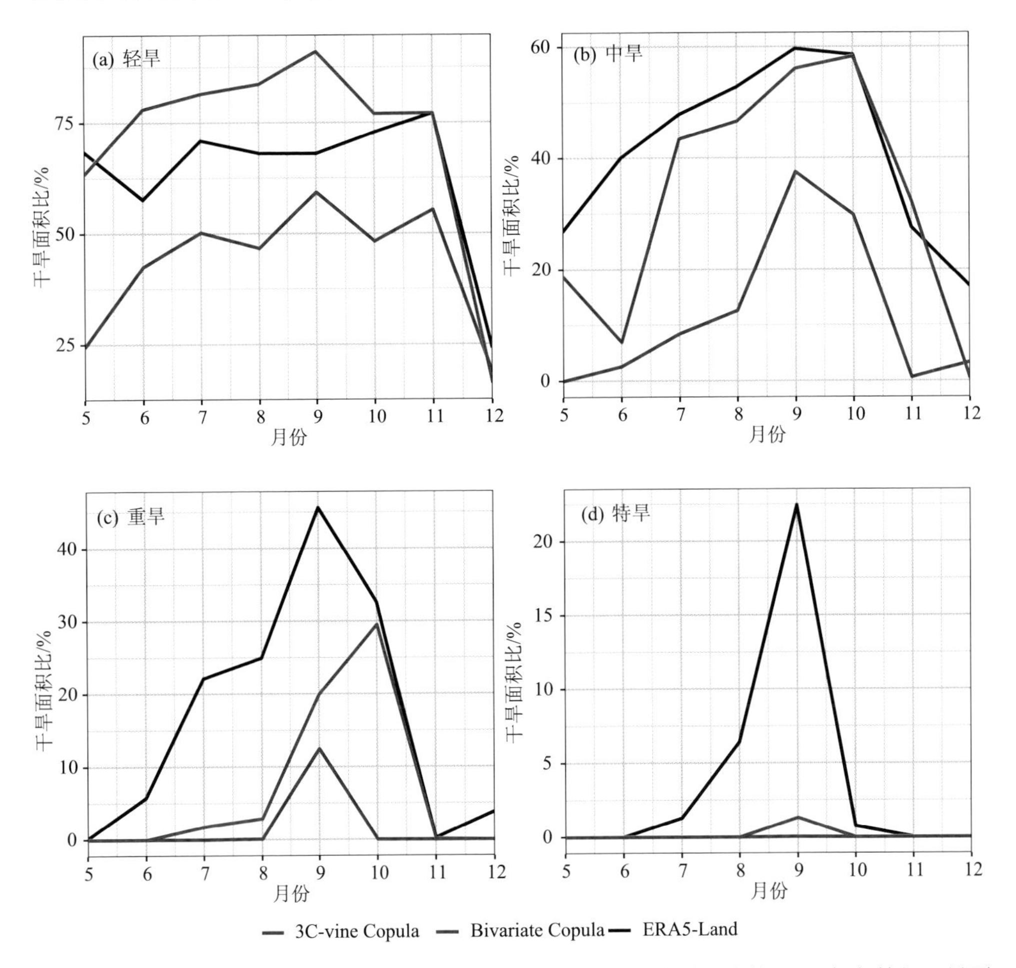

图5-12　6个月预见期下，Bivariate Copula和3C-vine Copula模型预估的2013年各等级干旱面积变化过程

5.4　本章小结

针对季节尺度气候预测模式SEAS5对鄱阳湖流域气候要素预测能力不足的

问题，本章节提出了一套基于大尺度环流异常和气候模式相结合的季节尺度干旱预测模型(3C-vine Copula)，有效地提升了 SEAS5 的区域降水预测能力，最大化地挖掘了 SEAS5 的预测潜力。基于第二章和第三章提取的主导鄱阳湖流域夏秋干旱的可预测大尺度气候模态，三变量混合预测方案首先利用历史观测构建了 ENSO、NAO 和降水之间的最优三维 Vine Copula 联合分布，然后充分发挥 SEAS5 对大尺度环流较强的预测能力，利用 SEAS5 预测的 ENSO 和 NAO 驱动 Vine Copula 模型，实现在特定 ENSO 和 NAO 背景下区域降水条件概率估计和最大可能降水预测，最后引入气温，实现对鄱阳湖流域季节尺度气象干旱的预测。通过与传统的偏差校正方案(Bivariate Copula)进行回报对比实验，评估了 3C-vine Copula 预测方案的预测能力。主要结论总结如下。

(1)基于 C-vine Copula 模型的降水条件概率分析表明，3C-vine Copula 模型可以准确反映最大可能鄱阳湖流域降水和低降水概率与同期预测因子(ENSO 和 NAO)的内部联系。对于不同季节，不同的 ENSO 和 NAO 取值决定了同期降水的概率密度分布。在二者组合影响下，春季的最大可能降水从“ENSO–NAO+”象限到“ENSO+NAO–”象限呈梯度增加趋势，夏季最大可能降水从“ENSO–NAO–”象限到“ENSO+NAO+”象限呈梯度增加趋势，秋季最大可能降水从“ENSO+NAO+”象限到“ENSO–NAO–”象限呈梯度递减趋势，冬季最大可能降水从 ENSO–到 ENSO+呈增加趋势，NAO 对冬季降水的影响不明显。C-vine Copula 模型模拟的低降水概率的分布模式与最大可能降水的分布基本一致。

(2)针对鄱阳湖流域秋季降水预测能力的评估结果表明，与传统的偏差校正模型 Bivariate Copula 相比，考虑了大尺度气候因子的 3C-vine Copula 预测模型的 CRPSS 值提高了 0.08(30%)。混合预测模型不但有效地消除了原始 SEAS5 预测整体上的系统偏差，而且修正了观测值与预测值之间的相对倾向，对于干旱年份降水的预测能力显著优于 Bivariate Copula 方法。针对秋季降水预测空间分布的分析结果表明，相对于 Bivariate Copula 方案，3C-vine Copula 预测模型在降水空间分布预测上表现出更高的能力，准确预测了雨带范围，且显著降低了预见期对预测精度的影响，在 3 个月以上长预见期下降水预测仍然具有较高的精度。

(3)针对鄱阳湖流域典型干旱场次的过程和空间分布预报能力评估结果表明，与传统的偏差校正模型 Bivariate Copula 相比，考虑了大尺度气候因子的 3C-vine Copula 预测模型可以更好地预测干旱过程线的变化和干旱全过程空间分布的变化，尤其在干旱峰值和衰退阶段。针对不同等级干旱面积预测的评估表明，3C-vine Copula 方案对中旱及以上干旱面积的捕捉最为准确。在 6 个月预见期下，3C-vine Copula 模型仍然具有较高的预测能力。

第 6 章　基于气象要素的鄱阳湖流域旱涝急转演变特征及预测

全球气候变暖、城市化进程加快使得水循环速率加快、系统稳定性降低，导致干旱等极端水文事件发生的频率和强度不断增加，对生态系统和人类社会发展造成严重的危害。与此同时，旱涝急转现象也在不断增加，已成为我国旱涝灾害的一种新特点与新趋势。鄱阳湖在长时期内存在旱转涝和涝转旱的交替循环过程，且进入 21 世纪以来旱转涝和涝转旱的间隔年份不断缩短，表明鄱阳湖流域“旱涝”和“涝旱”转换愈发频繁，趋向一种新态势或常态化现象。

在此背景下，本章基于日尺度气象水文指标，定量计算旱涝急转指标，分析鄱阳湖流域旱涝急转事件的发生时间、持续长度、强度等特征指标的时空演变特征，在此基础上利用数据挖掘技术，结合可靠的机器学习模型，对旱涝急转事件强度进行中长期定量预测。

6.1　数据与方法

6.1.1　分析数据

本章数据采用江西省水文监测中心提供的 1965~2023 年鄱阳湖流域 75 个雨量站的逐日实测降水数据。用于旱涝前期影响因素分析与预测的气候因子来自中国气象局国家气候中心（http://cmdp.ncc-cma.net/），包含 130 项逐月指标，具体包括 88 项环流因子、26 项海温因子和 16 项其他因子。环流因子主要有副高强度指数、副高脊线位置指数、极涡中心位置指数及北极涛动指数等。海温因子包括暖池面积指数、暖池强度指数、黑潮区海温指数与 ENSO 指数等。其他因子包括西太平洋编号台风数、太阳黑子指数及北太平洋年代际振荡指数等。

6.1.2　旱涝急转指标

DWAAI 指数（dry-wet abrupt alteration index）计算模型来源于吴志伟等（2006）定义的长周期降雨旱涝急转指数 LDFAI，闪丽洁等（2018）对 LDFAI 指数加以改进，构建了 DWAAI 指数，其表达式如下：

$$\mathrm{DWAAI}=\left[K+(\mathrm{SPA}_{后}-\mathrm{SPA}_{前})\times\left(\left|\mathrm{SPA}_{前}\right|+\left|\mathrm{SPA}_{后}\right|\right)\right]\times a^{-\left|\mathrm{SPA}_{前}+\mathrm{SPA}_{后}\right|}$$

$$K=\sum_{i=1}^{n}\left(\frac{\mathrm{SAPI}_i-\mathrm{SAPI}_0}{i}\right) \tag{6-1}$$

式中，$\mathrm{SPA}_{前}$、$\mathrm{SPA}_{后}$分别为前期、后期标准化降水异常值；SAPI_i、SAPI_0分别为后期第 i 天和前期最后一天的标准化前期降水指数异常值，即分别对后期第 i 天和前期最后一天的前期降水指数 API 取标准化；n 为后期天数。由于旱、涝事件对于时间的响应不同，需分开考虑旱、涝期的时间长度。已有学者指出当日旱涝程度受当日降水和前期降水的影响，但前期逐日降水对当日旱涝程度的影响呈指数衰减趋势。由于前期降水量对当天旱涝程度的影响呈指数衰减，且由于涝灾的短期性和突发性，结合江西省气象特征，本书选取旱期时长 40 天，涝期时长 10 天。

在 DWAAI 指数的定义中，可将其计算公式进一步拆分：$(\mathrm{SPA}_{后}-\mathrm{SPA}_{前})\times(|\mathrm{SPA}_{前}|+|\mathrm{SPA}_{后}|)\times a^{-|\mathrm{SPA}_{前}+\mathrm{SPA}_{后}|}$ 表示“转”的程度，该表达式中的 $a^{-|\mathrm{SPA}_{前}+\mathrm{SPA}_{后}|}$ 为权重系数。参数 a 的取值范围一般在 $1\leqslant a\leqslant 1.4$，结合江西省的水文地质条件和合理性分析后，本书决定选取 a 为 1.2；$K\times a^{-|\mathrm{SPA}_{前}+\mathrm{SPA}_{后}|}$ 表示“急”的程度，其中 K 表示后期每一天 SPAI_i 相对于 SPA_0 的斜率之和，可以理解为 K 值越大越表明后期的暴雨越提前发生，也就是旱涝事件的转换程度越急。

基于 DWAAI 指数的旱涝急转等级分类如表 6-1 所示。当某一日的绝对值大于 10，则认为发生了旱涝急转事件，并以超过 10 的最大值作为这次事件的开始日期。

表 6-1　旱涝急转指数 DWAAI 等级划分

旱涝急转等级	DWAAI
无	$0<\lvert\mathrm{DWAAI}\rvert<10$
轻度	$10\leqslant\lvert\mathrm{DWAAI}\rvert<15$
中度	$15\leqslant\lvert\mathrm{DWAAI}\rvert<18$
重度	$\lvert\mathrm{DWAAI}\rvert\geqslant 18$

6.1.3　预测方法

1. 旱涝急转预报因子筛选

考虑旱涝急转特征序列自身的规律性，各预报要素对旱涝急转特征的影响存在滞后性，并且大尺度气候因子对旱涝急转特征的影响周期较长，以预报月前 1 个月的月旱涝急转特征，预报月前 12 个月的逐月 130 项气候指数为初始预报因子，逐月构建待选预报因子数据集，预见期为 1 个月。以 1985 年 1 月为例，其待选预报因子数据集为 1984 年 1～12 月的各月 130 项气候指数和 1984 年 12 月的旱涝急转特征量。对于 1981～2020 年的每个月，其待选预报因子数据集的数据量均为 1561（130×12+1）项。

根据预报因子筛选的主要方法、优势和不足，决定选取基于气象物理机制的方法与数理统计方法，在众多的旱涝急转特征影响因素中筛选出具有较强物理机制和相关关系的预报因子，并以此为基础来构建旱涝急转特征预报模型。这里考虑预报因子与旱涝急转特征间的线性、非线性关系，采用皮尔逊相关系数与随机森林特征重要性评估方法，结合气象物理机制分析，对待选预报因子进行筛选。通常采用 t 检验对皮尔逊相关系数进行显著性检验。

2. 机器学习预测方法

月旱涝急转特征预报模型主要分为两类，一类是基于旱涝急转特征物理成因的过程驱动模型，另一类是基于旱涝急转特征与预报因素间的数理统计关系的数据驱动模型。近年来，随着人工智能和大数据技术的快速发展，机器学习方法日趋成熟，并广泛运用于水文要素预报中。机器学习模型根据预报要素数据和预报对象（旱涝急转特征）数据进行学习训练，不断率定优化模型参数与超参数，最终能够充分拟合样本数据且做出符合要求的旱涝急转特征预报（杨家伟等, 2019；李倩等, 2022）。

机器学习按照学习风格分为监督学习与无监督学习，其中监督学习主要包括分类算法和回归算法；无监督学习包括聚类算法、降维算法等。回归算法主要研究因变量与自变量之间的关系，常用于预测，月旱涝急转特征预报属于监督学习中的回归问题，应采用回归算法。本书均选用回归模型，综合考虑模型的计算效率、旱涝急转特征的非线性特征等因素，采用了多元线性回归（multiple linear regression，MLR）、贝叶斯岭回归（Bayesian ridge regression，BR）、弹性网络回归（elastic net regression，ENR）共 3 种线性回归模型，以及梯度增强回归（gradient boosting regression，GBR）、支持向量机（support vector machine，SVM）、多层感知机回归（multilayer perceptron，MLP）3 种非线性回归模型。

上述各机器学习预报模型均为单一模型，单一模型简单、易实现，然而每个模型各有其优缺点，在稳定性、表达能力等方面的表现可能参差不齐。并且研究表明，在水文预报中，组合模型往往与最优单一模型表现相近，或者比单一模型有更高的预报技巧。本书采用模型集成的思想方法，对单一模型进行融合集成，以弥补各个模型的不足，提高整体预报性能。

模型集成是一种依据一定的融合策略将多个个体学习器（单一模型）进行融合的集成学习方法。在回归问题中，模型集成方法通常包括平均法（averaging）、袋装法（bagging）、提升法（boosting）、堆叠法（stacking）等。本章采用加权平均法对单一模型结果进行集成，并提出了一种基于 Wasserstein 距离的权重计算方法。

3. 预报结果评价

本章采用前期月旱涝急转特征、逐月 130 项气候指数为初始预报因子，运用皮尔逊相关系数和随机森林特征重要性评估方法对预报因子进行筛选。以 1981～2010 年为模型训练期，2011～2020 年为验证期，建立多元线性回归、贝叶斯岭回归、弹性网络回归、梯度提升回归、支持向量机和多层感知机月旱涝急转特征预报模型，并对模型结果加权集成。下面从三个方面对月旱涝急转特征预报结果进行分析：首先，介绍预报因子筛选的具体方案与筛选结果，并从气象物理机制的角度简要分析论证预报因子的合理性；其次，介绍模型构建方案，给出模型所用超参数；最后，通常可采用合格率(QR)、纳希效率系数(NSE)、均方根误差(RMSE)和确定性系数(R^2)等对月旱涝急转特征预报结果进行总体评价(注：这些评价指数也用于本书后面其他章节的结果精度验证)。

$$QR = \frac{n}{m} \times 100\% \tag{6-2}$$

式中，n 为合格预报次数；m 为预报总次数。QR 的取值范围为[0, 1]，QR 越接近 1，表明预报总体的精度水平越高。

纳希效率系数(NSE)、均方根误差(RMSE)和确定性系数(R^2)的计算公式如下：

$$NSE = 1 - \sum_{i=1}^{n}(h_{obsi} - h_{simi})^2 \Big/ \sum_{i=1}^{n}(h_{obsi} - \bar{h}_{obs})^2 \tag{6-3}$$

$$RMSE = \sqrt{\sum_{i=1}^{n}(h_{obsi} - h_{simi})^2 / n} \tag{6-4}$$

$$R^2 = \left[\sum_{i=1}^{n}(h_{obsi} - \bar{h}_{obs})(h_{simi} - \bar{h}_{sim})\right]^2 \Bigg/ \left[\sum_{i=1}^{n}(h_{obsi} - \bar{h}_{obs})^2 \sum_{i=1}^{n}(h_{simi} - \bar{h}_{sim})^2\right] \tag{6-5}$$

式中，h_{obsi} 为观测资料序列；h_{simi} 为模拟或计算资料序列；$\bar{h}_{obs}$ 和 $\bar{h}_{sim}$ 分别为观测和模拟计算资料序列的平均值；n 表示数据序列长度。NSE 和 R^2 越接近 1，说明预报模拟效果越好，RMSE 越接近 0，说明预报模拟和实际观测值的误差越小，预报结果更精确。

6.2 旱涝急转事件时空演变特征

6.2.1 旱涝急转事件发生频次时空演变

1. 旱涝急转事件的时间变化特征

根据鄱阳湖流域的逐日降水序列，计算流域内 75 个雨量站 1965～2023 年的

DWAAI，统计各站点发生旱涝急转事件情况。图 6-1(a)所示为 1965～2023 年间鄱阳湖全流域发生旱急转涝事件(DTF)的累积站次统计，由图可知三种类型的旱急转涝事件的多年平均累积次数为 54.34 次，其中轻度事件的多年平均累积次数为 30.54 次，中度和重度的次数分别为 10.24 次和 13.56 次。轻度旱急转涝事件的发生次数在 1999 年达到极值(49 次)，站次比为 65.3%，同时 2000 年发生轻度事件的次数为 46 次，仅次于 1999 年；在 2021 年和 2022 年全流域发生轻度旱急转涝的次数均为 44 次。中度旱急转涝事件的发生次数相对较少，在 1988 年、1994 年及 2009 年发生频率较多，分别为 23 次、20 次和 19 次，占总次数的 10.26%。相比于中度事件的发生站次，重度旱急转涝事件较为频发，其中发生较多的年份有 1973 年(38 次)、1994 年(30 次)、1998 年(35 次)和 2011 年(25 次)，21 世纪以来全流域平均每年发生重度旱急转涝事件的次数为 13.86 次，比 21 世纪前的 14.14 次/年降低了 1.98%。从整体的趋势变化来看，近八年来流域整体的旱急转涝事件略呈增加态势。

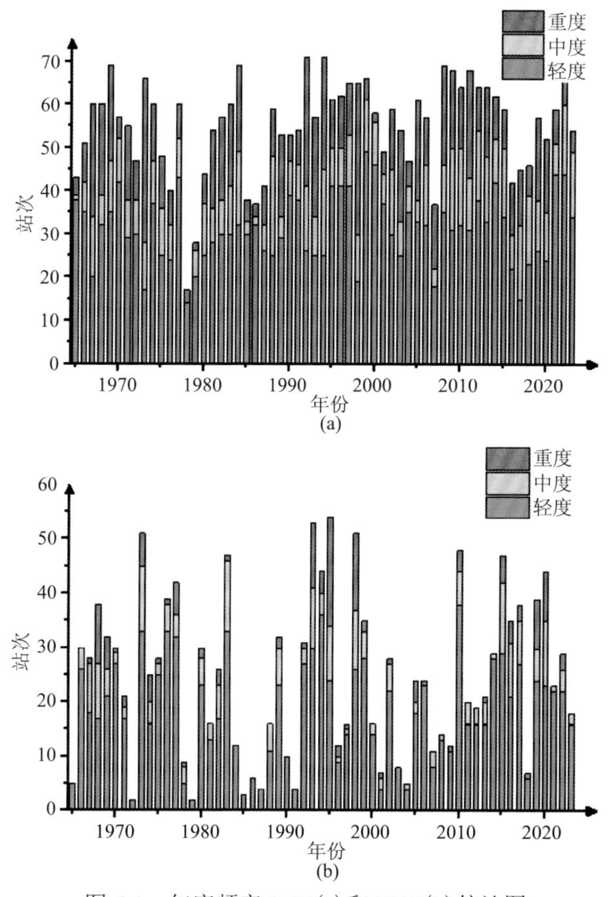

图 6-1　年度频率 DTF(a)和 FTD(b)统计图

相比于旱转涝事件的发生频次，各站发生涝转旱(FTD)的频次[图 6-1(b)]相对较少，多年平均累积次数为 24.27 次，仅为旱转涝频次的 44.7%，根据 DWAAI 计算结果，对不同程度的涝急转旱事件频次进行统计，全流域轻、中、重度涝急转旱事件年均站次为 17.71 次、3.98 次和 2.58 次。轻度涝急转旱事件的发生次数在 2010 年达到最大值(38 次)，站次比为 50.67%，中度的涝急转旱事件在 2015 年和 1983 年达到极大值，同为 13 次；在 1973 年和 2020 年达到 12 次，仅次于极大值。

依据鄱阳湖的五条主要入湖河流和中心湖区将鄱阳湖流域划分为六个子流域，并按照年代统计不同子流域发生旱急转涝以及涝急转旱的频次(表 6-2)。为便于年代之间比较，将 1965～1969 年、2021～2023 年间旱涝急转发生频次，进行等比例折算至整个年代。统计结果发现，赣江流域在 20 世纪 90 年代和 21 世纪 10 年代累计发生的轻度涝转旱事件为 105 站次和 116 站次，占该子流域全部事件的 34.53%，中、高强度的涝转旱事件在 20 世纪 60 年代较为普遍，轻度旱急转涝事件的频次在 21 世纪前 10 年达到极大值，占该流域全部轻度旱急转涝事件的 17.34%，占 21 世纪前 10 年全部旱急转涝事件的 59.47%，此外重度的旱急转涝事件在 20 世纪 90 年代的发生频次达到极值，年代平均为 2.16 站次。抚河流域的轻度涝转旱事件在 21 世纪 10 年代最为多发，年代平均为 3.3 站次，除此之外其他强度的涝转旱事件发生频次较少，相比之下旱转涝事件发生的频次相对较高，重度的旱转涝事件发生频次占该流域全部事件的 26.3%。饶河流域的涝转旱事件在 20 世纪 90 年代发生频次最高，其中重度涝转旱事件达到极值，占流域全部重度事件的 60.87%，此外该流域的中度和重度旱转涝事件发生频次较高，占全部事件的 51.0%，同样在 20 世纪 90 年代最为多发。修水流域的旱涝急转现象相比之下并不严重，其中较为严重的旱转涝事件出现频次在 20 世纪 90 年代达到极大值，年代平均站次为 1.9 次。信江流域的涝急转旱事件的严重程度并不高，重度事件仅占该流域全部事件的 5.4%，但信江流域的旱转涝事件却比较突出，其中轻度的旱转涝事件在 20 世纪 90 年代和 21 世纪 10 年代的年代平均站次分别达到了 9.8 次和 8.4 次，中度事件分别达到了 3.4 次和 4.2 次，同时重度旱急转涝事件的站次平均维持在 4.13 次，处于所有子流域的最高水平。鄱阳湖湖区时常发生重度旱急转涝现象，平均频次为 1.49 站次/10 年，但涝急转旱现象相对较轻。

表 6-2 鄱阳湖不同子流域旱涝急转发生频次

子流域	等级	年代						
		20 世纪 60 年代	20 世纪 70 年代	20 世纪 80 年代	20 世纪 90 年代	21 世纪前 10 年	21 世纪 10 年代	21 世纪 20 年代
赣江	一般	44\80	93\172	85\154	105\170	78\179	116\165	30\56
	中等	10\20	14\63	17\59	15\56	10\57	18\69	6\15
	严重	9\34	8\48	5\63	12\80	9\65	13\64	3\13

续表

子流域	等级	年代						
		20 世纪 60 年代	20 世纪 70 年代	20 世纪 80 年代	20 世纪 90 年代	21 世纪前 10 年	21 世纪 10 年代	21 世纪 20 年代
抚河	一般	9\21	19\41	24\37	27\42	11\40	33\33	8\19
	中等	3\5	5\6	6\6	4\13	0\10	7\8	3\2
	严重	3\12	6\8	2\23	10\24	2\15	5\18	1\1
饶河	一般	6\10	20\23	8\22	16\21	8\21	16\17	7\7
	中等	1\2	4\5	3\4	5\12	0\9	5\11	4\2
	严重	2\11	2\14	0\4	14\20	0\6	2\18	3\8
修水	一般	8\8	11\19	5\17	16\21	5\22	13\14	8\8
	中等	2\9	1\3	3\6	6\5	1\7	7\14	1\3
	严重	1\4	0\6	1\8	2\19	0\4	0\8	1\2
信江	一般	10\20	29\34	12\28	27\49	18\38	29\42	10\13
	中等	12\3	5\14	7\8	14\17	1\11	14\21	2\5
	严重	0\11	2\25	0\24	5\21	0\23	1\17	1\5
湖区	一般	10\13	20\15	10\29	17\41	5\24	14\25	5\9
	中等	0\2	5\8	3\12	2\10	1\5	4\17	1\7
	严重	3\10	5\19	0\8	13\14	0\23	6\10	3\4

注：前面数值代表涝转旱的频次；后面数值表示旱转涝的频次。

2. 旱涝急转事件的空间变化特征

利用 DWAAI 指数对鄱阳湖流域 75 个观测站的旱涝急转进行识别，计算各观测站所有旱涝急转事件的发生频次。利用反距离权插值方法，得到旱涝急转事件频次的空间分布规律。总体来看，旱急转涝事件[图 6-2(a)]在北部、西部地区以及西南部的部分地区(如油山、横溪、祁禄山等地)发生的累积次数较多，在东部地区以及南部以金盆山为中心的部分地区发生的累积次数较少。1965～2023 年间涝急转旱事件[图 6-2(b)]的频次在 16～21 次之间波动，其中江西省的西部赣江流域出现涝急转旱的频次较高，整体上看，鄱阳湖流域北部、西部和东北部地区更容易出现涝急转旱的事件，但东北部地区以弋阳为中心的部分地区出现了发生频次的极小值。

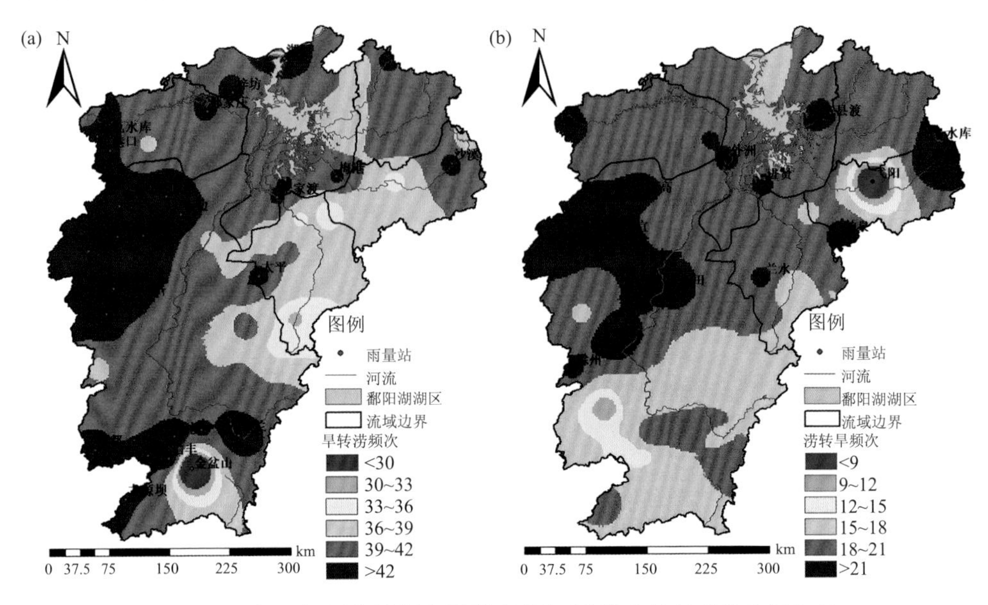

图 6-2　鄱阳湖流域(a)旱急转涝事件和(b)涝急转旱事件空间分布

6.2.2　旱涝急转事件发生强度时空演变

1. 旱涝急转强度的时间变化

将 1965～2023 年历年流域平均的 DWAAI 最大值和最小值计算出来作为该年内旱转涝和涝转旱事件的平均强度，平均强度越大说明该年内发生旱涝急转事件的程度越严重，同时将两者进行平均，观察旱涝急转强度的年际变化情况。由图 6-3 可知，旱涝急转的强度年际波动很大，没有显著的线性趋势和规律，鄱阳湖流域旱转涝事件的多年平均强度为 11，同时流域的旱急转涝事件的强度在 1969 年达到最大值，为 20.26，表示该年间的旱涝急转程度重。此外该流域在 1994 年、2003 年以及 2008 年的 DWAAI 同样处于较高水平，分别为 18.86、18.43 和 18.23；涝转旱事件的流域平均 DWAAI 依旧年际波动较大，没有显著的特征，此外，1995 年、1993 年的强度较大，分别达到了–21.15 和–18.06，强度较大的年份还有 1998 年、2017 年和 2020 年，流域多年平均强度达到了–15.80、–14.64 和–12.99。

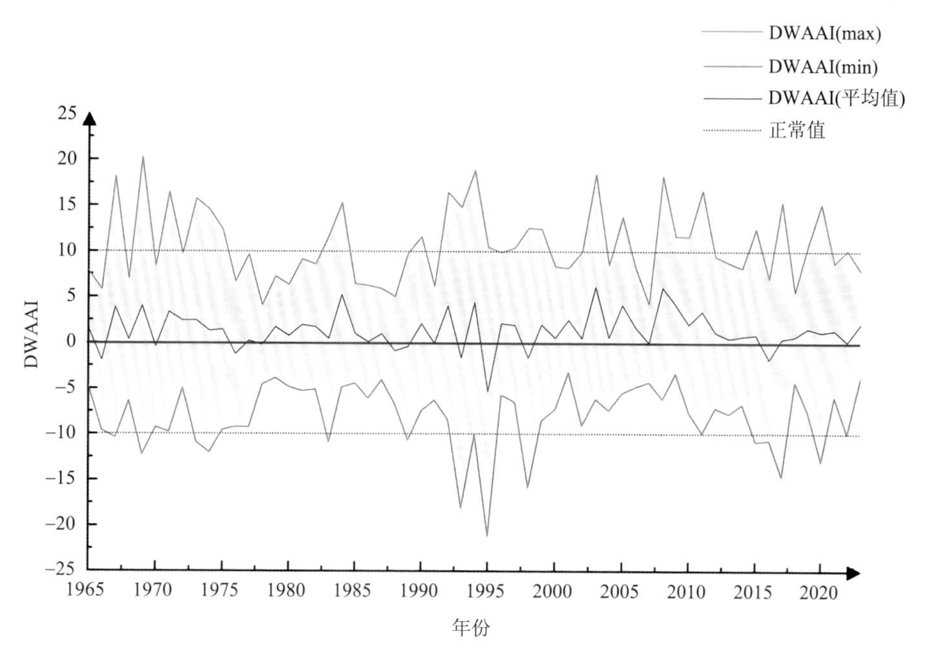

图 6-3　DWAAI 年度极值统计结果

2. 旱涝急转强度的空间变化

旱涝急转事件的各测站平均强度空间分布不均匀，从整体上看旱转涝事件[图 6-4(a)]和涝转旱事件[图 6-4(b)]的强度分布基本一致，其中最大的旱涝急转

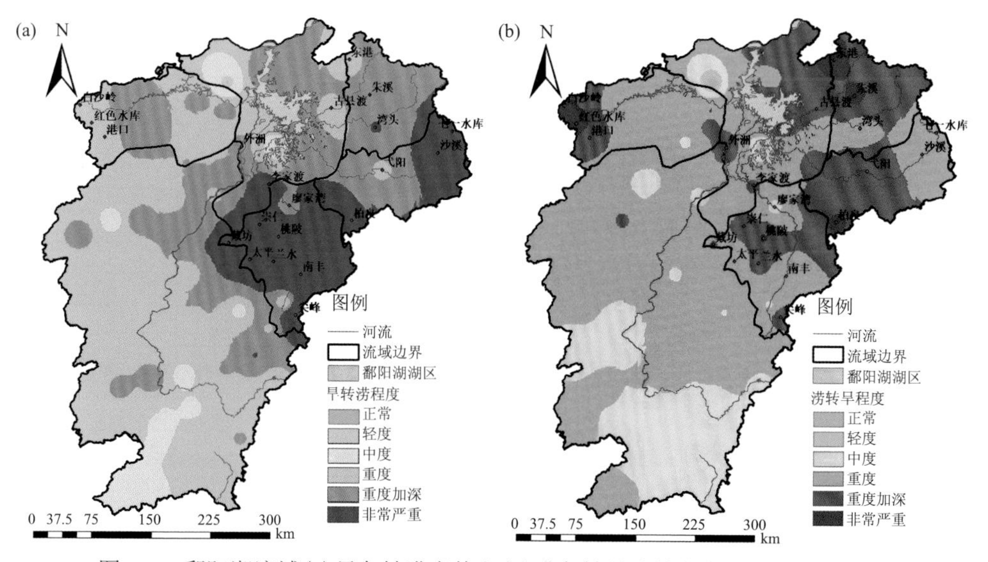

图 6-4　鄱阳湖流域(a)旱急转涝事件和(b)涝急转旱事件发生强度的空间分布

强度主要集中在东部的信江流域和东北部的饶河流域，强度较低的主要分布在赣江流域的南部以及湖区的西北部以梓坊站为中心的部分地区。其中旱急转涝事件强度最大的点在东部抚河流域的尖峰站，为 57.57，除此之外的几个较大值出现的站点如兰水、桃陂、双塘冈站也同样位于抚河流域。赣江流域是旱急转涝事件发生累积次数较多的流域，但流域的平均强度却不大。涝急转旱事件的最大强度变化范围在–7～–34 之间，极值点出现在修水流域的红色水库，为–34.87，此外在饶河的东港(–34.60)、朱溪站(–31.63)，信江流域的柏泉站(–31.10)以及抚河流域的部分地区也出现了极值中心，且相对于旱转涝而言，极值中心的空间分布更加分散。

6.2.3　典型旱涝急转事件发展过程

由于 1994 年鄱阳湖流域旱急转涝的频次和强度都比较大，故选取该年为旱急转涝的典型年，并对该年间旱急转涝事件的时空分布进行分析。根据流域平均的日过程线可以看出，1994 年旱急转涝事件的极值点出现在 6 月 6 日，达到了 18.86，持续时间大概在一周(图 6-5)，属于严重事件。依据 1994 年 6 月 6 日[图 6-6(a)]和 6 月 13 日[图 6-6(b)]旱涝急转指数结果，通过空间插值的方法得到其空间分布特征，分析得出此次事件发生的初始阶段是在东北部地区，随着旱转涝过程的持续不断向南部地区转移，日平均强度减小。

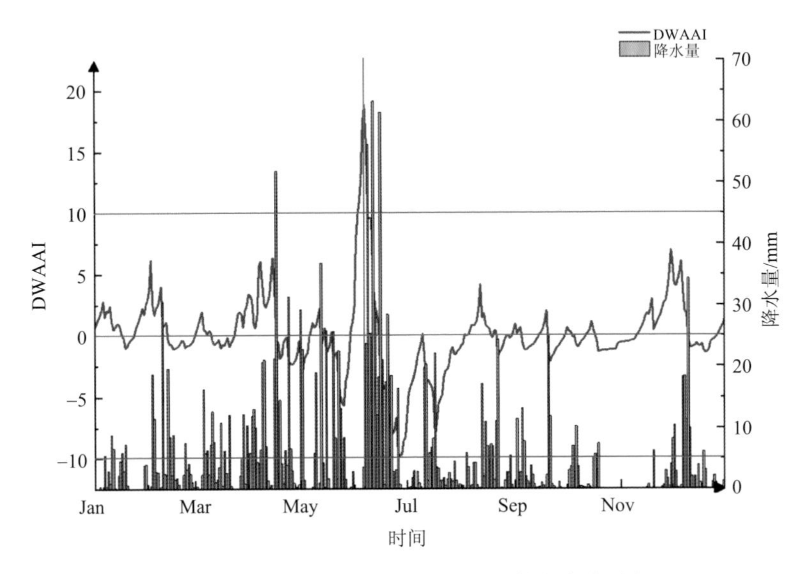

图 6-5　1994 年日尺度旱涝急转指数的变化过程

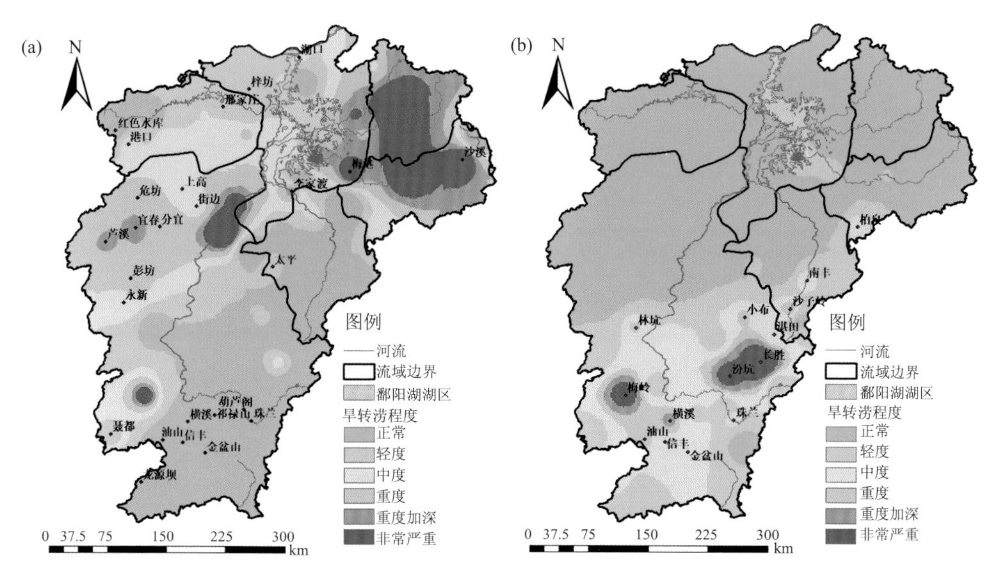

图 6-6　1994 年典型旱涝急转事件空间分布

(a)6 月 6 日旱急转涝起始；(b)6 月 13 日旱急转涝结束

2022 年是鄱阳湖流域近年来较典型的一个涝急转旱事件发生的年份，根据 2022 年逐日降雨和 DWAAI 指标图(图 6-7)可以看出该年间干旱的持续时间长达 45 天左右，同时根据该次事件的初始日期 7 月 6 日[图 6-8(a)]和结束日期 8 月 20 日[图 6-8(b)]各测站 DWAAI 的日平均大小，通过反距离加权平均后观察可知，鄱阳湖流域旱涝急转最严重的位置在东北部的饶河流域(朱溪站和湾头站)和信江

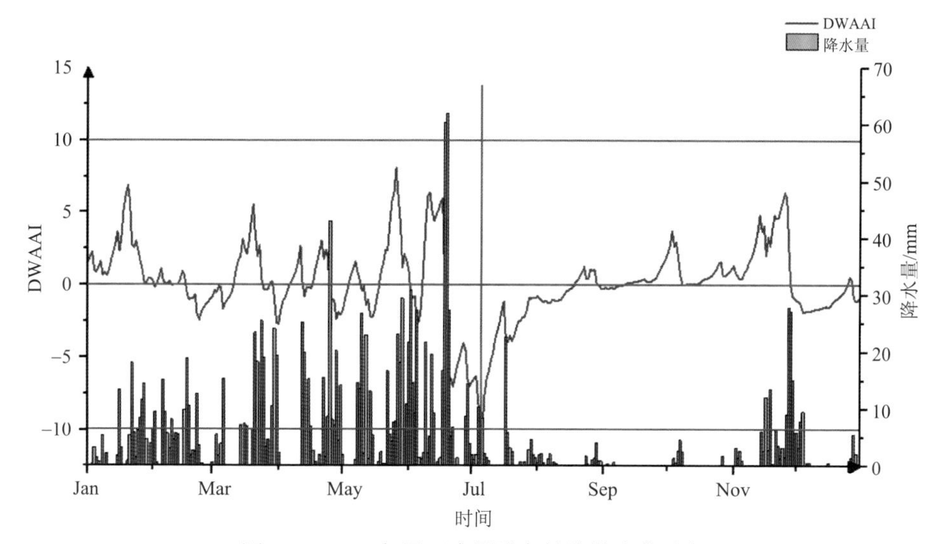

图 6-7　2022 年日尺度旱涝急转指数变化过程

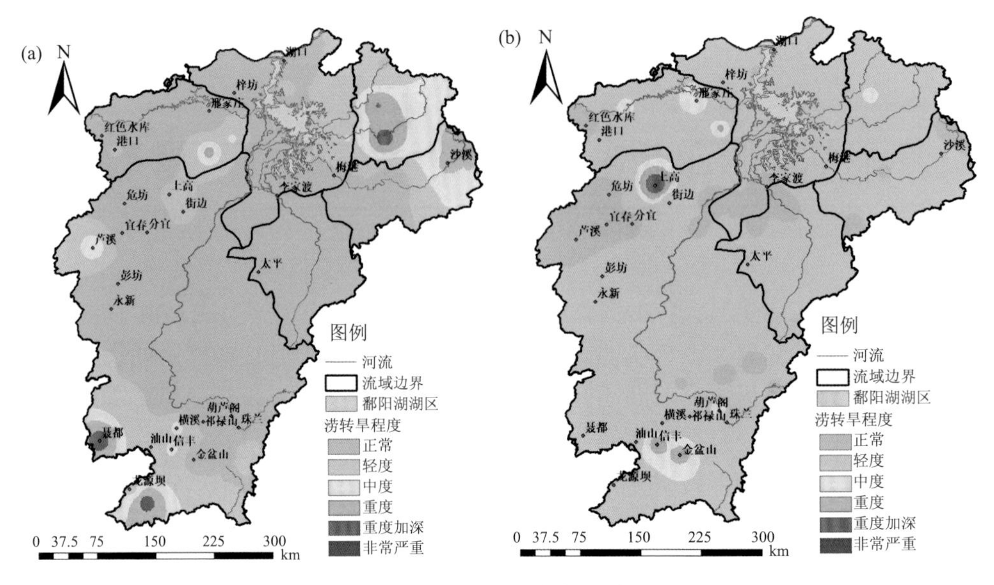

图 6-8　2022 年典型旱涝急转事件空间分布

(a) 7 月 6 日涝急转旱起始；(b) 8 月 20 日涝急转旱结束

流域以及赣江流域的西南部地区（聂都站、杜头站），当涝转旱事件结束后，流域大部分地区的旱涝急转程度都有所降低，但通过逐日降雨量可以发现，此次涝转旱事件结束以后，鄱阳湖流域仍然处于干旱的状态，继续保持了一个月左右，可知此次旱涝急转虽然在急转程度上并不属于非常严重的事件，但急转过后的干旱持续时间过长却给该流域造成了不小的影响。

6.3　旱涝急转特征预测

6.3.1　旱涝急转预测指标因子提取

本书以预报月前 1 个月的旱涝急转特征值、预报月前 12 个月的逐月 130 项气候指数构建了初始预报因子数据集。总体而言，初始预报因子数据集所用数据为 1980 年 1 月至 2020 年 11 月的逐月 130 项气候指数和 1980 年 12 月至 2020 年 11 月的逐月旱涝急转特征值。预报因子筛选分两步进行，首先采用皮尔逊相关系数法对预报因子进行初步筛选，然后对初筛后的因子进行随机森林特征重要性评估，并考察气象物理相关性。

大气环流是世界规模的大气运行现象，主要表现为全球尺度的东西风带、三圈环流、平均槽脊等，对气候有重要影响，环流异常易引起持续降水事件。大气环流的运动以纬向环流为主，形成了全球范围内的东、西风带和槽脊，不断输送水汽。研究表明，副热带高压、极涡、经纬向环流、涛动指数、遥相关指数等大气环流指数与降水有显著相关性。西太平洋副热带高压还对梅雨期影响显著。

海温即海表温度，是引起气候异常的重要因素，现有研究表明，海温与水文要素有较好的相关性。厄尔尼诺-南方涛动(ENSO)是发生于赤道东太平洋地区的风场和海温振荡，是近年来我国极端天气频繁发生的重要因素。ENSO 主要表现为厄尔尼诺事件、拉尼娜事件或南方涛动事件，对我国旱涝事件有重要影响。此外，西太平洋暖池也是我国极端持续降水的重要影响因素。研究表明，除大气环流指数、海温指数外，太阳黑子指数、冷空气次数、准两年振荡指数、热带太平洋射出长波辐射指数等其他指数对降水也有显著影响。

本书中模型训练期为 30 年，则 t 检验中 n 的取值为 30，查询 t 检验临界值表，在 0.05 的显著性水平下，t=2.048，计算出 r=0.361。因此，筛选出皮尔逊相关系数大于 0.361 的预报因子，对这些预报因子计算随机森林特征重要性评分并排序。同时兼顾上述气候指数中与降水相关性较强的因子，按重要性评分从高到低挑选出 10 个关键预报因子，用于预报模型构建。以 3 月为例，3 月的初始预报因子包括前一年 3～12 月与当年 1～2 月的逐月 130 项气候指数，以及当年 2 月的旱涝急转特征值，初始预报因子逐一与 3 月实测旱涝急转特征值计算皮尔逊相关系数，以 r>0.361 为标准初步筛选，从 1561 项因子中筛选出 78 项，再对初筛预报因子进行随机森林特征重要性评估，且考虑气象物理机制，终选出 10 项预报因子。

6.3.2　旱涝急转特征值预测模型建立

如上文所述，初始预报因子经皮尔逊相关系数和随机森林特征重要性评估筛选，最终分月份各筛选出 10 个预报因子。根据筛选后的预报因子，分月份各构建多元线性回归、贝叶斯岭回归、弹性网络回归、梯度提升回归、支持向量机、多层感知机共 6 种单一旱涝急转特征值预报模型以及 2 种加权组合预报模型，共构建了 96 种预报模型(8 种模型，12 个月，8×12)。

按照 3∶1 的比例将 1981～2020 年数据系列划分为训练集、验证集，即模型训练期为 1981～2010 年，验证期为 2011～2020 年。以 Python 作为模型构建平台，对于多元线性回归、贝叶斯岭回归、弹性网络回归，模型本身的斜率、截距参数在训练过程中根据数据学习估计得到；对于梯度提升回归、支持向量机、多层感知机，采用网格搜索与 k 折交叉验证优化模型超参数。

网格搜索提供超参数列表的所有超参数组合，对每组超参数进行 k 折交叉验证，将数据集分为 k 份，不重复地每次取其中一份作测试集(train set)，其余 k–1 份作训练集(test set)，计算模型在测试集的得分，对 k 次得分取平均，将平均得分最高的超参数组合作为最优选择，从而得到预报模型。

对交叉验证的折数 k 分别取值 3、5、8、10，以确定适合本书数据系列的折数。以 1 月为例，不同折数交叉验证对 MLP 模型的参数优选过程如图 6-9 所示。由图 6-9 可以看出，以决定系数 R^2 为指标率定超参数 hidden_layer_sizes，k=3 时，最优超参数为 27，得分 0.01；k=5 时，最优超参数为 34，得分 0.19；k=8 时，最优超参数为 82，得分–0.31；k=10 时，最优超参数为 63，得分–0.44，因此最终选择 5 折交叉验证来优选参数。从图 6-9 中同时可以看出，参数优化过程线波动幅度较大，说明 MLP 模型对超参数 hidden_layer_sizes 较为敏感，侧面反映出超参数的优化率定十分重要。

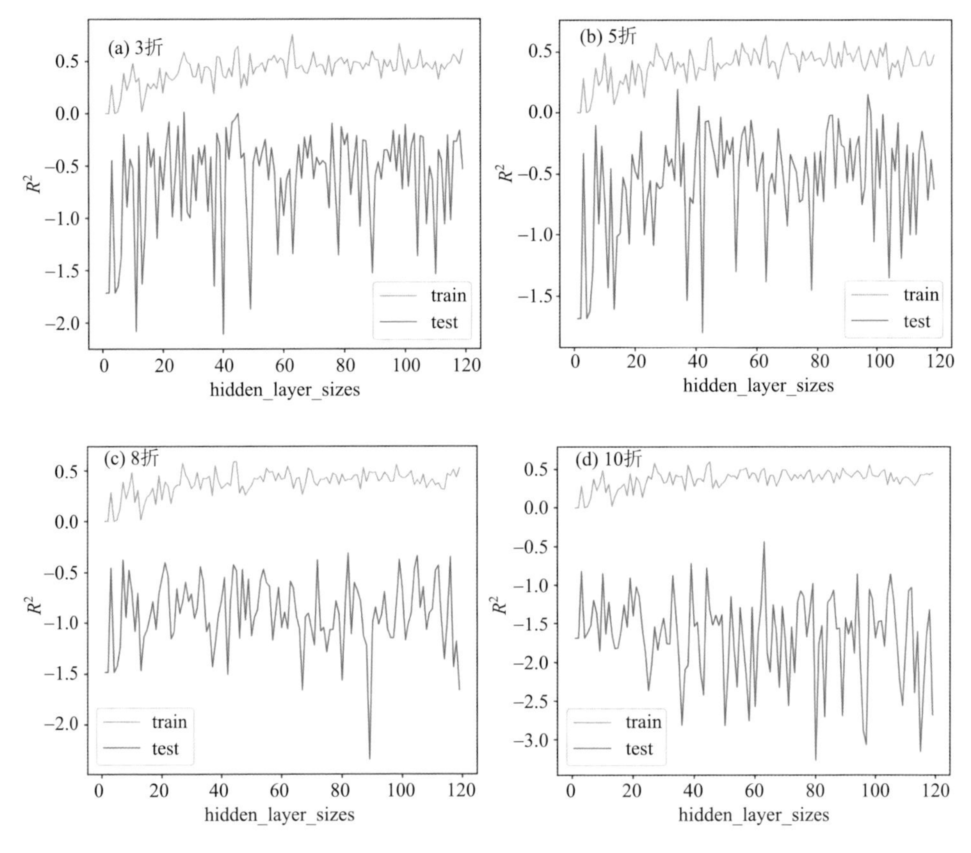

图 6-9 MLP 超参数优化过程

由于机器学习模型超参数较多，且本书中不同月份各个预报模型的参数取值均不同，因此不对各个模型超参数进行一一列举与详细介绍，仅在表 6-3 中列出研究中所用的超参数名称、含义、取值区间及其作用。

表 6-3　旱涝急转特征值预报模型(GBR、SVM、MLP)超参数说明表

预报模型	参数名称	参数含义	参数区间	参数作用
GBR	n_estimators	个体学习器数量	800,1000	提高模型性能
	learning_rate	学习率	0.01～0.25	控制模拟效率
	max_depth	最大深度	3,4	控制拟合程度
SVM	C	正则化参数	4～6	控制对误差的容忍度
	gamma	核系数	0.01～0.3	影响映射分布范围
	epsilon	损失系数	0.001～0.3	决定间隔带宽度
MLP	hidden_layer_sizes	隐藏层神经元数量	1～120	控制拟合程度

鄱阳湖流域旱涝急转特征值的单一模型预报结果如图 6-10 所示，分月份绘制了 12 个子图，每个子图均包含了实测旱涝急转特征值(OBS)和 6 种机器学习预报模型(MLR、BR、ENR、GBR、SVM、MLP)的旱涝急转特征值过程线，每个子图的横坐标均为数据系列年份(1981～2020 年)。由图 6-10 所示，在训练期各个模型均拟合得较好，尤其是 MLP，与实测序列的差距微乎其微。验证期的预报效果明显下降，且各模型的预报性能差别较大，各模型间、月份间预报结果的对比分析此处不作展开，具体通过后面的精度评价指标进行分析对比。

值得注意的是，图 6-10 反映出各模型各月份旱涝急转特征值预报结果的共性问题：旱涝急转特征值峰值的预报结果普遍较差，尤其是在汛期极高旱涝急转特征值的情况下，预报误差很大，汛期预报误差主要来源于峰值径流预报。

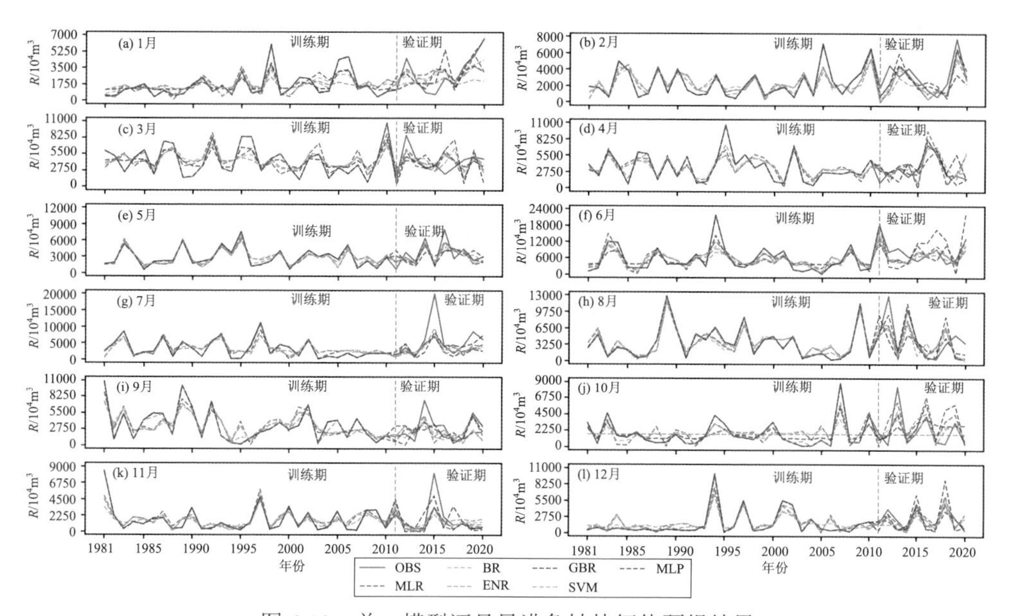

图 6-10　单一模型逐月旱涝急转特征值预报结果

采用合格率(QR)、纳希效率系数(NSE)和均方根误差(RMSE)对各个模型训练期与验证期的鄱阳湖流域旱涝急转特征值预报结果进行精度评价并对比，总体精度情况如表 6-4 所示。整体而言，训练期非线性回归模型(GBR、SVM、MLP)的模拟精度显著优于线性回归模型(MLR、BR、ENR)，尤其是 MLP 的模拟效果最好，QR、NSE 均为最优水平，均方根误差为 20 万 m^3，接近实测数据。验证期各模型的预报精度均有所下降，非线性回归模型不再具备优越性，相反，下降幅度最大的为训练期表现较好的 GBR 和 MLP，GBR 和 MLP 在训练期精度高，而验证期预报精度较差，说明这两种模型的泛化能力较弱，存在一定程度的过拟合现象，与模型的结构比较复杂以及旱涝急转特征值数据时间序列较短有关。验证期 BR 模型的预报精度最高，具备较优的预报效果。

表 6-4　单一模型训练期与验证期精度评价表

模型	训练期			验证期		
	QR/%	NSE	RMSE/10^4m^3	QR/%	NSE	RMSE/10^4m^3
MLR	88	0.67	1354.26	63	0.30	2106.62
BR	85	0.60	1482.26	66	0.41	1990.79
ENR	85	0.55	1528.51	66	0.30	2147.18
GBR	98	0.91	436.40	58	0.10	2465.06
SVM	98	0.87	767.83	63	0.34	2051.31
MLP	100	1.00	20.00	60	0.06	2450.41

QR 为以多年同期实测变幅的 20%为许可误差范围计算的预报合格率，取值范围为 0%～100%。图 6-11 展示了验证期(2011～2020 年)各单一模型旱涝急转特征值预报结果的合格率，各模型在 12 个月的合格率差别较大。从月份来看，7 月、11 月的预报合格率最高，除 11 月 GBR 合格率为 60%外，7 月各模型、11 月其他 6 种模型合格率均为 80%、90%；12 月各模型的合格率较低，最高合格率为 60%

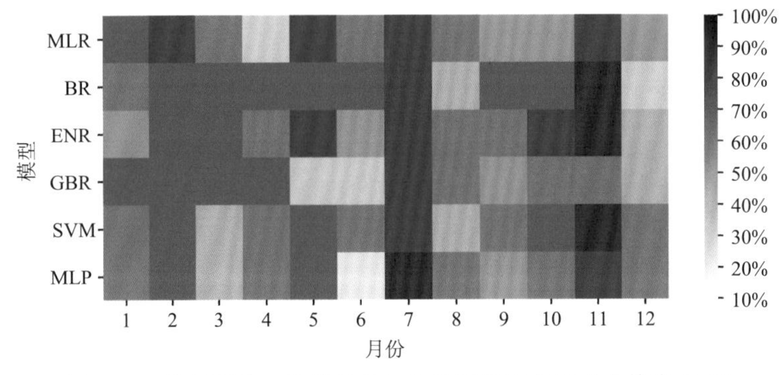

图 6-11　验证期单一模型旱涝急转特征值预报结果合格率(QR)

且 BR 合格率仅为 30%；6 月 MLP 模型合格率最低，为 20%。从模型来看，BR 合格率最高，其次为 ENR。总体而言，各模型各月合格率多为 60%及以上，预报效果良好。由于不同月份的多年同期实测变幅差别较大，QR 主要对各模型验证期总体结果进行定性评价，需进一步结合其他指标综合评价预报结果。

验证期单一模型旱涝急转特征值预报结果的纳希效率系数 NSE 如图 6-12 所示，12 个子图分别展示了 1～12 月各模型的 NSE 情况。NSE 大于 0.5 意味着模型的预报性能较好。NSE 接近 0 说明模型预测结果接近实测序列平均值水平，总体结果可信，但过程误差较大。NSE 为负值说明实测值的平均值比模型预测值更加可靠，模型失去预报效果。5 月的 NSE 结果最优，MLR 模型的 NSE 达 0.71。3 月的 NSE 结果最差，出现多个负值，且最高值仅为 0.28。就模型而言，BR 的拟合效果最好；MLP 模型在 8 月的 NSE 为 0.47，高于其他模型，而在 3 月和 6 月的 NSE 分别为–1.54、–1.45，显著低于其他模型，说明 MLP 模型受不同数据输入的影响较大，鲁棒性较差。

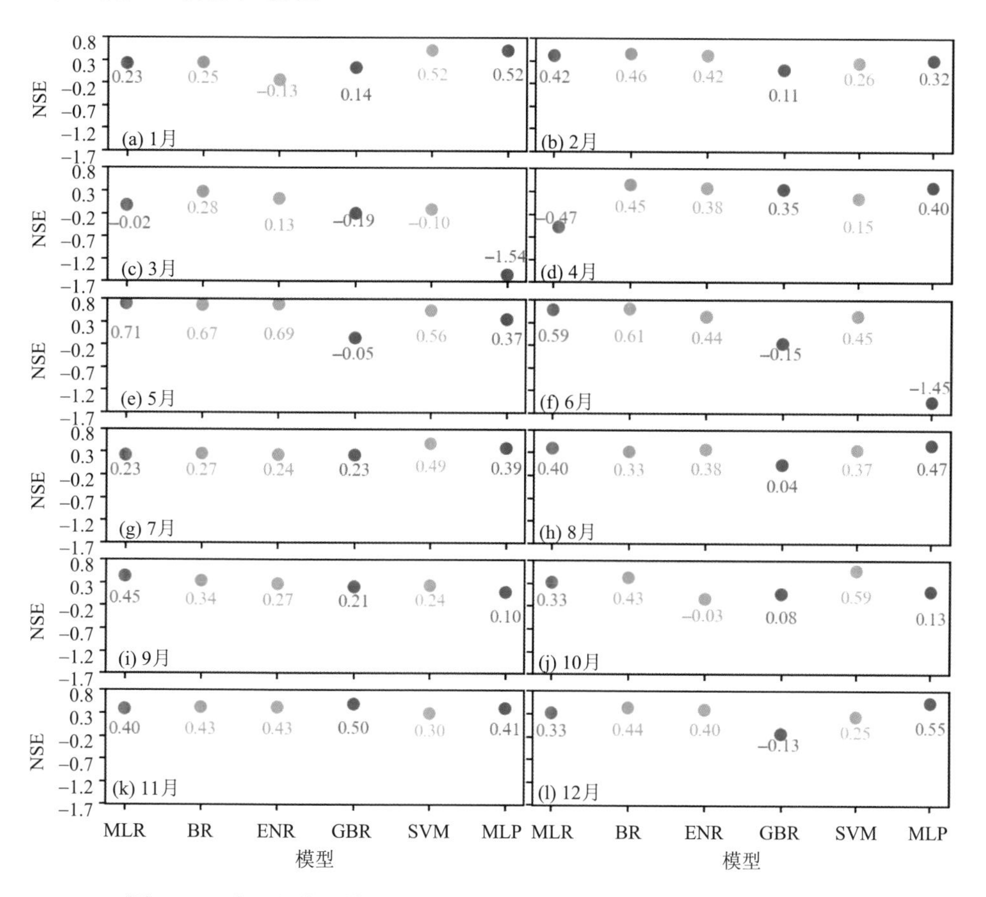

图 6-12　验证期单一模型旱涝急转特征值预报值的纳希效率系数(NSE)

由表 6-5 对比验证期各单一模型预报值的均方根误差可知，从月份的角度看，12 月至次年 2 月的 RMSE 相对较小，此阶段为鄱阳湖流域控制流域枯水期，说明枯水期的预报准确度较高；6～8 月的 RMSE 显著高于其他月份，预报误差较大，6～8 月处于汛期并且是汛期内旱涝急转特征值量比较多的月份，结合图 6-12 旱涝急转特征值过程线反映出的峰值预报效果较差的现象，此处通过 RMSE 指标进一步表明基于前期气候指数和机器学习的旱涝急转特征值预报在旱涝急转特征值峰值预报中存在明显不足。从模型的角度看，表现最优的为 BR，预报误差最大的为 MLP 和 GBR，与前文根据 NSE 得出的精度评价结果一致。综合上述各项指标，在 6 种单一模型中，BR 的表现最好。

表 6-5　验证期单一模型旱涝急转特征值预报值的均方根误差（RMSE）

模型	RMSE/10^4m^3											
	1 月	2 月	3 月	4 月	5 月	6 月	7 月	8 月	9 月	10 月	11 月	12 月
MLR	1650	1441	1910	2319	1182	2600	4669	2943	1592	1946	1710	1315
BR	1628	1390	1609	1411	1250	2523	4573	3122	1737	1789	1661	1196
ENR	1998	1438	1767	1506	1217	3040	4657	3002	1825	2411	1663	1242
GBR	1743	1787	2068	1539	2244	4159	4669	3728	1903	2280	1558	1703
SVM	1299	1632	1988	1757	1456	3010	3809	3036	1866	1527	1844	1393
MLP	1302	1566	3019	1483	1743	6356	4160	2766	2033	2213	1689	1075

6.3.3　多模型集成方法的预报精度增益

图 6-13 展示了各模型的鄱阳湖流域旱涝急转特征值的预报结果，分月份绘制了 12 个子图，每个子图均包含了实测旱涝急转特征值（OBS）、6 种单一预报模型（MLR、BR、ENR、GBR、SVM、MLP）和集成模型（Wcom、Scom）的旱涝急转特征值过程线，每个子图的横坐标均为数据系列年份（1981～2020 年）。由图 6-13 所示，两种模型集成方法的预报结果非常接近，训练期拟合非常好，验证期预报精度有所下降，但优于单一模型。

由表 6-6 可以看出，在训练期，除 MLP 的均方根误差略低于 Wcom 外，集成模型的模拟精度远高于单一模型，验证期各个模型的预报精度均有所下降，但集成模型仍为最优模型。结果表明，集成模型能够综合各单一模型的优势，在训练期和验证期均优于或接近最优单一模型，说明多模型集成能够减小泛化误差，提高预测准确性，且具备较高的稳定性。比较两种集成模型，训练期 Scom 的均方根误差低于 Wcom，仅为 8.99 万 m^3，与实测旱涝急转特征值数据的拟合程度非常高。验证期两种集成模型的预报精度十分接近，Wcom 的合格率略高于 Scom，

Scom 的纳希效率系数和均方根误差稍好于 Wcom，总体预报精度差别不大。

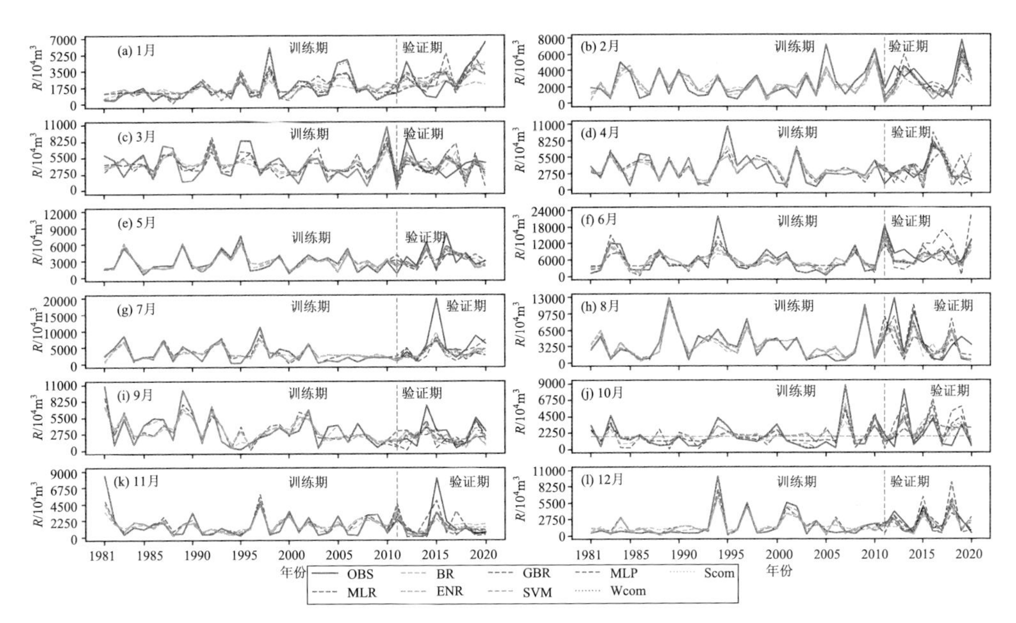

图 6-13　各模型逐月旱涝急转特征值预报结果

表 6-6　各模型训练期与验证期精度评价表

模型	训练期			验证期		
	QR/%	NSE	RMSE/10^4m^3	QR/%	NSE	RMSE/10^4m^3
MLR	88	0.67	1354.26	63	0.30	2106.62
BR	85	0.60	1482.26	66	0.41	1990.79
ENR	85	0.55	1528.51	66	0.30	2147.18
GBR	98	0.91	436.40	58	0.10	2465.06
SVM	98	0.87	767.83	63	0.34	2051.31
MLP	100	1.00	20.00	60	0.06	2450.41
Wcom	100	1.00	31.24	66	0.45	1935.35
Scom	100	1.00	8.99	64	0.47	1902.41

图 6-14 展示了基于 QR、NSE、RMSE 指标的验证期两种集成模型的逐月预报精度结果。图中的颜色深浅显示模型的预报精度，颜色越深说明预报精度越高。QR 指标可以看出，1 月、6 月 Wcom 的预报精度高于 Scom，其余月份两者具有相同的预报精度，而 NSE 指标和 RMSE 指标表明，Scom 具有更高的预报精度。

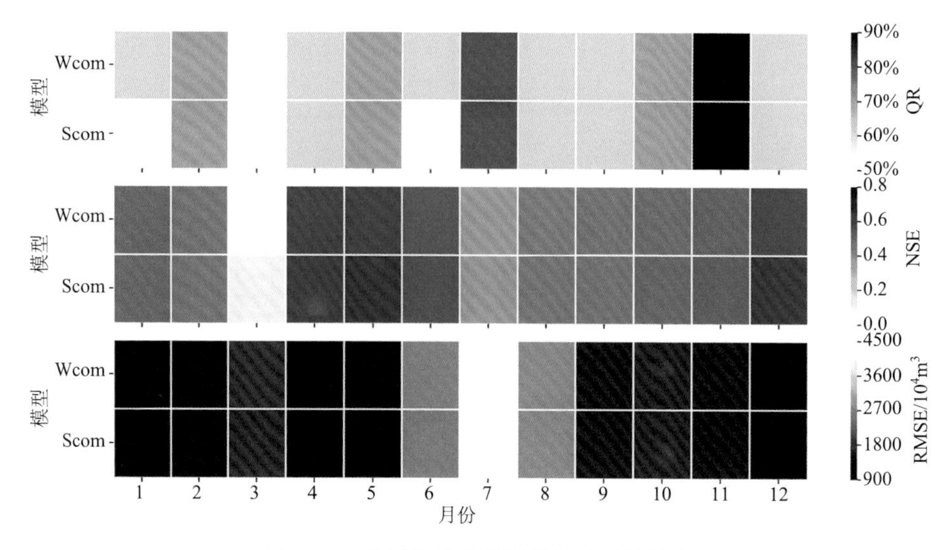

图 6-14　验证期集成模型的逐月预报精度

图 6-14 还可以看出，QR、NSE 指标显示出 3 月预报精度最低，而根据 RMSE 指标，7 月的预报误差最大，其次为 6 月和 8 月。鉴于各个月份的旱涝急转特征值差别较大，尤其是 6～8 月旱涝急转指数较大，相应的对 RMSE 的数值影响较大，故这里采用归一化均方根误差(NRMSE)，消除 RMSE 的量纲影响，进一步评价模型预报精度。计算公式如下：

$$\mathrm{NRMSE}=\frac{\mathrm{RMSE}}{Q_{O,\max}-Q_{O,\min}} \tag{6-6}$$

式中，RMSE 为均方根误差，由前文已说明的计算公式来确定；$Q_{O,\max}$、$Q_{O,\min}$ 分别为实测最大值、最小值。NRMSE 结果如表 6-7 所示，3 月两种集成模型的 NRMSE 分别为 0.258、0.249，预报精度最低，与 QR、NSE 指标结论一致。

表 6-7　验证期集成模型预报结果的归一化均方根误差

模型	NRMSE											
	1 月	2 月	3 月	4 月	5 月	6 月	7 月	8 月	9 月	10 月	11 月	12 月
Wcom	0.227	0.201	0.258	0.194	0.191	0.196	0.223	0.231	0.223	0.219	0.206	0.232
Scom	0.227	0.201	0.249	0.191	0.181	0.192	0.222	0.229	0.223	0.216	0.203	0.218

综合上述旱涝急转特征值预报结果过程线以及各项指标分析，可以得出结论：集成模型预报结果优于单一模型，说明多模型集成方法能够在一定程度上提高预报精度。

6.4　本 章 小 结

本章采用旱涝急转分析指标和机器学习模型等研究方法，主要围绕鄱阳湖流域旱涝急转的时空演变规律和旱涝急转预测模型构建方面，开展了基于流域多站点气象要素的统计学分析工作，主要得出如下结论并对后期研究进行了展望。

(1) 利用日尺度气象水文数据，计算提取日尺度旱涝急转指数 DWAAI。旱急转涝事件，在鄱阳湖流域北部、西部地区以及西南部的部分地区发生的累积次数较多，在东部地区以及南部以金盆山为中心的部分地区发生的累积次数较少。从预测模型预报效果来看，表现最优的为 BR，预报误差最大的为 MLP 和 GBR。综合各项指标，在 6 种单一模型中，BR 的表现最好。

(2) 选择科学合理的指标，对旱涝急转事件的准确提取，直接决定了旱涝急转事件的分析与预测工作的准确性。由于目前旱涝急转事件的提取指标较多，不同时间尺度的分析结论差异较大，因此，在下一步的研究中，应结合江西省鄱阳湖流域实际旱涝急转规律，选择适当的分析时间尺度，比选适宜的旱涝急转指标，提取符合事件规律的旱涝急转事件过程，为江西省防灾减灾工作提供支持。

(3) 考虑旱涝急转特征序列自身的规律性，各预报要素对旱涝急转特征的影响存在滞后性，并且大尺度气候因子对旱涝急转特征的影响周期较长，建议在现有大尺度环流的基础上，结合天气动力预报产品的降雨预测结果，引入作为预报因子，对旱涝急转以及当地水文情势进行预测，提高中长期水情预测工作的精度。

第7章　基于分布式水文模型的鄱阳湖流域干旱模拟

前几章已经探究了鄱阳湖流域气象干旱的发生机制，并构建了气象干旱的预测模型。从水文循环的全过程出发，鄱阳湖流域径流干旱和土壤水干旱的过程机制和对气象干旱的响应机制，仍是干旱研究的重点和难点问题之一。地面观测网络、遥感数据产品和陆面水文模型的不断发展升级，使得开展大尺度流域陆面水文模拟，获取大范围高时空分辨率的水文要素成为可能，从而为鄱阳湖流域水文干旱的过程模拟和机制分析创造了条件。

因此，借助大尺度分布式水文模型，本章构建了鄱阳湖流域水文干旱的全过程模拟框架，探究鄱阳湖流域径流干旱和土壤水干旱的时空特征与发生机制。首先基于VIC分布式水文模型，构建面向流域水文干旱的模拟框架；并利用实测数据对模拟结果进行了验证和评价。其次，分析典型干旱事件中，鄱阳湖流域五河径流干旱的发展过程和驱动机制。最后，探究鄱阳湖流域土壤水干旱的时空分布特征和变化趋势，揭示了气象干旱到水文干旱的传播机制。本章研究成果对于预测和应对鄱阳湖流域干旱灾害、合理管理水资源具有重要意义，有助于促进流域生态环境可持续发展水平。

7.1　面向干旱的分布式水文模型框架

“洪水一条线，干旱一大片”是对洪旱灾害的典型描述，洪水的预报单元是流域，而干旱的预报单元是区域。洪水往往形成时间较快，几天甚至几小时之内就能形成洪峰，而干旱发生发展的过程要缓慢得多，通常需要几个月、整个季节甚至数年。如果把洪水发生的时间过程比喻成急性病，那么干旱则是慢性病，其发展和恢复均需要较长的时间。因此洪水预报主要是短期预报，强调高流量的模拟预报；而旱情预报侧重于中长期的预报，强调低流量的模拟预报。

已有的水文模型大都是基于洪水预报产生的，在整个水文过程进行物理化描述和数学化计算时，主要考虑蒸发、下渗、产流、汇流等方面的影响，但忽略了水分在运移过程中的损失、作物对水分的影响、人类活动的影响等。经过大量模型的实践应用发现水文模型在模拟低流量时效果不佳，主要原因是低流量模拟比洪水模拟对水分的损失更敏感，水量平衡中作物对水分的需求、人类活动(如人类用水和水库蓄放水)对低流量的模拟影响更大，不可忽略。因此，需对现有的水文模型结构进行改进，使之更适用于干旱的模拟和预报(图7-1)。

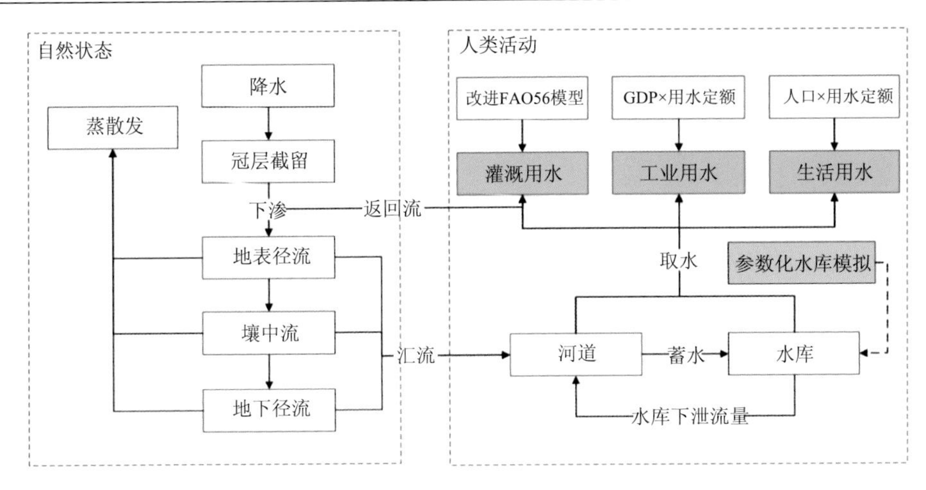

图 7-1　面向干旱的分布式水文模型框架

(1) 增加人类活动影响的模块。城市化进程加快，人类已经成为用水大户，如果干旱发生，人类的日常用水，主要包括农业灌溉用水、工业用水、生活用水等，将与旱情发生发展趋势密切相关，因此需要合理的配置和调控。此外，水利工程尤其是水库的蓄放水，是干旱模拟预报不可忽视的因素，因此未来研究将设置虚拟的人类影响计算模块，在自然循环模拟的基础上，进行人类影响活动的计算，最终的结果叠加到自然过程模拟结果，提高旱情的预报预测水平。

(2) 网格化的模拟，更有利于与气候模式链接。旱情的发展是一个缓慢的过程，旱情预报注重中长期的预报，因此需要与气候模式链接，延长预见期。网格化的模型结构更有利于与气候模式链接，从而达到延长预见期的目标。

(3) 时间尺度的设置。水文模型用于洪水预报时注重的是日模拟和洪水场次模拟，而旱情预报时则更多的是采用月模拟和季节性的模拟。因此在模型参数率定时，采用月流量的模拟进行参数率定。同时，对于参数的敏感性进行月尺度和季节尺度分析，减少率定参数的数量，重新审定时变参数的取值范围。

(4) 改进土壤含水量的模拟。鉴于干旱预报是一个面上的中长期预报，主要考虑特定时间内土壤相对稳定的一个水分状态，即一定时间阶段的区域平均土壤含水量，是旱情预报重点关注的因子。现有水文模型中土壤含水量大都作为中间变量，虽将土壤进行多层分层，其土壤含水量的模拟精度较低，其原因在于土壤含水量是时变因子，随着时间的变化而变化，随周围的水力联系和土壤间孔隙的变化而不断变化，模拟难度较大。同时，土壤含水量与作物的需耗水关系密切，因此需要合理考虑作物耗水、灌溉的条件下土壤含水量的模拟计算。

(5) 改进枯季径流的模拟。已有的水文模型大都是基于洪水预报而产生的，传统的水文模型注重流域出口过程线的模拟，对洪峰、洪量、峰现时间的模拟要求很高，对于干旱事件下的低流量过程，模拟效果往往不尽如人意。水文干旱往往伴随着气象干旱，干旱灾害发生前和过程中，往往会有长时间的无雨期，流域内主要发生的是土壤水和河道水的蒸发、蒸腾、耗散，这对模型的蒸发模块和土壤水分运动模块提出了很高的要求。

此外，干旱资料和数据的匮乏增加了其模拟预报的难度。一是干旱半干旱地区的降水过程在时间和空间尺度上有较强的变异性，具有局地气候特点，现有站网的密度不足以准确反映降水的空间特征；二是墒情站网建设不完善，缺少可以用来校准土壤含水量的实测数据，土壤水模块在水文模型中往往是各种误差的垃圾箱，计算结果误差很大，而在干旱预测中，土壤含水量是很重要的变量。如何选择合适的模型，提高土壤含水量的计算精度，是一个难点。目前我国拥有的流量站点大多是为报汛服务的，枯季流量缺测严重，且受人类活动影响的资料难以获取，使得真实的流量无法得到还原。

7.2 鄱阳湖流域分布式水文模型构建

7.2.1 VIC 水文模型介绍

VIC(variable infiltration capacity)模型是由 Washington 大学、California 大学 Berkely 分校以及 Princeton 大学的研究者基于 Wood 等的思想共同研制出的大尺度分布式水文模型，也可以称之为“可变下渗容量模型”。VIC 模型已成功应用于全球不同的流域研究(Lilhare et al., 2020; Dash et al., 2021; Su et al., 2024)，可同时对水循环过程中的能量平衡和水量平衡进行模拟，弥补了传统水文模型对能量过程描述的不足。在实际应用中，VIC 模型也可只进行水量平衡的计算，输出每个网格上的径流和蒸发，再耦合汇流模型将网格上的径流转化为流域出口断面的流量过程。VIC 模型将流域划分为若干网格，每个网格都遵循能量平衡和水量平衡原理来模拟水循环的各个过程，这些过程主要包括：土壤蒸发 E、地表截留蒸发 E_c、蒸散发 E_t、侧向热通量 L、感热通量 S、长波辐射 R_L、短波辐射 R_S、地表热通量 τ_G、下渗 i、渗透 Q、径流 R 和基流 B。作为分布式水文模型，VIC 模型具有一些显著的特点，比如对于水循环过程，同时考虑水分收支和能量收支过程；同时考虑了积雪融雪及土壤冻融过程；同时考虑了冠层蒸发、叶丛蒸腾和裸土蒸发；同时考虑了地表径流和基流两种径流成分的参数化过程；考虑了基流退水的非线性问题。对于次网格，分别考虑了地表植被类型的不均匀性、土壤蓄水容量的空间分布不均匀性和降水的空间分布不均匀性(图 7-2)。

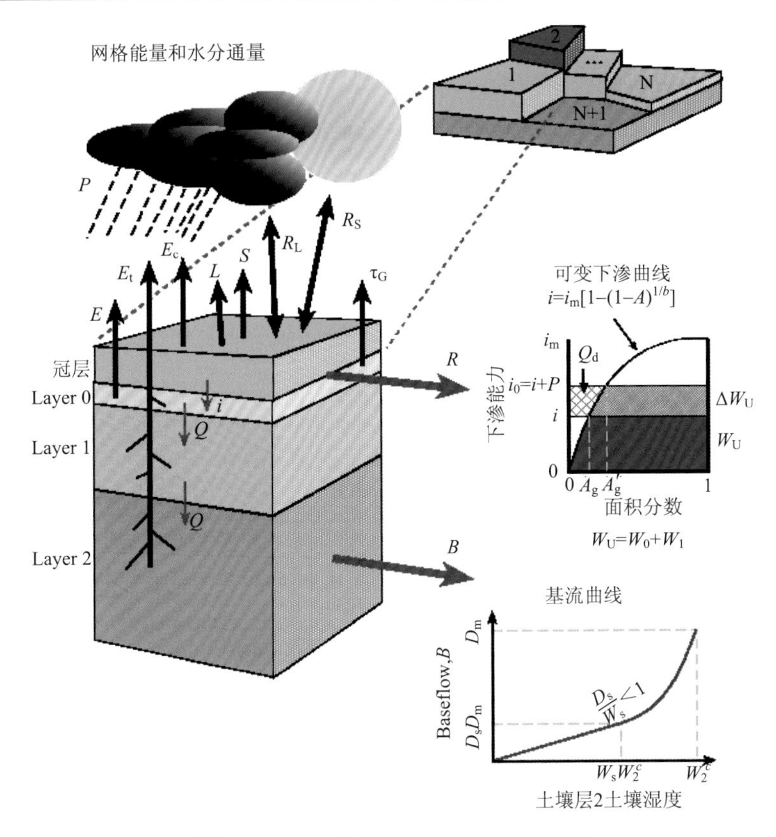

图 7-2　VIC 水文模型产流模块示意图

7.2.2　水文模型驱动数据准备

VIC 模型分为产流模块和汇流模块两个部分。产流模块的驱动数据包括气象驱动数据和下垫面数据。

气象驱动数据包括日降水、最高气温、最低气温和风速。气象数据来源于国家气象科学数据中心的中国地面气候资料日值数据集（V3.0）（https://data.cma.cn/），时间为 1960～2015 年，时间步长为日。采用 IDW 插值算法将站点气象数据插值到 0.05°×0.05°网格。

下垫面数据包括高程数据、土壤数据和土地利用数据。高程数据来自 shuttle radar topography mission digital elevation model（STRM 数字地形数据集）（http://srtm.csi.cgiar.org/），分辨率为 90 m。从中提取鄱阳湖流域的 DEM 数据，通过 ArcGIS 重采样工具，将流域的 DEM 离散为 0.05°×0.05°的数字地形单元（图 1-3）。

土壤数据来自联合国粮农组织（FAO）和维也纳国际应用系统研究所（IIASA）

所构建的世界土壤数据库(harmonized world soil database v1.2)数据集，中国境内数据源为第二次全国土地调查中国科学院南京土壤研究所提供的 1∶100 万土壤数据，空间分辨率为 0.05°。VIC 模型中土壤共划分为 3 层，通过 SPAW 模型的 soil water characteristics 模块，计算了土壤的水力学性质，包括饱和导水率、田间持水量、凋萎含水量、饱和含水量，构建了 VIC 模型土壤参数文件。

植被覆盖数据来自 The Global Land Cover by National Mapping Organizations (GLCNMO) v3 数据集，该数据集由 ISCGM 秘书处、日本地理空间信息局(GSI)、千叶大学和当地国家或地区的 NGIA 合作开发，使用 MODIS 数据和遥感技术制作，空间分辨率为 500 m。利用 ArcGIS 平台统计了每个网格的植被类型及面积比，作为 VIC 模型的植被参数文件(图 7-3)。

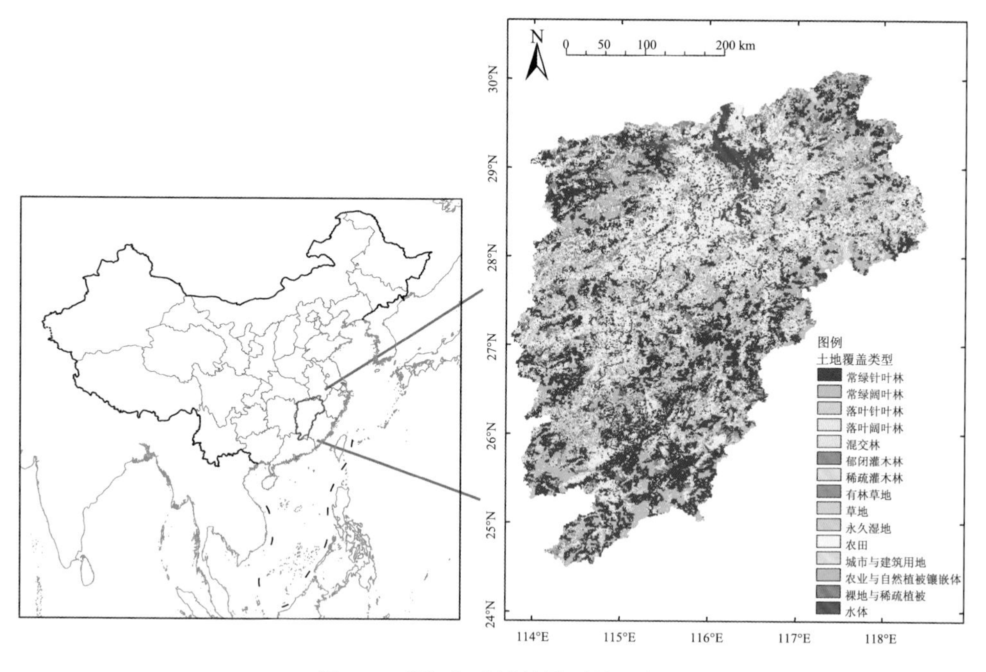

图 7-3　鄱阳湖流域植被覆盖分布

汇流模块需要的输入文件主要是网格流向(图 7-4)。利用 Arc Hydro 工具箱中的 FlowDirection 工具，基于 D8 算法提取了各网格的流向，并根据实际河流进行了校正，最终得到的流域汇水路径(图 7-4)。最后提取的网格流向与实际河流水系基本一致。

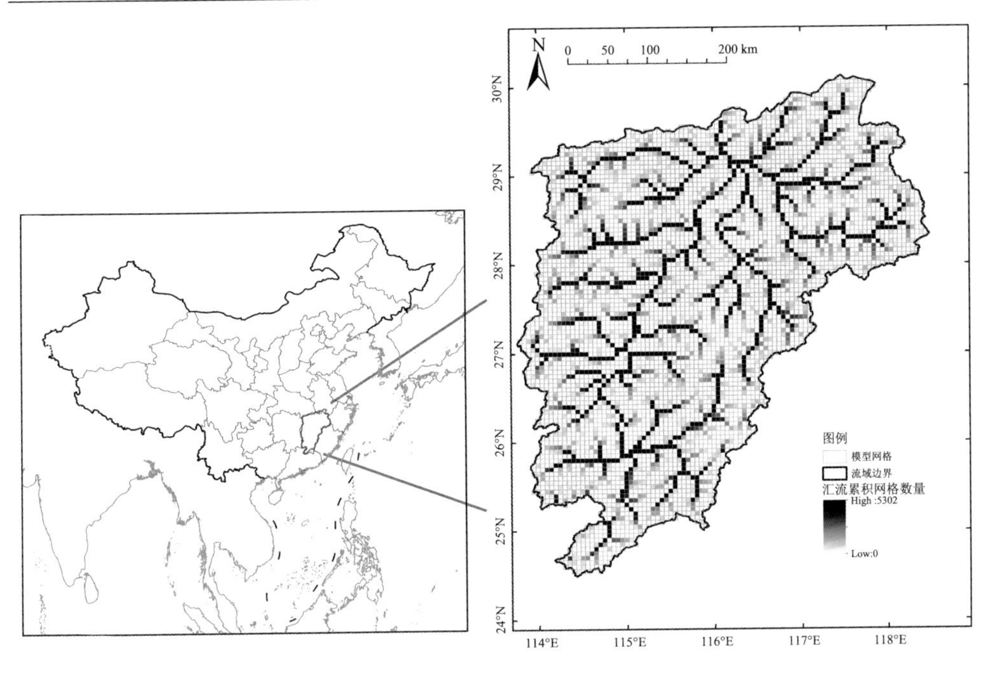

图 7-4　汇流模块网格汇流示意图

7.2.3　水文模型参数率定

以纳希效率系数为目标函数，基于 1960～2015 年的水文站月实测径流量对模型进行了参数率定。需要率定的参数含义及率定结果如表 7-1 所示。

表 7-1　主要参数率定结果表

参数名称	含义	取值
b_{infilt}	可变下渗曲线形状参数	0.47
Ds	非线性地下径流产生时地下径流占 Ds_{max} 的百分比	0.27
Ds_{max}/(mm/d)	深层土壤可产生的最大地下径流	3.93
Ws	非线性地下径流产生时，深层土壤含水量占最大土壤含水量的百分比	0.26
d_1/m	表层土壤厚度	0.1
d_2/m	中层土壤厚度	0.1
d_3/m	下层土壤厚度	1.55

7.3 鄱阳湖流域VIC水文模型模拟

7.3.1 基于VIC模型的径流量模拟结果分析

通过不断寻优模拟得到最终的模拟结果，计算鄱阳湖流域主要水文站点的相对误差E_r和纳希效率系数NSE，结果见表7-2。从模拟结果中可以看出，VIC模型在鄱阳湖流域的模拟情况，基本反映了月径流的变化趋势。在长达55年的模拟期内，径流量最大的外洲站多年径流总量相对误差为5%；对于反映流量过程吻合程度的纳希效率系数，外洲站达到了0.89，反映出模型在赣江流域的模拟效果显著，基本重现了历史水文情势。除观测数据缺失的虬津站以外，其他站点的纳希系数都在0.75以上；除万家埠和李家渡站，其他站点的相对误差均在20%以内。

表7-2 鄱阳湖水文站点的径流模拟结果

站点名称	纳希效率系数	相对误差/%
虬津	0.49	−8
万家埠	0.79	30
外洲	0.89	5
李家渡	0.85	25
梅港	0.79	−19
虎山	0.78	−3
渡峰坑	0.82	20

图7-5和图7-6分别对比了VIC模拟径流与月实测径流在率定期内的年际变化和年内季节变化。结果显示，VIC模拟值与实测径流序列在所有站点的NSE值接近或超过0.80，其中外洲站更是达到0.89，这表明校正的VIC模型能够较好地重现观测径流的年际变化。在年内季节变化方面，VIC模型总体上能够合理地捕捉实测径流的丰枯变化。以外洲站为例，VIC模拟径流与实测值均显示径流峰值出现在6月，峰值流量为5000 m^3/s；而冬季月份(12月～次年2月)为枯水期，流量一般维持在1000 m^3/s。从多年平均尺度上，除万家埠和李家渡外，VIC模拟与观测径流两者的相对误差均维持在20%以内，表明两者基本吻合。上述评估表明，经过率定的VIC模型能够成功重现鄱阳湖流域径流的年际和年内丰枯变化，真实地反映流域径流的长期趋势。

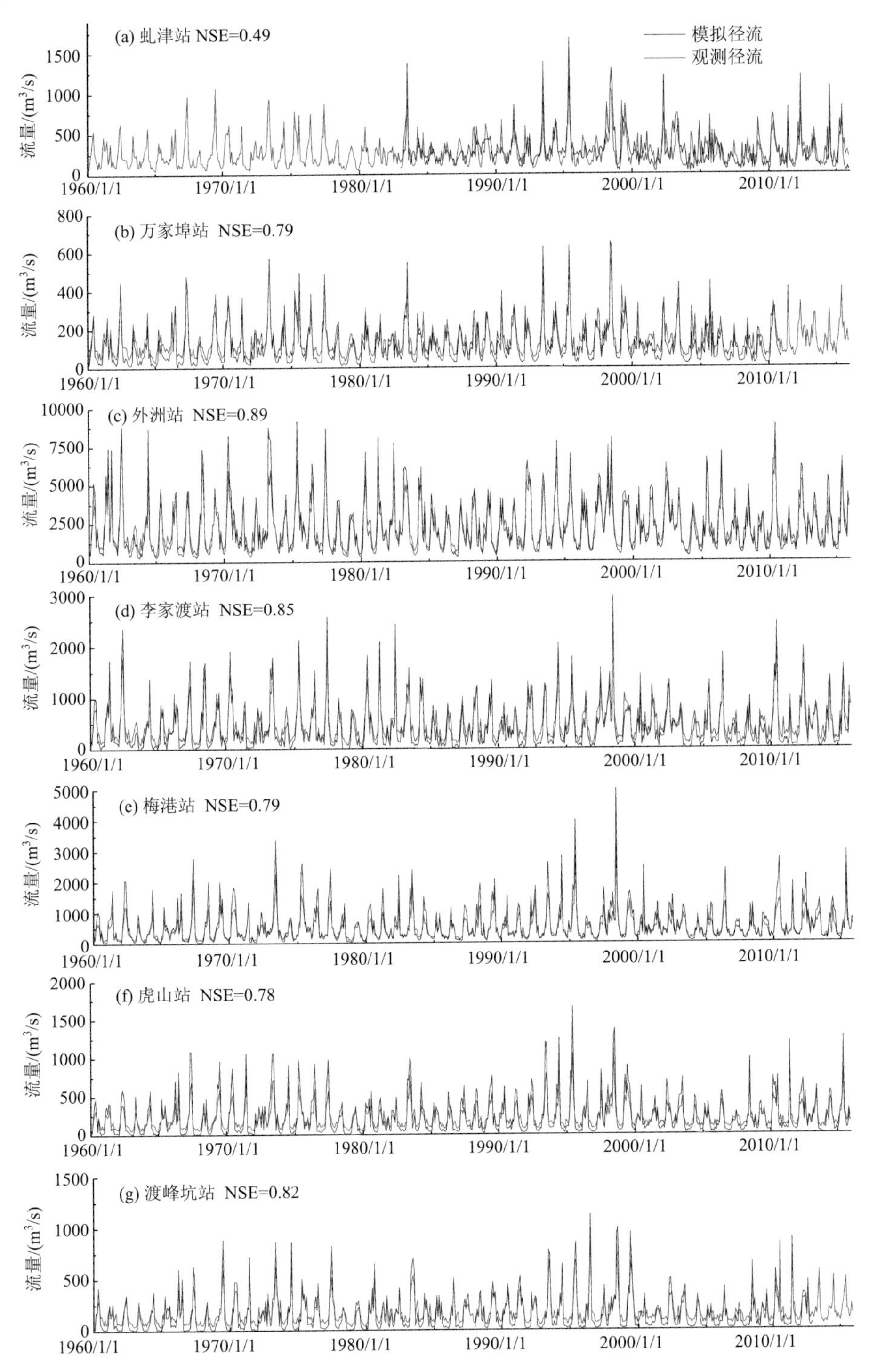

图 7-5　VIC 模拟值与实测月径流在 1960～2015 年的序列对比图

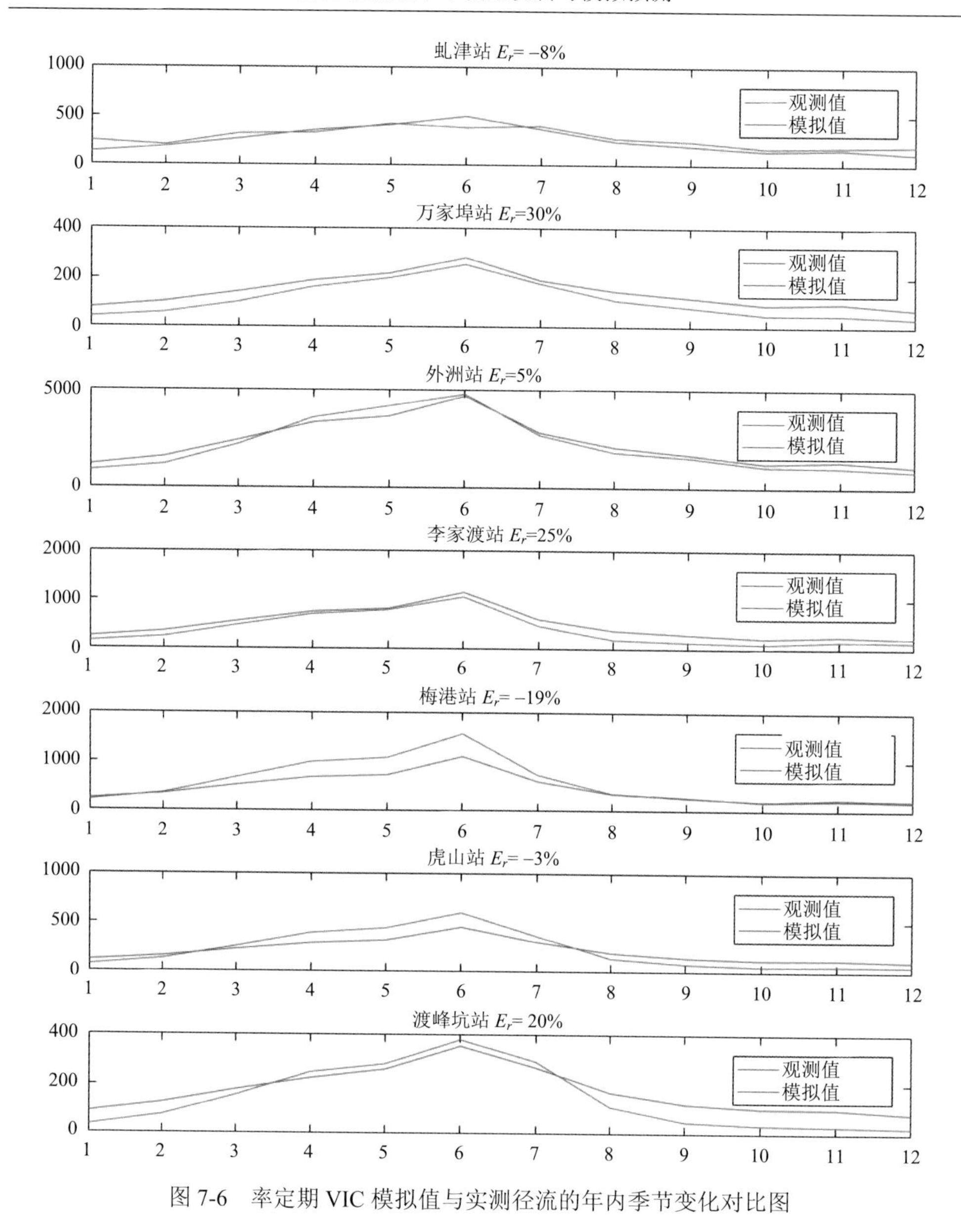

图 7-6　率定期 VIC 模拟值与实测径流的年内季节变化对比图

在 VIC 模型模拟鄱阳湖流域的径流模拟结果图 7-5 中可以看到，模拟径流和实测径流的基本趋势一致，月径流所反映出的水文季节规律基本能被模型捕捉到。但是，在修水(虬津和万家埠站)，模型模拟效果相对于其他流域偏低。造成模型模拟误差的可能原因如下：

(1) 模型自身的不确定性。由于 VIC 水文模型的复杂结构以及庞大的参数系统，虽然赋予了各种参数明确的物理意义，但参数的确定仍然运用了概化、均化以及公式计算的确定方法，造成了模型在模拟水文过程中的各相关物理过程时存在许多不确定性。

(2) 模型自身的局限性。由于 VIC 模型没有考虑人类活动对径流的影响，模拟的是天然径流，而本书得到的实测数据并非天然径流，存在人为干扰因素，所以模型模拟的峰值与实测吻合程度相对较差。甚至有时会出现季节性差异，个别时段的峰值会出现偏差，都可能是由水库的季节性控制造成的。

(3) 降水站点分布不均匀。对于控制面积较大的站点，如外洲站，控制流域内气象站点数量较多，模型输入的降水和实际降水较为接近，提高了模型模拟的准确性。对于控制面积较小的站点，如万家埠站，控制流域内气象站点数量少，甚至没有气象站点，导致模型无法刻画流域内降水的空间分布不均匀性，从而影响径流模拟精度。

7.3.2　基于 VIC 模型的土壤含水量模拟结果分析

根据 VIC 模型对鄱阳湖流域的水文数值模拟，提取流域模拟结果中的土壤含水量数据，统计鄱阳湖流域从 1960～2015 年的土壤含水量数据，得到流域土壤含水量数据随时间的变化曲线如图 7-7 所示。总体可知，土壤含水量的季节性变化基本与降水变化一致，没有明显的年际变化趋势。

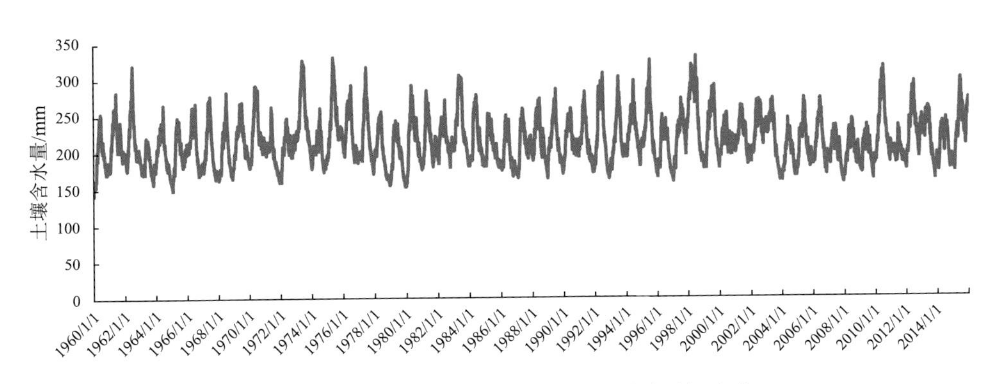

图 7-7　鄱阳湖流域的平均土壤含水量随时间变化

7.4　流域径流干旱模拟

基于收集整理的流域内 27 个地面气象台站 56 年(1960～2015 年)的观测序列，本节利用 SYMAP 插值算法(考虑海拔对温度的影响)，将各站点降雨、温度和风速等变量逐日观测插值到0.05°的空间网格，生成一套起止年份为1960～2015年、时间分辨率为日尺度、空间分辨率为0.05°，包含降雨、最高气温、最低气温和风速四个气象变量的VIC模型气象强迫输入数据。

模型所需要的陆面参数主要包括高程信息、地表植被类型及各类型参数、土壤参数信息。其中，地面高程信息是基于美国地质调查局全球1 km DEM数据重采样获取。植被分类采用Maryland大学发展的1 km全球植被分类数据(划分为14类陆面覆盖类型)；各植被类型参数库文件和植被参数文件由先前开发的全国0.25°VIC模型植被参数文件重采样到0.05°获取。上述植被类型及其对应的特征参数在模型运行过程中均保持不变。基于联合国粮农组织(FAO)提供的全球5′的土壤数据集，本书利用网格所占面积比例最大的土壤类型及其对应的土壤参数，生成空间分辨率为0.05°的网格化土壤参数文件。其中，在土壤参数文件中，一些与产汇流密切相关的参数(包括可变下渗能力曲线的形状系数，每层土壤的厚度及3个控制基流消退的参数)需通过比较模拟流量过程与实测流量过程的拟合程度来最终确定(即模型率定)。

为构建适用于鄱阳湖流域、空间分辨率为0.05°的VIC水文模拟，本书利用上文制作的鄱阳湖流域0.05°气象强迫数据集和陆面参数集驱动VIC水文模型，开展56年(1960～2015年)的历史模拟。选取鄱阳湖流域虬津、万家埠、外洲、李家渡、梅港、虎山、渡峰坑主要干流水文站的长序列径流观测，选取1960～2015年对VIC模型进行参数率定。本书选取纳希效率系数和相对误差两个常用的指标，定量评估模型率定的效果。

图7-8展现了鄱阳湖流域6个水文站点干旱时期2022年7月～2023年1月单位线法和马斯京根法径流预报过程对比图。结果显示：改进后VIC模型用于预报时，更好地捕捉到了洪峰和低流量过程。将旱期和枯季径流的过程线进行放大，追踪其水文过程线。图7-9为2022年7月～2023年1月鄱阳湖六个站在旱期的低流量预报结果，其中红色线和蓝色线标注了与历史同期第25和75百分位数对应径流过程。对于低于历史同期第25百分位数的流量，属于偏干状态；对于高于历史同期第75百分位数的流量，属于偏湿状态；对于介于历史同期第25和75百分位数的流量，代表历史正常状态。从图中可以看出，六个站点的径流总体上处于偏干状态(径流低于历史同期第25分位数对应径流量)，在2022年9月12日和12月24日左右径流量明显大于历史同期第75分位数对应径流量，这与对应日期的水库调度补水有关。

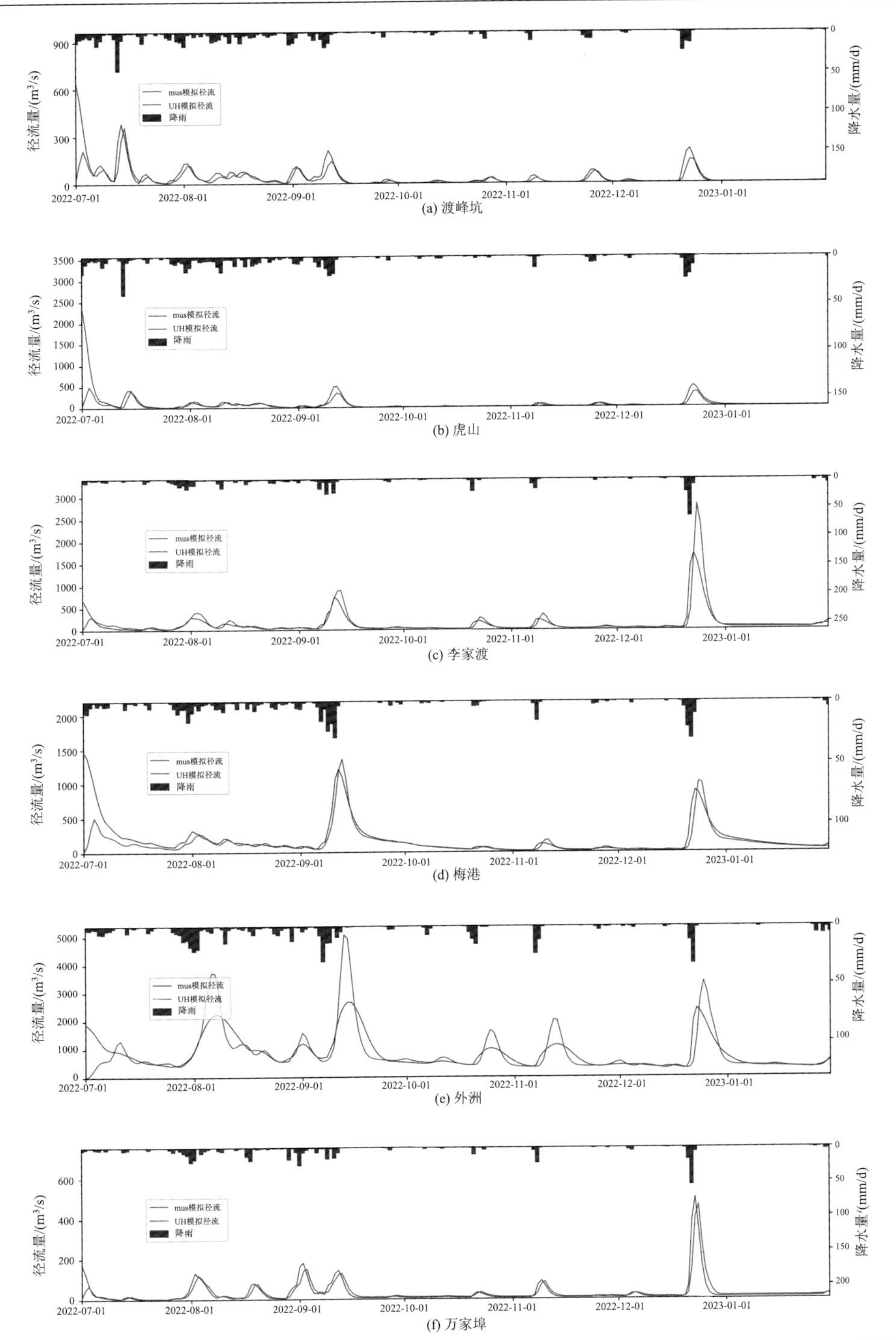

图 7-8　2022 年 7 月～2023 年 1 月鄱阳湖 6 个水文站基于改进后马斯京根法的径流预报结果

mus：马斯京根法计算径流量；UH：单位线法计算径流量

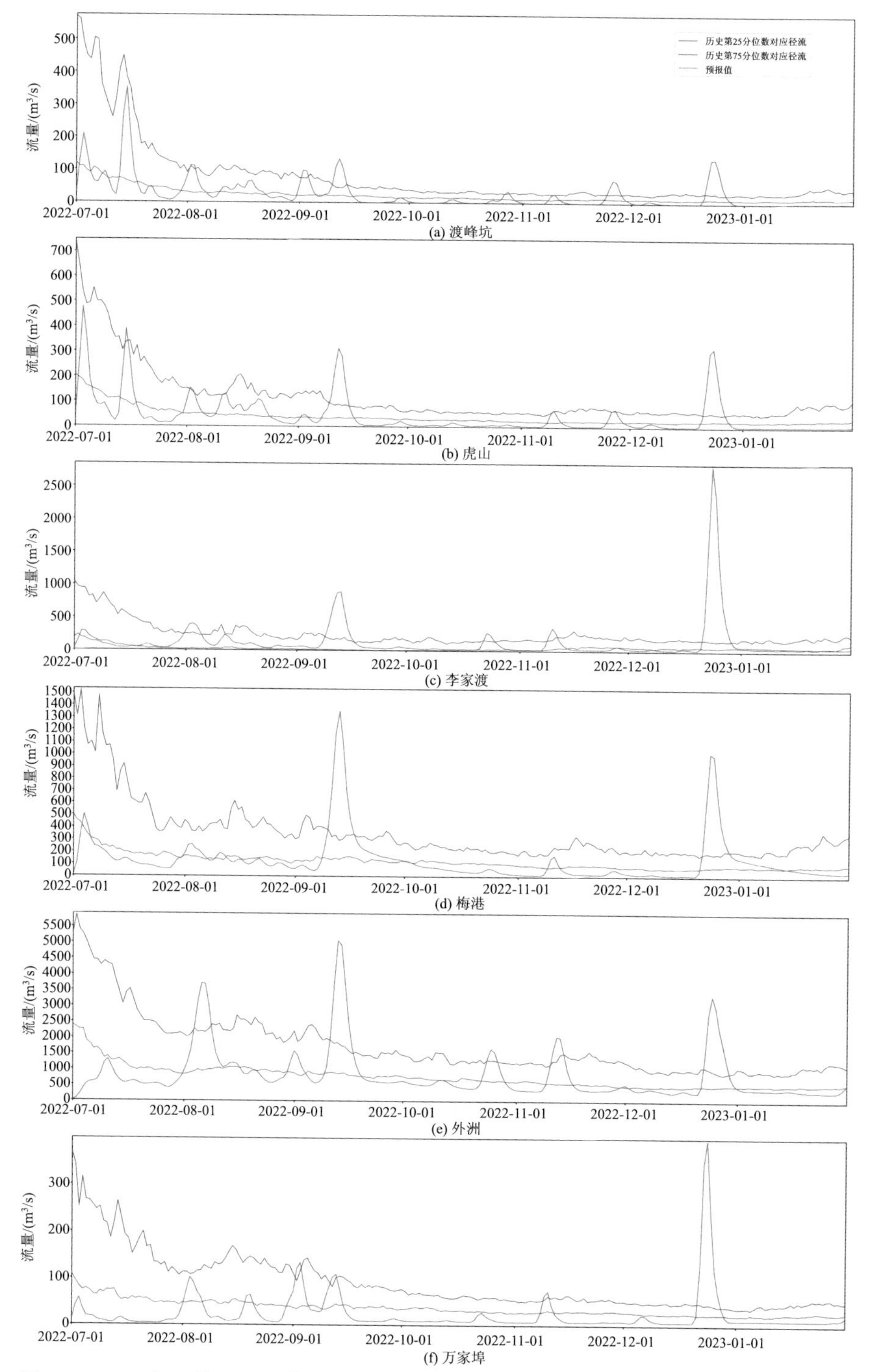

图 7-9　2022 年 7 月～2023 年 1 月鄱阳湖六个水文站基于改进后模型的径流预报结果

7.5　流域土壤干旱模拟

针对鄱阳湖流域三场典型干旱事件 1997 年 2～7 月、2011 年 2～7 月和 2014 年 5～10 月的径流过程线和土壤含水量百分位数进行模拟，重现当时干旱事件的演变情况。表 7-3 给定了土壤含水量百分位数干旱等级划分的阈值。

表 7-3　土壤含水量百分位数干旱等级划分阈值

等级	类型	土壤含水量百分比
D1	轻旱	20%～30%
D2	中旱	10%～20%
D3	重旱	5%～10%
D4	特旱	5%以下

图 7-10 和图 7-11 分别为鄱阳湖流域 1997 年 2～7 月月尺度土壤水排频百分位数和农业干旱等级分布图。从图中可以看出，1997 年 2 月鄱阳湖流域北部呈轻旱状态，南部较为湿润；3 月整个鄱阳湖达到此次干旱事件中最旱时刻，干旱程度由北到南逐渐递减；4～6 月流域北部部分地区仍呈中旱状态，环鄱阳湖地区干旱形势稍显严重；7 月迎来鄱阳湖流域的有效降雨过程，流域干旱情况彻底得到好转，全流域呈湿润状态。整体而言，流域北部的万家埠站在 1997 年 2～7 月均呈重旱状态，流域东北部的梅港、虎山和渡峰坑站在不同月份呈不同级别干旱，其中以 3 月、5 月和 6 月旱情最为严重，流域中南部的外洲和李家渡站在 3 月呈现轻旱到中旱状态。

图 7-12 和图 7-13 分别展示了 2011 年 2～7 月鄱阳湖流域土壤水排频百分位数和干旱等级空间分布图。从图中可以看出，2011 年 2 月是鄱阳湖流域旱情发展初期，东北部和西北部呈中旱状态，其他地区出现轻旱；3 月鄱阳湖流域干旱趋势整体加重，其中东北部呈特旱状态，其余地区呈中旱到重旱不等；4 月达到此次干旱事件中最旱时刻，鄱阳湖全流域均为特旱状态；5 月流域南部干旱状态略由特旱向重旱过渡，但整体形势依旧很严重；6 月流域北部旱情得到显著好转，但中部及南部地区仍处于中旱至重旱状态；7 月迎来鄱阳湖流域的有效降雨过程，流域干旱情况得到缓解。整体而言，流域北部的万家埠站在 4 月、5 月呈特旱状态，流域东北部的梅港、虎山和渡峰坑站在不同月份呈不同级别干旱，其中以 2～5 月旱情最为严重，流域中南部的外洲和李家渡站在 3～6 月均存在不同程度的干旱情况，其中 4 月干旱情况最为严重。

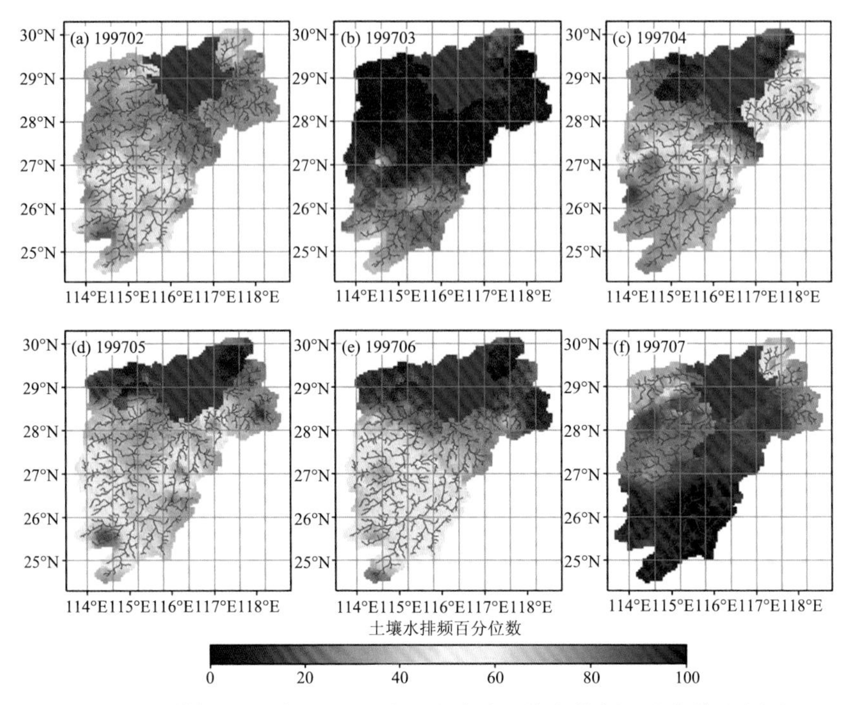

图 7-10　模拟 1997 年 2～7 月鄱阳湖流域土壤水排频百分位数分布图

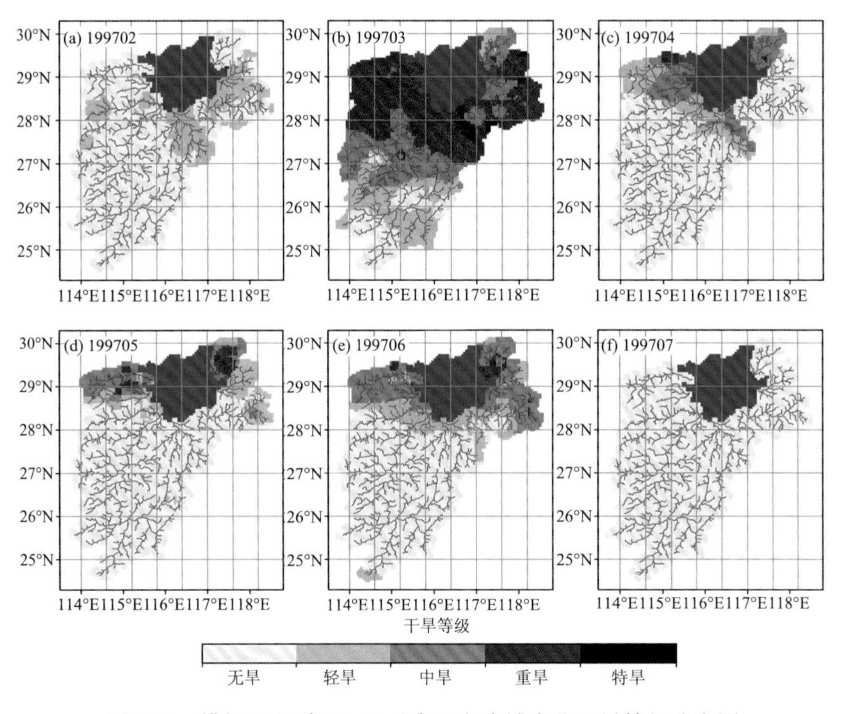

图 7-11　模拟 1997 年 2～7 月鄱阳湖流域农业干旱等级分布图

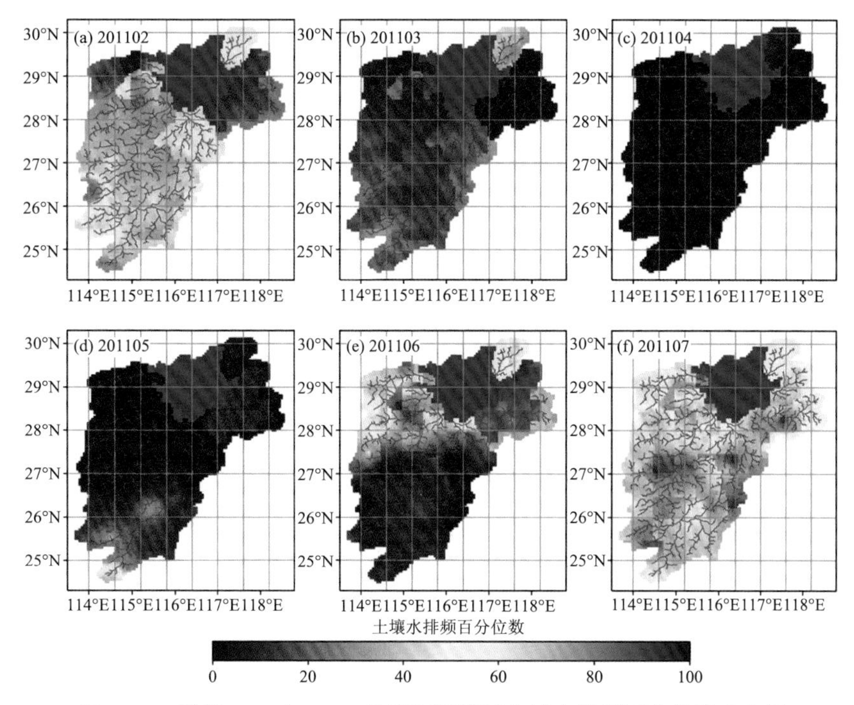

图 7-12　模拟 2011 年 2～7 月鄱阳湖流域土壤水排频百分位数分布图

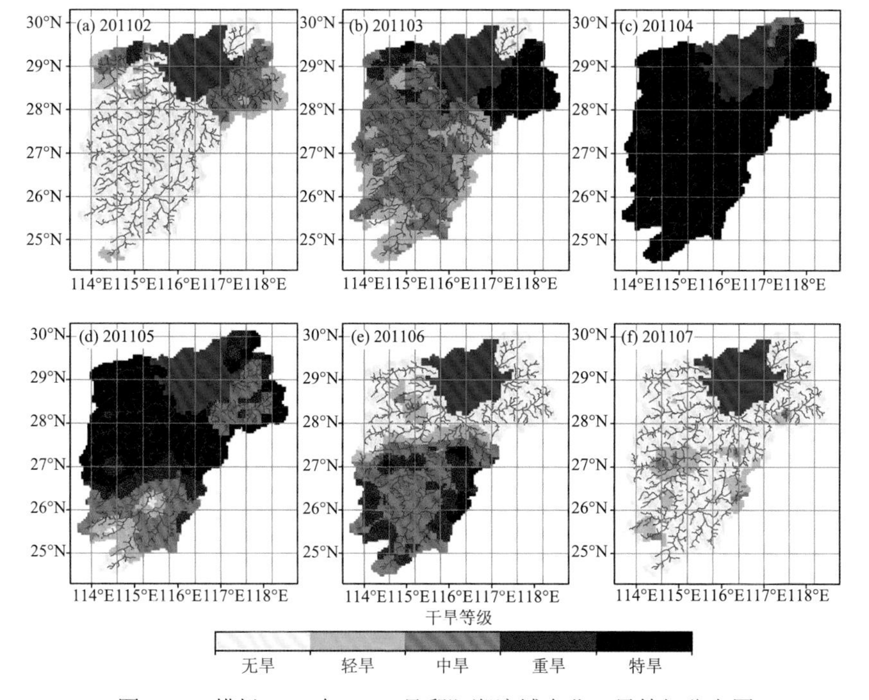

图 7-13　模拟 2011 年 2～7 月鄱阳湖流域农业干旱等级分布图

图 7-14 和图 7-15 分别展示了 2014 年 5～10 月鄱阳湖流域土壤水排频百分位数和农业干旱等级分布图。从图中可以看出，2014 年 5～6 月鄱阳湖流域西部和中部干旱严重；7～8 月流域进入汛期，干旱状况得到大幅度好转，除西南部小部分区域仍存在轻旱现象外，其余地区均呈湿润状态；9 月中南部地区干旱再次发生，但干旱范围较小，强度较低；10 月干旱形势加重，南部地区最为严重，达到特旱的强度，整体呈现由西南至东北递减趋势。整体而言，流域东北部的梅港、虎山和渡峰坑站以 5 月、6 月和 10 月旱情较为严重，流域中南部的外洲和李家渡站在 5 月和 10 月干旱情况最为严重。

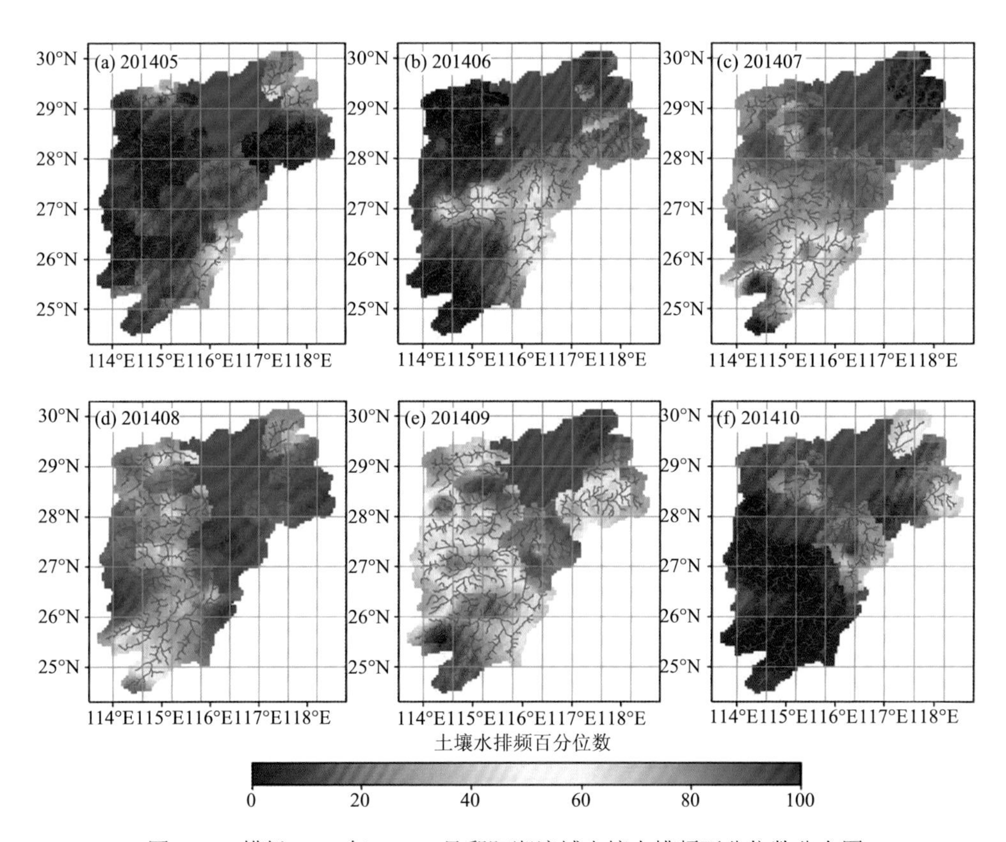

图 7-14　模拟 2014 年 5～10 月鄱阳湖流域土壤水排频百分位数分布图

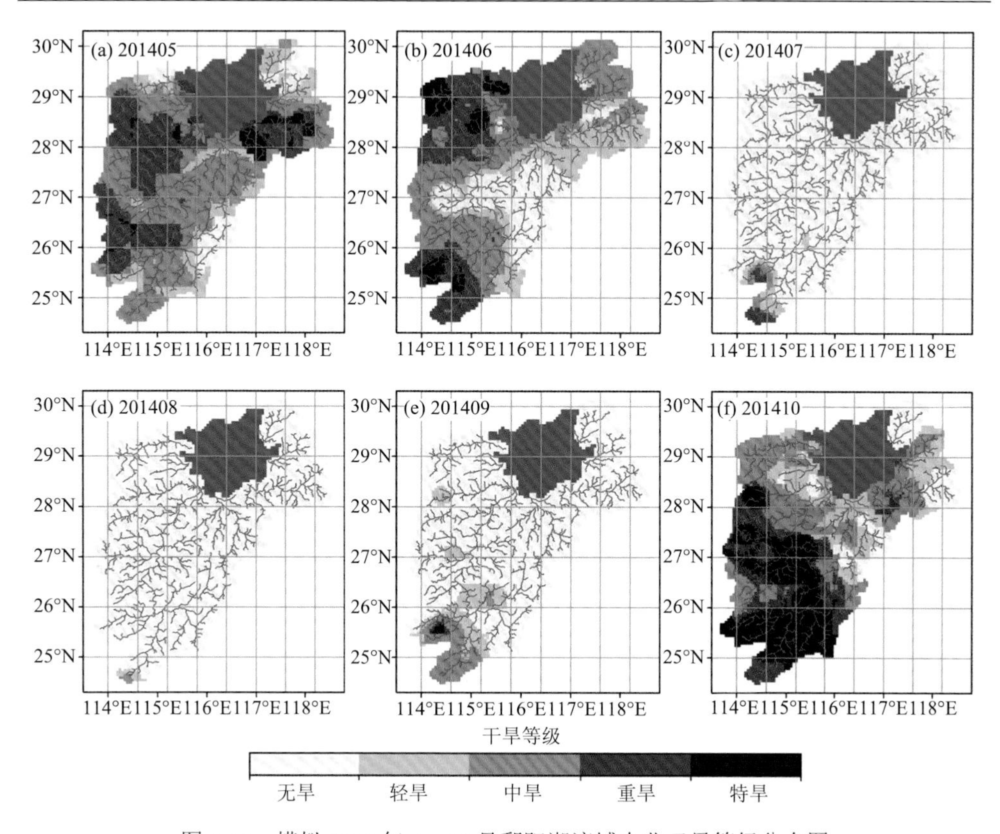

图 7-15　模拟 2014 年 5～10 月鄱阳湖流域农业干旱等级分布图

7.6　本 章 小 结

针对鄱阳湖流域水文干旱时空分布特征和驱动机制不明晰的问题，本章通过构建鄱阳湖流域水文干旱的全过程模拟框架，探究了鄱阳湖流域径流干旱和土壤水干旱的时空特征与发生机制。提出了面向干旱的分布式水文模型框架，进一步利用多源数据构建并率定了鄱阳湖流域分布式水文模型，模拟了流域历史长期水文要素，并验证了模型的径流量和土壤含水量模拟精度，最后揭示了鄱阳湖流域径流干旱和土壤水干旱的时空分布规律和潜在驱动机制。具体结论总结如下。

(1) 增加人类活动影响模块，设置合适的时间尺度，改进土壤含水量的模拟算法和枯季径流的模拟算法，可以显著提高水文模型在干旱时期的径流和土壤水模拟能力，使模型更适合干旱模拟与预测研究。

(2) 基于改进的 VIC 水文模型，构建并率定了鄱阳湖流域水文干旱模拟模型。基于观测径流的验证情况表明，模型反映了月径流的变化趋势，大部分站点纳希效率系数在 0.75 以上，除万家埠和李家渡站，其他站点的相对误差均在 20%以内。

(3)基于提出的水文干旱模拟框架，更好地捕捉到了洪峰和低流量过程，精确模拟了旱期枯季径流过程线。针对鄱阳湖流域三场典型干旱事件的回顾性模拟表明，模型重现了土壤水干旱的时空变化过程，揭示了气象干旱对土壤水干旱的显著影响。

第8章　鄱阳湖流域极端干旱对地表-地下水文情势的影响评估

地下水作为自然界水循环的一个重要组成部分，与地表河流湖泊等水体比较而言，通常具有水储量大、水质优良、难遭污染等多重特点，因而地下水往往被视为一种隐藏的、优质的备用水源地，其是极端气候变化和人类活动强烈干扰下湖泊湿地的重要水资源储备。在我国南方大江大河大湖等水资源丰富地区，地表水在陆地生态系统维持、工农业需水和生活用水等方面发挥着重要作用。但全球诸多地区，在湖泊和湿地长期发展和可持续利用过程中，地下水的实际价值与贡献潜力容易被忽视。长期以来，围绕河湖系统地表水资源变化以及水环境污染等问题取得相关进展颇多，但对水资源整体性的理解以及重视程度仍不够深入。越来越多的学者已逐渐认识到地下水在湖泊湿地水资源管理和保护中的重要地位，尤其是地下水资源在应对极端气候水文条件下的不可替代性。因此，综合研究和联合管理大湖流域的地表水和地下水资源，对整体认识流域水资源以及应对极端水文气象下的水安全问题具有重要意义。

近年来，受人类活动和气候变化的复合影响，全球各地干旱事件频发，广大学者开始重视干旱对水文情势和生态环境系统的影响及威胁，对清晰理解水资源衰减或维持机理具有实际意义。本章在极端干旱条件下鄱阳湖地表水文情势影响分析的基础上，阐明2018～2022年鄱阳湖流域地下水文要素和流场的时空分异特征，揭示影响鄱阳湖流域地下水位动态变化的自然因素及其相对贡献，重在解析2022年极端干旱条件下鄱阳湖流域地下水位的变化或改变状况，开展干旱背景下鄱阳湖流域地下水潜力分区评估，探明湖区地下水文对极端干旱的响应机制，可为湖泊流域水资源配置以及地方相关管理部门的抗旱调度提供重要科学支撑。

8.1　2022年极端干旱对鄱阳湖区气象水文的影响

8.1.1　2022年极端干旱的气象水文特征

根据鄱阳湖气象资料绘制的Pearson III型（P-III）曲线（图8-1），本书选择2018年作为参考年（P=67%）。此外，2018年的降水量（约1817 mm）接近1960～2022年的多年平均值（约1879 mm）。2022年的年降水量约为1599 mm（P=94%），被认为是最极端的干旱年份（或特大干旱年份）。根据对2022年观测结果的分析，降水主要集中在年初(1～6 月)，占全年降水量的 80%以上。然而 7 月以后，研究区降水大幅度下降，9 月甚至出现了整月无降水的情况，鄱阳湖出现伏旱现象。极端干旱年的蒸发量也存在年内分配不均的现象，在夏秋季节，尤其是 7 月降水减少以来，其蒸发量大幅度增加，其中 7～10 月的蒸发量约占全年 65%[图 8-2(a)]。整个湖泊流域经历了罕见的炎热干燥天气，与往年同期(即 6 月下旬～11 月中旬)相比，平均降水量减少了 60%。

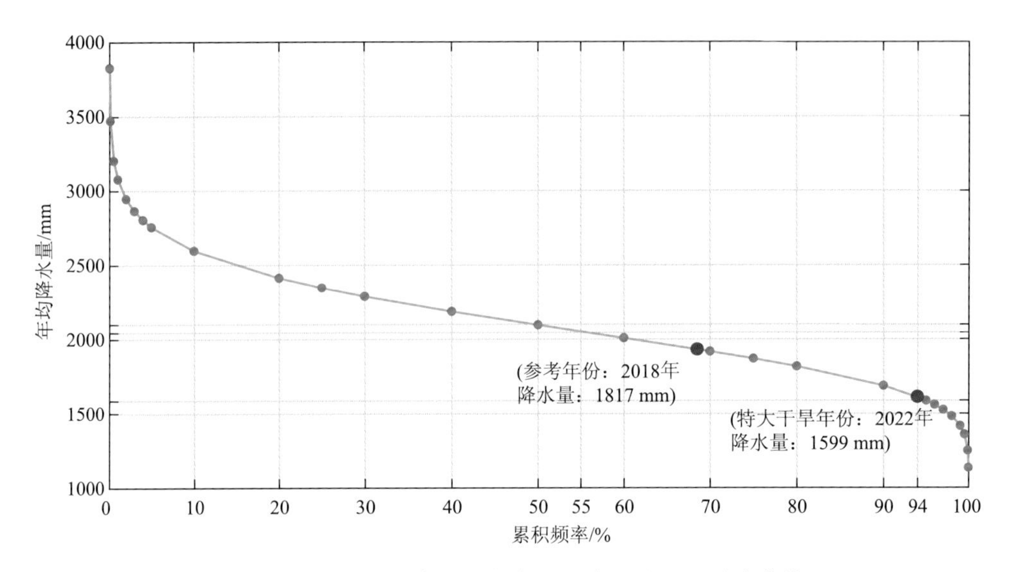

图 8-1　1960～2022 年期间的年累积降雨量 P-III 分布曲线

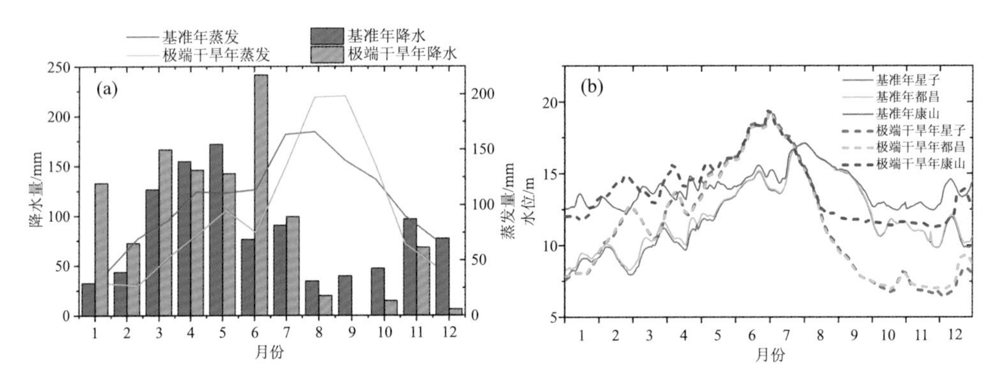

图 8-2　极端干旱年和基准年的降雨蒸发量变化(a)和湖泊水位变化动态(b)

通过图 8-2(b)清晰可见，6 月 23 日鄱阳湖星子站年最高水位 19.43 m，超警戒 0.43 m。自 7 月 9 日开始，星子站水位较多年同期水位由偏高转为偏低；8 月 6 日，鄱阳湖星子站水位退至 11.99 m，鄱阳湖提前进入枯水期，为 1951 年有记录以来最早进入枯水期的年份，较原最早出现年份(2006 年 8 月 22 日)提前 16 天，较 1951～2002 年平均状态提前 100 天，较 2003～2021 年平均状态提前 69 天；8 月 19 日，鄱阳湖星子站水位退至 9.99 m，鄱阳湖提前进入低枯水期，为 1951 年有记录以来最早进入低枯水期的年份，较原最早出现年份(2006 年 9 月 28 日)提前 40 天，较 1960～2002 年平均出现时间提前 100 多天(图 8-3)，较 2003～2021 年平均出现时间提前 78 天；9 月 6 日 8 时，鄱阳湖星子站水位退至 7.99 m，鄱阳湖提前进入极枯水期，再次刷新进入极枯水期最早记录，较原最早出现年份(2019 年 11 月 30 日)提前 85 天，较 1951 年有记录以来平均出现时间提前 115 天。从 12 m 退至 8 m，仅用 31 天，历史罕见，鄱阳湖平均退水速率达 0.13 m/d，日最大退幅达 0.33 m(8 月 5 日)，2022 年为有记录以来由枯水位退至极枯水位最快的年份；9 月 23 日 6 时，鄱阳湖星子站水位 7.10 m，刷新 1951 年有纪录以来历史最低水位(7.11 m，2004 年 2 月 4 日)，标志着 2022 年极端干旱达到了 60 年来最为严峻的干旱程度(年最低水位 6.48 m，近 60 年最低；如图 8-4 所示)。

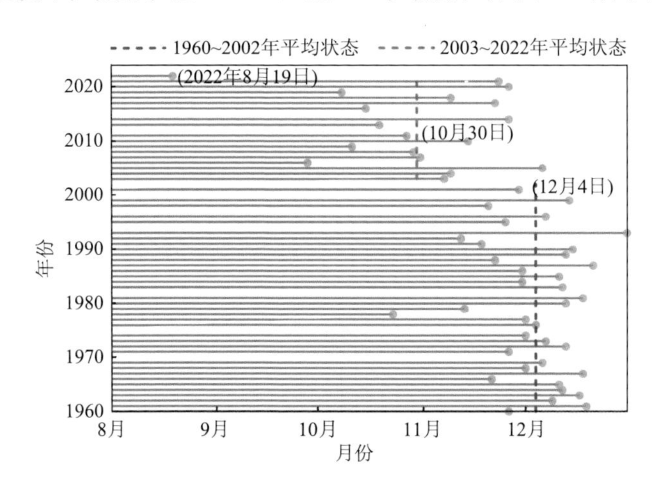

图 8-3　近 60 年鄱阳湖星子站进入低枯水位(约 10 m)的日期统计

10 月 30 日：2003～2022 年进入低枯水期的平均出现时间；12 月 4 日：1960～2022 年进入低枯水期的平均出现时间

由于干旱少雨，鄱阳湖流域五河赣江、抚河、信江、饶河、修水 7～10 月平均入鄱阳湖流量仅 1454 m^3/s，相当于多年平均值的 47%，位于 1956 年以来同期平均流量倒数第 1。赣江外洲站水位低于历史最低水位 0.40 m、抚河李家渡站低于历史最低水位 0.34 m。10 月，全流域 31 条集水面积大于 10 km^2 的河流断流。另外，鄱阳湖流域共有大型水库 31 座、中型水库 258 座、小型水库 10271 座，6 月底蓄满率分别为 94.2%、84.9%和 62.4%。至 10 月底，消落到死水位的中型水库 10 座、小型水库 3641 座，占总数的 35.4%；山塘干涸 56500 座，占总数的 30.8%；大型水库有效蓄水由 101.9 亿 m^3 减少到 82.3 亿 m^3，中型水库有效蓄水由 35.4 亿 m^3 减少到 17.6 亿 m^3，小型水库有效蓄水由 20.1 亿 m^3 减少到 7.3 亿 m^3(胡振鹏, 2023)。

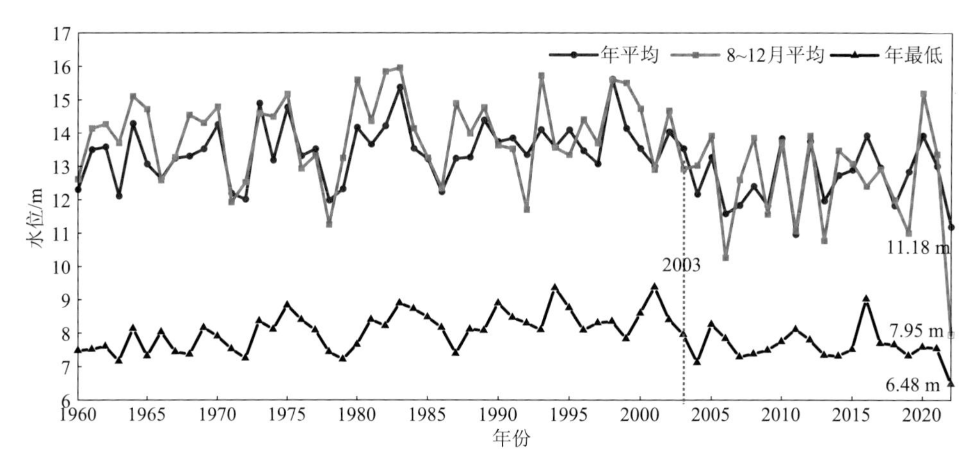

图 8-4　近 60 年鄱阳湖星子水文站年最低水位变化趋势图

为阐明 2022 年极端干旱对鄱阳湖区水位和水面积的影响，本节采用基于 MIKE 21 的鄱阳湖二维水动力学数值模型(Li et al., 2014, 2019)开展研究分析。模拟结果表明(图 8-5)，相较于 2000～2021 年夏秋季节来说，极端干旱年 8～11 月鄱阳湖水位下降明显(8～11 月平均水位 7.3 m，比多年平均偏低约 2～3 m)，湖泊水面积分别由多年平均的 2887 km^2、2659 km^2、2116 km^2、1362 km^2 减少至 1900 km^2、926 km^2、808 km^2、668 km^2，2022 年极端干旱年的湖泊水面积下降幅度介于 34%～65%之间，秋季水面积较同期平均减少 60%以上，湖泊“枯水一线”状态长达 4 个月之久。模拟结果进一步显示，9 月下旬，江西鄱阳湖国家级自然保护区 9 个碟形湖中，常湖池、象湖和蚌湖湖盆已经干涸，大汊湖与中湖池仅见局部低洼水面，沙湖、大湖池、朱市湖、梅西湖尚保留一定规模的水体，难以支撑鱼类与苦草等水生动植物的生存与繁衍。南矶山湿地国家级自然保护区洲滩植被、泥滩和水体面积分别为 192 km^2、155 km^2 和 36 km^2，地表覆盖类型比例严重失衡，保护区提前进入极枯水期。

8.1.2　2022 年极端干旱的社会经济影响

变化环境下鄱阳湖近 20 年来水文节律发生了显著调整，水位持续下降，干旱化趋势严重(张奇等, 2023)。根据气象、水文特征判断，2022 年鄱阳湖流域干旱是 1949 年以来最严重的干旱。

鄱阳湖 2022 年极端干旱给湖区经济社会和生态环境带来重大影响，引起了政府和社会的高度重视和广泛关注(胡振鹏, 2023)。截至 2022 年 10 月底，鄱阳湖全流域 1504 个乡(镇)530.6 万人受灾，农作物受灾面积达 70 万 hm^2，绝收面积 7.93

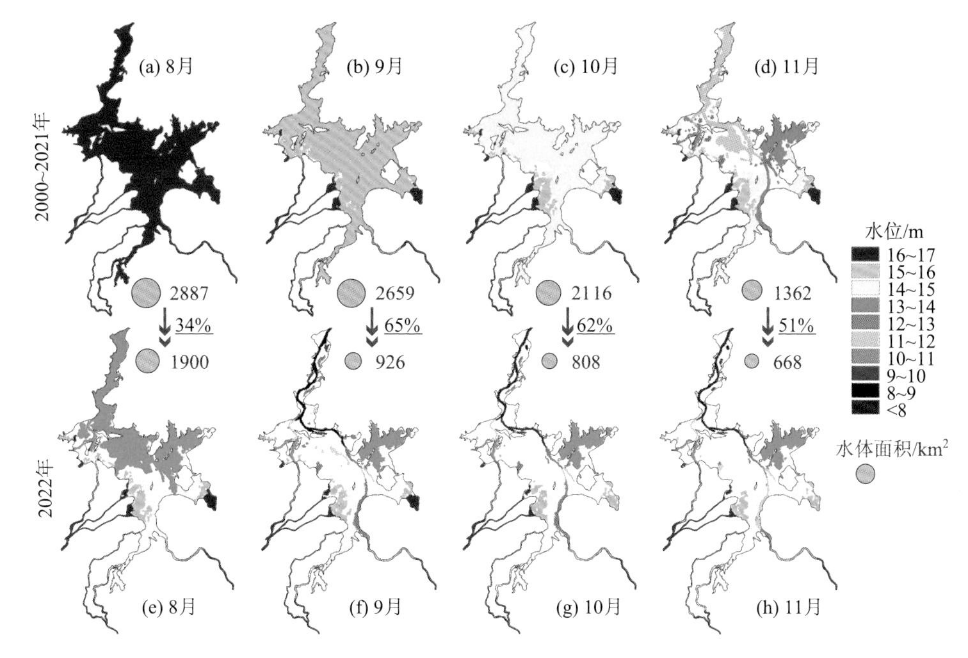

图 8-5　2022 年极端干旱对湖区水面积空间分布的影响模拟

万 hm^2；因旱饮水困难 1.9 万人，因旱生活需要救助 40.7 万人；直接经济损失约 71 亿元(表 8-1)。2022 年虽然旱情超历史，但旱灾并不是最严重的，其中各种水利措施在抗旱救灾中发挥了重要作用，使经济社会损失比过去的干旱小得多，但鄱阳湖湿地水文生态系统遭受了重创(Chen et al., 2023)。

表 8-1　鄱阳湖流域 2022 年与历史重灾年干旱灾害对比(修改自张奇等, 2023)

年份	受灾面积/10^3 hm^2	绝收面积/10^3 hm^2	受灾人口/万人	农业直接经济损失/亿元
1978	1445.72	249.82	1154.87	未获取
1986	962.67	102.00	1146.00	未获取
1991	1419.33	118.48	624.14	79.55
2003	1057.00	248.00	1709.10	210.79
2007	1018.95	113.03	1222.50	107.27
2011	518.40	25.30	755.40	15.57
2019	492.64	92.18	523.26	34.64
2022	700.00	79.33	530.60	71.00

8.2　鄱阳湖流域地下水文情势分析

8.2.1　流域地下水流场基本特征

鉴于鄱阳湖流域较为完善的地下水监测网络体系构建始于 2018 年，故本书选取 2018～2022 年开展鄱阳湖流域地下水文的相关分析研究。根据研究区气候条件、水文地质条件以及数据的可获取性，本书使用的基础数据主要包括数字地形高程(DEM)、地下水位、大气降水、地表温度(LST)和修正归一化差异水体指数(MNDWI)。本书使用的降水数据是根据东英格利亚大学气候研究所(Climatic ResearchUnit，CRU)发布的全球 0.5°气候数据集(https://data.ceda.ac.uk)以及 WorldClim 发布的全球高分辨率气候数据集(global climate and weather data WorldClim)，通过 Delta 空间降尺度方案在中国地区降尺度生成的，该数据集为逐月数据，空间分辨率约 1 km，采用 ArcGIS 批量提取出鄱阳湖流域范围内的降水栅格数据；鄱阳湖流域 2018～2022 年逐日地下水位数据，来源于江西省水文监测中心，共获取 116 口地下水监测井(潜水井)的水位数据，其中有少数点位分布在书中所采用的流域边界，但属于行政边界范围以内(图 8-6)，通过 ArcMap 中的克里金插值法对地下水位数据进行空间插值得到逐月地下水位栅格数据。地表温度(LST)数据和修正归一化差异水体指数(MNDWI)数据，基于谷歌地球引擎(Google Earth Engine，GEE)提取，MNDWI 提取使用的数据集为 LANDSAT/LC08/C02/T1_L2，LST 提取使用的为 MODIS 数据集。其中，由于每个年份的地表温度、水体提取结果中有部分地区云量覆盖较大，部分区域数据缺失，因此选择前后相

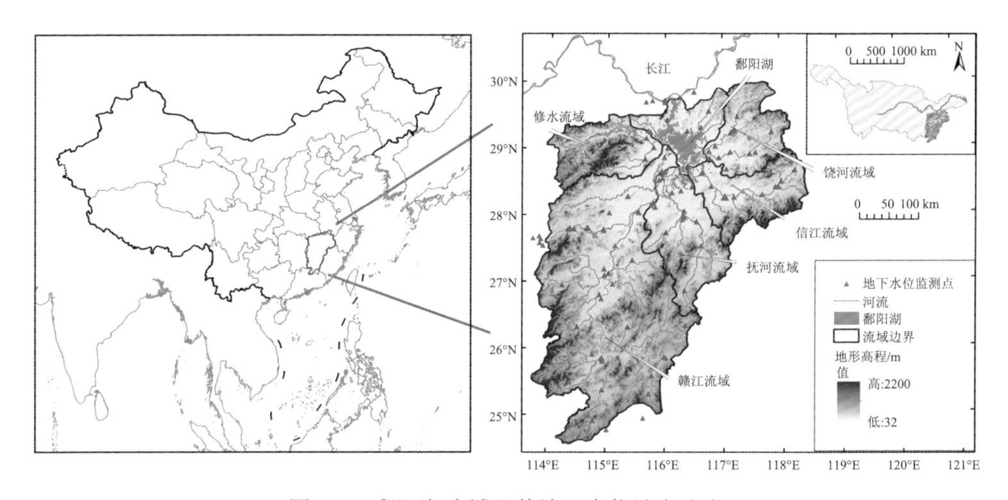

图 8-6　鄱阳湖流域及其地下水位站点分布

邻年份相同月份的提取结果进行插补，若仍有缺失，则用当年相邻月份进行填补。具体操作步骤为：选择研究区域和时段 5 年内的所有影像数据、筛选云量小于 20 的影像并去云处理、生成月度合成的地表温度(LST)和修正归一化差异水体指数(MNDWI)，得到初步的鄱阳湖流域 LST 和 MNDWI 栅格数据，最后将各类数据进行分区统计并连接到研究区格网上转换成矢量数据开展具体分析。

图 8-7 应用克里金插值法绘制了鄱阳湖流域多年条件下的逐月地下水位等值线图。结果可见，上游山区(南部)地下水位明显高于下游地区(北部)，最南部地区地下水位高达 200～300 m，中游地下水位主要在 40～100 m 之间，下游靠近鄱阳湖主湖区周边的地下水位约 20 m，总体表明整个流域的地下水位呈现出很强的空间差异性。在流域上游和中部地区，密集的等值线表明地下水水力梯度值较高，而在流域下游地区，两等值线间距越宽，表明地下水水力梯度值越低。由此可以推断，上游区域的地下水渗流速度更高，而在流域下游区域，地下水渗流速度普遍较低。通过图 8-7 地下水位等值线分布特征可知，地下水位总体上与地形高程变化较为一致，呈现出从上游山区逐渐向下游地区减小的变化趋势，地下水流向主要表现为由南向北、从周围山区向中间平原湖区流动的总体态势。从 1～12 月的流场空间格局来看，逐月的地下水流场格局几乎一致，逐月地下水位发生变化的区域主要体现在湖区附近局部范围。通过图 8-8 可知，鄱阳湖周边流域地下水流场与整个流域的地下水流场基本相符，地下水位从南向北递减，地下水流从周边区域汇入湖区，越靠近湖区地下水位越低；鄱阳湖平原区地下水位在月尺度上有明显的波动，尤其是湖区东侧、西侧地区地下水位变化显著；湖区周边地下水位在 15～35 m 之间，且 50%以上区域地下水位在 25 m 以内，地下水位在夏季、秋季变化明显。总的来说，鄱阳湖流域的地下水流场受地形地貌主导作用显著，年内流场的空间分布格局在不同月份基本保持不变，地下水从周边高海拔山区向下游平原区汇集，地下水流动系统可为集水区河流和低洼的鄱阳湖提供动态补给。

8.2.2　流域地下水位时空分异特征

依据本书获取的鄱阳湖流域 116 个监测点位逐日地下水位数据，分别计算出所有监测点位 2018～2022 年的地下水位变幅并统计不同变幅点位所占比例(图 8-9)。结果发现，近 5 年鄱阳湖流域地下水位上升或下降幅度主要介于 0～9 m 范围之间，地下水位变化幅度在 4～9 m 的监测点位主要分布在流域北部下游湖区周边地区。少部分变幅较大的监测点位分布在流域的中游地区，5 年中每年只有几个监测点的地下水位变幅大于 9 m；而上游南部地区监测点位地下水位变幅相对较小，变化幅度主要在 0～4 m 范围之间。此外，通过图 8-9 还可以发现，四周山区的地下水位上升或下降的幅度较小，距离河流较远的监测点地下水位上升或下降的幅度也较小。进一步统计近 5 年来地下水位变化幅度的空间分布情况可

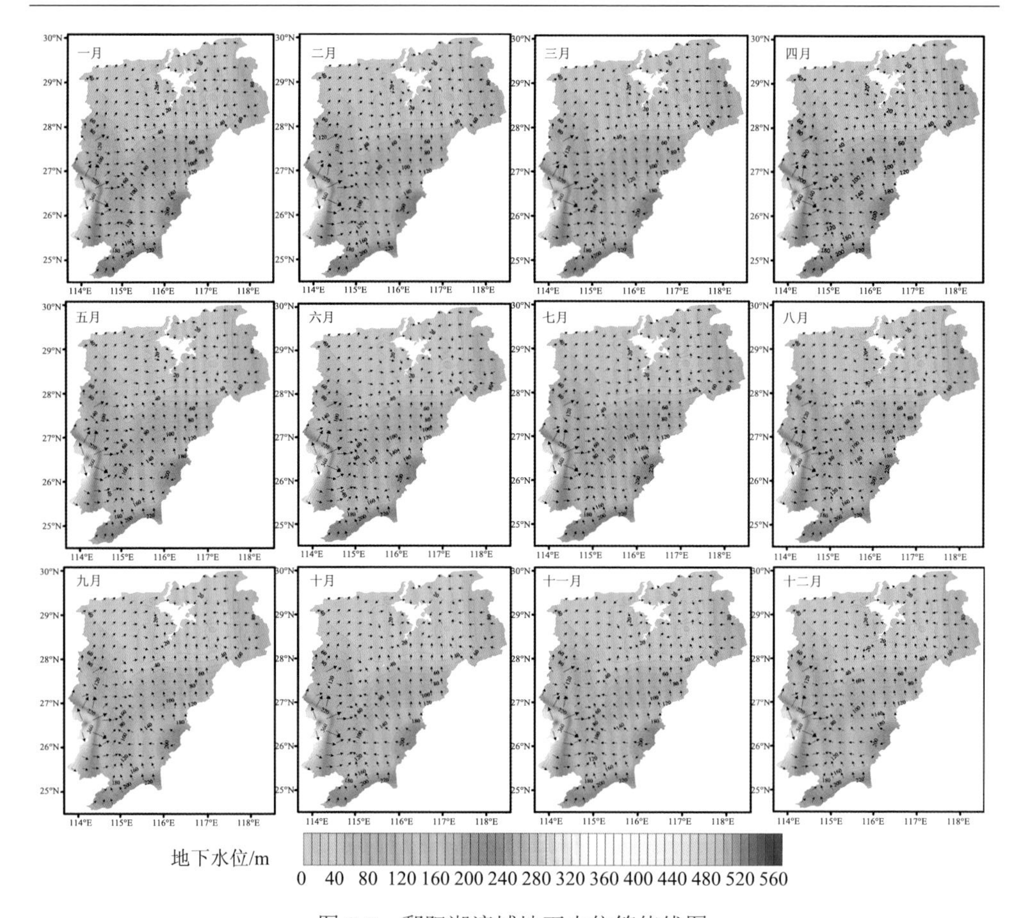

图 8-7　鄱阳湖流域地下水位等值线图

知，每年有 70%以上的监测点位地下水位变幅在 0～4 m 之间，其中 2018 年大约 90%的监测点地下水位变幅在 0～4 m 之间，并且 2018 年没有监测点位地下水位变幅大于 9 m；2020 年地下水位变幅在 4～9 m 之间的监测点相比于其他 4 年是最多的，主要是因为 2020 年鄱阳湖流域是典型丰水年，流域水量的显著增加对地下水位变幅带来很大的影响。总的来说，近 5 年鄱阳湖流域地下水位动态变化的空间格局较为稳定，湖区周边地区地下水位动态变化较大，这与鄱阳湖湖水位及主要河流水位的季节变化有关(图 8-10)，且鄱阳湖湖区周边含水层多为松散岩类孔隙含水岩组，富水程度较好。湖区周边地下水与湖泊水力联系较好，湖水、河流等地表水与地下水之间的补排关系是影响地下水位变化的重要因素，地下水位动态变化与流域内降水、地表水对地下水的补给、人工开采或补给地下水以及赋存地下水地形地质条件等因素有关。

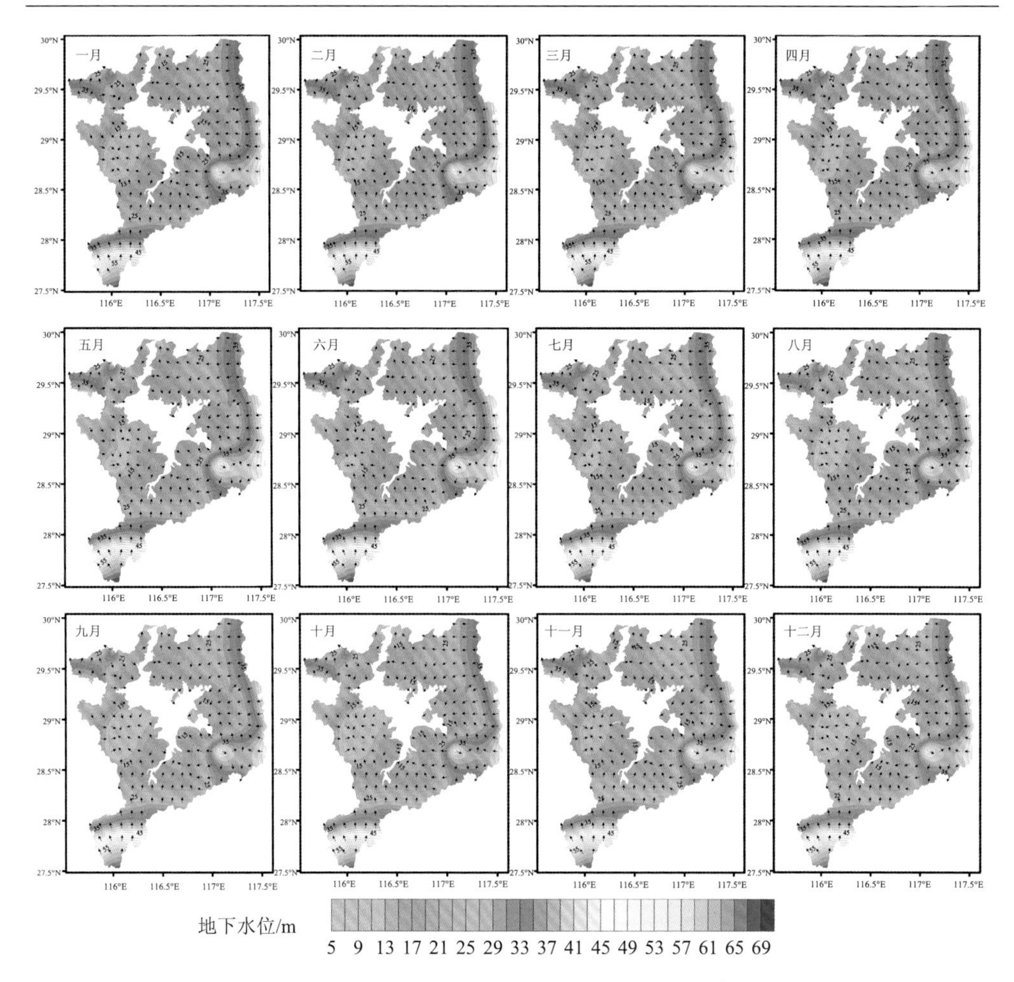

图 8-8　鄱阳湖周边局部区域地下水位等值线图

基于上述分析，图 8-11 进一步反映了鄱阳湖流域近 5 年地下水位在时间和空间上的变异程度。不难得出，鄱阳湖流域每年有 50%以上的区域地下水位变异系数小于 0.02。从空间上看，鄱阳湖流域下游湖区周边地区的地下水位变异程度明显大于上游山区，上游地区的变异系数基本小于 0.02，而下游湖区附近地下水位变异系数在 0.06～0.30 之间，空间上存在明显差异；年际变化上，2018 年湖区周边地区地下水位变异系数相比其他四年明显更小，并且地下水位变异系数在 0.06～0.30 之间的区域不超过 2%，2019~2022 年湖区周边地下水位变异系数增大且变异程度大的区域范围明显增加，地下水位变异系数在 0.06～0.30 之间的区域约占 10%，2018 年鄱阳湖流域地下水位变异系数在 0～0.01 的区域达 40%，2019～2022 年地下水位变异系数在 0～0.01 的区域只占 20%左右，表明 2019 年开始鄱阳湖流域地下水位动态变化更加剧烈。总的来看，鄱阳湖流域地下水位变异系数在空间上具有一定的分布规律，湖区周边人类活动密集，且地下水与湖水水力联系密切，可导致该区域地下水位呈现出较强的变异性。

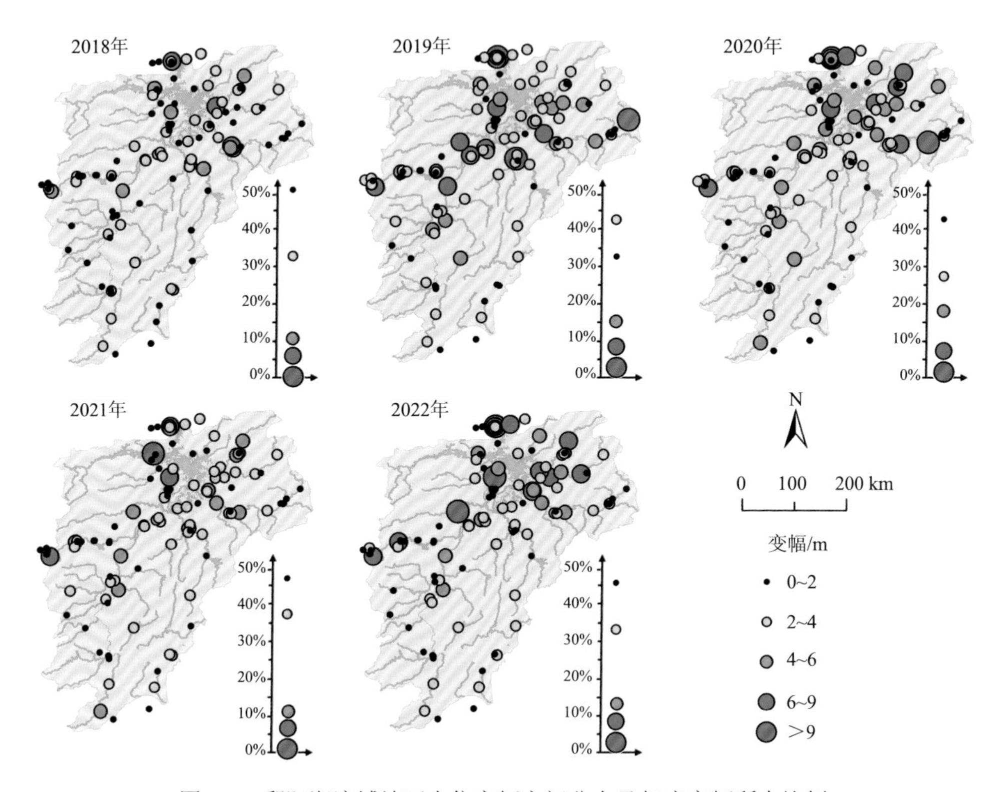

图 8-9　鄱阳湖流域地下水位变幅空间分布及相应变幅所占比例

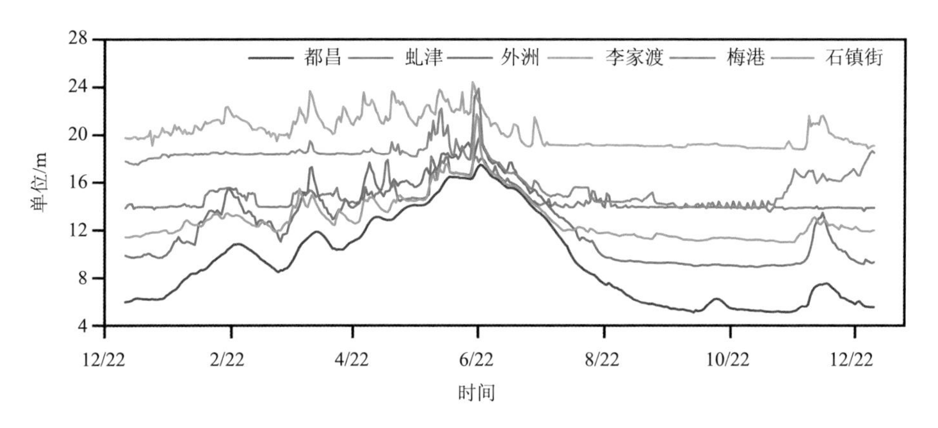

图 8-10　鄱阳湖及主要河流年内水位动态变化

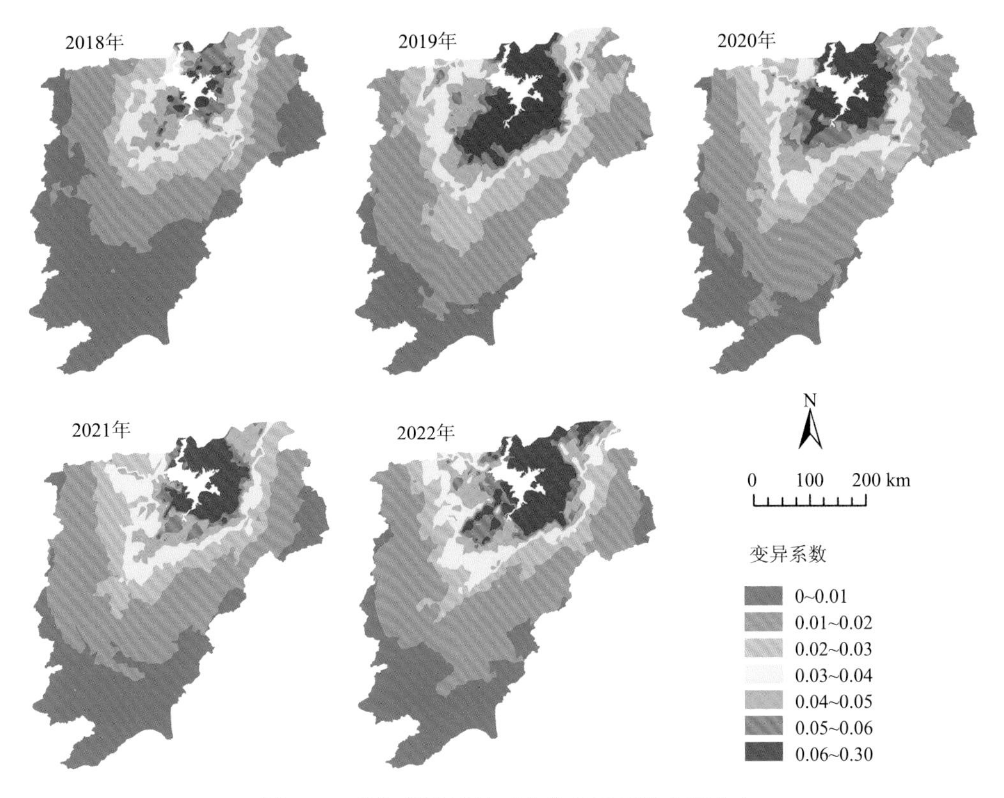

图 8-11　鄱阳湖流域地下水位变异系数空间分布

8.2.3　流域地下水位动态成因分析

GWR 模型运算结果表明，本书所选取的三个解释变量(或影响因子)的回归系数同时存在正值和负值，证明解释变量与地下水位变幅的关系在空间不同区域既存在着正相关关系又存在着负相关关系(图 8-12)。降水对地下水变幅的直接影响存在着季节性明显差异，负效应范围大小排序：秋季＞冬季＞夏季＞春季，负效应的高值主要在流域的西北部，在春季和夏季主要是正相关，鄱阳湖流域秋季降水在一年当中是最少的，而秋季降水对地下水负效应最大，负相关系数大于 2。对降水因子而言，秋季地下水变幅大，可能与降水入渗补给地下水的滞后时间有关，降水到达地面后经过含水层入渗到不同埋深补给地下水，而降水的滞后效应通常与岩性、降水特性、土壤前期含水量等因素有关。此外，降水减少导致地表水减少的同时地下水利用增加，这也是秋季地下水位变化较大的原因之一；降水对地下水变幅的影响存在空间差异，鄱阳湖流域降水分布不均，降水来源可能是造成这种分布格局的原因之一。MNDWI 对地下水变幅的影响主要表现为正相关，正相关显著的南部地区相关系数可达到 2。LST(间接指示作用)对地下水变幅影

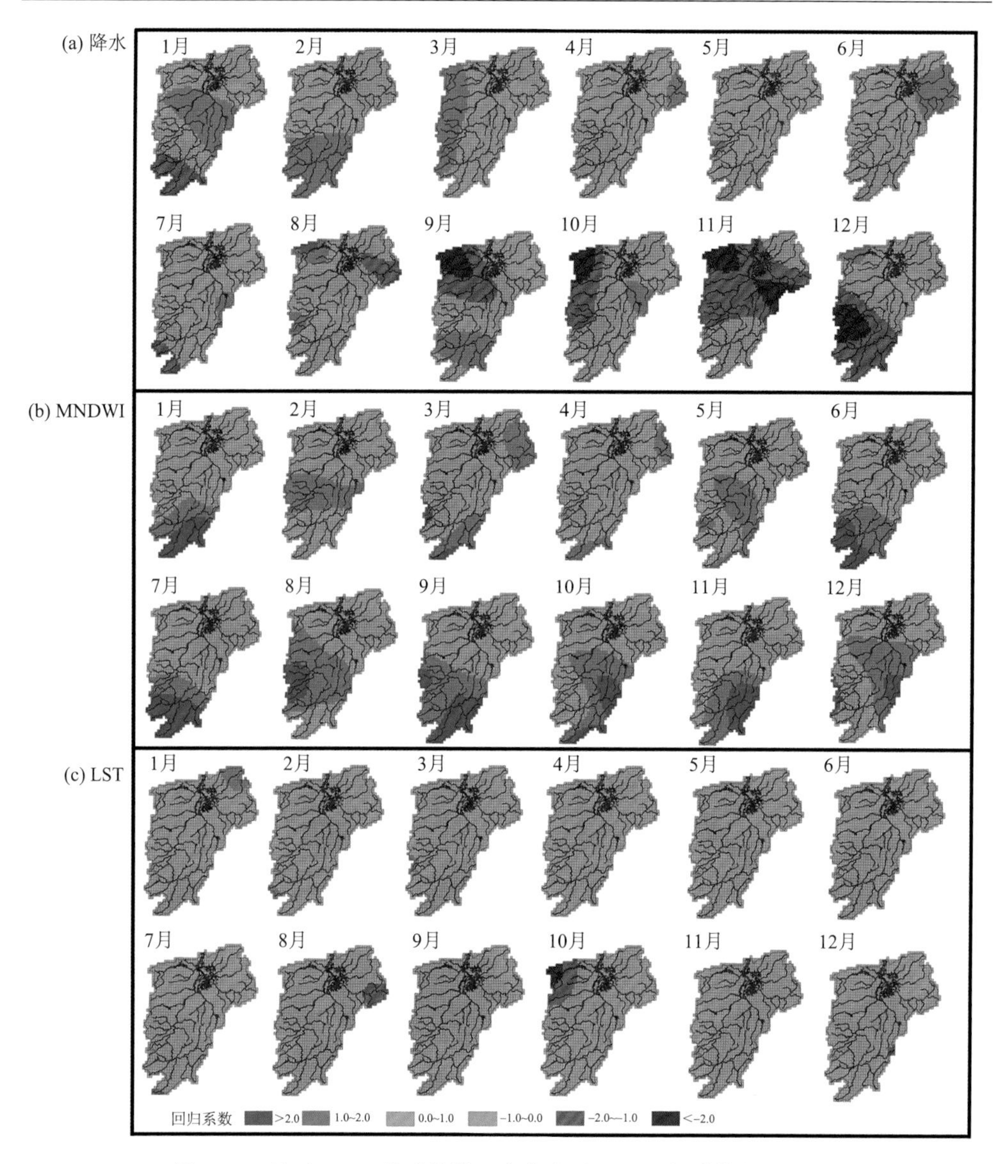

图 8-12　基于 GWR 模型的地下水位影响因子回归系数空间分布

响的相关系数基本上小于 1，1～7 月在南部地区呈负相关，北部地区主要是正相关；8～12 月呈负相关的区域范围显著增加。三个因子中，MNDWI 因子对地下水位变幅的影响贡献度最大，降水量因子次之，LST 最小。受 MNDWI 影响最大的地区主要在东南部，即赣江流域和抚河流域；受降水影响最大的地区主要是中部和西北部。降水因子的作用在秋、冬季最为明显，LST 因子的作用在秋季较为明显，MNDWI 因子全年在东南部地区对地下水位变幅有明显的贡献。鄱阳湖流域有 60%以上的区域 MNDWI 因子每月对地下水位变幅的贡献度在 0～1 之间，有 30%左右区域 MNDWI 因子的贡献度大于 1，各个季节均有贡献度大于 2 的区域，其中，夏、秋季最为显著；降水因子在冬季对地下水位变幅的影响范围大于 MNDWI 因子；LST 全年有 90%以上区域对地下水贡献度在 0～2 之间。总的表明，三个因子共同控制鄱阳湖流域地下水位，且对流域地下水带来不同程度的影响。

8.2.4　极端干旱年份的地下水位响应变化

考虑到湖水-地下水之间的交互转化关系，湖水位下降势必会对鄱阳湖洪泛湿地的地下水位、水量等造成严重影响。本书以此为背景，基于上述基础数据，分析极端干旱对鄱阳湖洪泛湿地地下水文状况的综合影响。为分析比较 2022 年极端干旱年与以往 4 年的地下水位变化的不同，在鄱阳湖流域五个子流域分别取上、中、下游三个代表站点绘制 2018～2021 年日平均地下水位与 2022 年地下水位对比(图 8-13)。分析得出，鄱阳湖流域 116 个地下水监测点位中有一半以上的点位

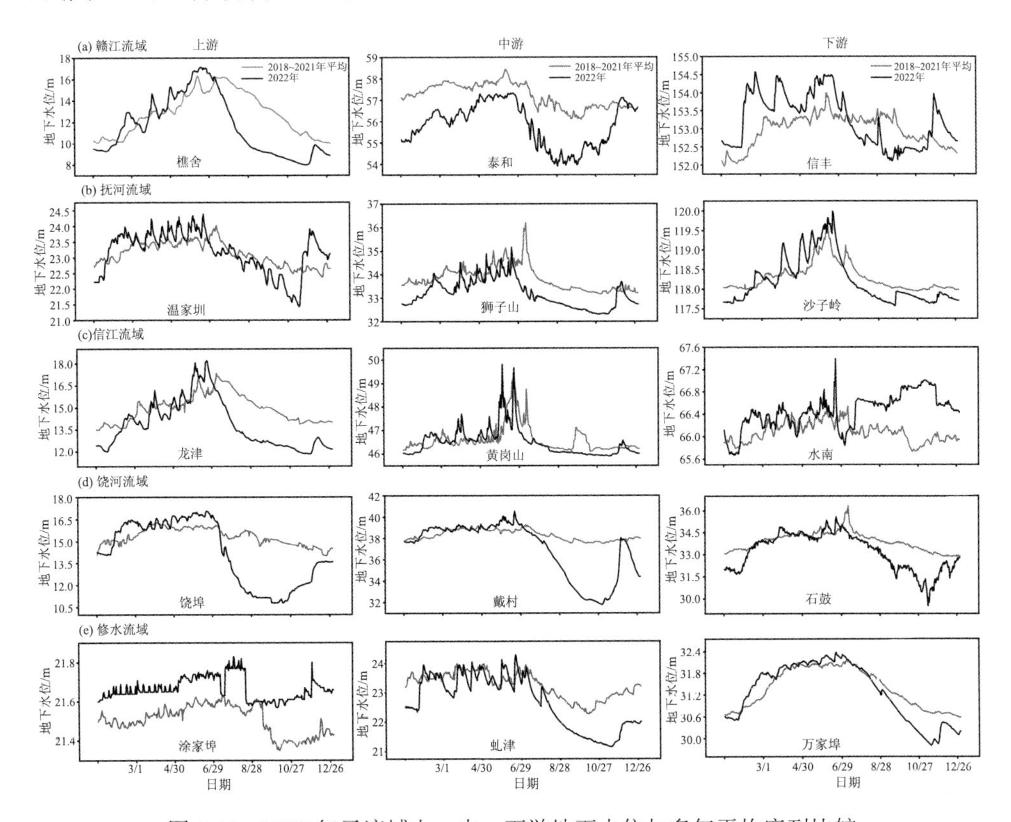

图 8-13　2022 年子流域上、中、下游地下水位与多年平均序列比较

2022 年平均水位低于前 4 年的平均水位，降幅主要在 1 m 以内，表明 2022 年干旱年鄱阳湖流域地下水位整体下降，地下水储量减少，并且有个别点位地下水位有逐年降低的趋势，但是也有个别监测点地下水位一直是上升趋势。从地下水位变化规律来看，地下水位整体先上升后下降，且不同点的地下水位变化规律具有相似性，具体表现在水位涨落的时间、速度和峰值较接近。与前 4 年相比，2022 年地下水位在 7 月之前与往年相差不多甚至有些点位比往年地下水位更高，然而从 7 月之后 2022 年地下水位较往年明显更低，地下水位在 11 月之后有回升趋势，这与 2022 年气候变化较为一致，即 2022 年上半年降雨集中，而下半年少有降水。总的来说，2022 年极端干旱年地下水位在 7 月后有所下降，地下水位的下降与干旱之间有重要联系。各个子流域地下水位年内变化具有明显的季节特点，1～6 月地下水位整体逐渐上升，在 6、7 月左右达到峰值，随后地下水位整体是下降的，在 10～12 月地下水位开始出现上升趋势。

8.3 干旱背景下鄱阳湖流域地下水潜力分区

地下水是极端干旱气候条件下的重要隐藏水源和水资源储备，过度开采地下水将损害其气候适应能力，使干旱地区越来越容易受到地下水资源短缺的威胁。本节结合地理信息系统(GIS)和层次分析法(AHP)，划分鄱阳湖流域地下水潜力区(groundwater potential zones, GWPZ；Suryawanshi et al., 2023)。本书目的在于建立一种科学、系统且可操作的地下水潜力区划分方法，为鄱阳湖流域地下水资源的开发、利用与管理提供理论支持和实践参考。本书采用的 GIS 和 AHP 相结合的研究方法(Taher et al., 2023; Rehman et al., 2024)，也为其他流域的地下水潜力区划分提供了可借鉴的技术路径，具有较强的通用性和推广性。

8.3.1 基础数据前处理

本节用于验证的 100 个地下水监测井数据来源于江西省水文监测中心，土壤类型数据来源于中国科学院南京土壤研究所，地貌数据来源于《中华人民共和国地貌图集(1∶100 万)》。含水层岩性由江西省 1∶75 万水文地质图经过扫描，使用 ESRI ArcGIS(v10.7)软件进行地理配准并数字化得到。LULC 数据使用的是由 Esri 联合 Impact Observatory 以及 Microsoft 共同制作发布的 Sentinel-2 号 10 m 分辨率卫星数据。降水数据是根据东英格利亚大学气候研究所(ClimaticResearch Unit，CRU)发布的全球 0.5°气候数据集(https://data.ceda.ac.uk)以及 WorldClim 发布的全球高分辨率气候数据集(Global climate and weather data WorldClim)，通过 Delta 空间降尺度方案在中国地区降尺度生成，该数据集为逐月数据，逐月降水量数据集进行年度累加合成得到年降水量数据。数字高程模型数据为地理空间数据云(http://www.gscloud.cn)下载获取的 ASTR GDEM V2 数据(图 8-6)。

本节使用的数据最终均重采样至空间分辨率为 90 m，为叠加分析做准备，坐标系统一使用 WGS_1984_UTM_Zone_50N。使用 ArcMap10.7 软件基于 ASTER DEM 数据生成研究区的河网密度图、坡度图、TPI 图、TWI 图、曲率图和粗糙度图。其中，坡度和曲率是使用 ArcMap 空间分析中的表面分析工具由 DEM 图层创建得到；使用邻域分析中的焦点统计工具(邻域设置高度、宽度分别为 15 m)统计 DEM 最大值(FS_{max})、最小值(FS_{min})和平均值(FS_{mean})，利用地图代数工具计算粗糙度(RS)，计算公式如下：

$$RS=\frac{FS_{mean}-FS_{min}}{FS_{max}-FS_{min}} \tag{8-1}$$

流域的河网密度 Dd 表示单位面积的河流长度，反映一个地区水系分布的疏密程度。计算公式如下：

$$Dd=\frac{L}{A} \tag{8-2}$$

式中，L 为河流总长度；A 为流域总面积。利用水文分析工具创建河网密度图的步骤为：填洼-流向-流量-河网分级-栅格河网矢量化，最后进行线密度分析得到河网密度图。

基于流域 DEM 计算 TWI 的计算公式如下：

$$TWI=\ln\left(\frac{SCA}{\tan\varphi}\right) \tag{8-3}$$

式中，SCA 为特定位置的集水区面积(流经地表 i 点的单位等高线长度上的汇流面积)；φ为该点处的坡度。

另外，TPI 的计算公式为 $TPI=Z-Z_0$。其中，Z 为目标点的高程；Z_0 为目标点周围邻域的平均高程。

8.3.2　采用指标选择

结合鄱阳湖流域的水文地质条件和地理概况，选取对地下水潜力影响较为显著的含水层岩性、地貌、土壤类型、土地利用/土地覆盖(LULC)、河网密度、曲率、粗糙度、地形位置指数(topographic position index，TPI)、地形湿度指数(topographic wetness index，TWI)、年降水量和坡度共 11 个影响因子作为衡量地下水潜力的指标。

区域水文地质环境对地下水的赋存及其空间分布具有决定性作用，含水层的持水能力、补排能力受含水层特征(如孔隙度、渗透性和传导性)、连通性以及暴露于地表的岩石类型的强烈影响；地貌单元是地球表面物理特征、地形评价、水文地质调查和地下水资源识别的重要方面，一个地区的地貌特征有助于了解各种地貌的空间分布、地形信息及地下水的地下运动；土壤质地和水力性质是估算入渗速率的关键因素，土壤质地作为评估土壤物理特性的关键标准，与土壤结构、孔隙度、黏附性等特性直接相关，影响着地下水的入渗补给；具有良好植被密度的耕地和森林能够有效降低蒸发率，并通过根系吸收防止水分流失，减少径流，提高渗透率，因此土壤的截留、入渗能力、产流机制等都受到土地利用/土地覆盖的影响，从而影响地下水的补给和排泄；降水是地下水主要的补给来源，地下水渗透量取决于降水持续时间和降水强度，降水持续时间长且强度低，地表径流量较少，从而渗透量较高，而河网密度是渗透性的反函数，即河网密度较小则具有较高的地下水补给量和较好的地下水潜力；坡度控制着地表径流以及降雨的垂直入渗，影响水的流速和流向，由于地表径流加速、侵蚀速率增加，较高的坡度导致雨水或地表水入渗时间不足，因此一个地区雨水、地表水的入渗量与坡度呈反相关；地形异质性也是预测一个地区地下水潜力的重要参数，采用粗糙度来表示流域的地形起伏度，粗糙度越高，说明地形起伏度越大，从而导致地表径流较大。此外，曲率决定了坡面坡度或坡向在某一方向上的变化率；地形湿度指数是描述地形对河流流向和汇集影响的指标，能够量化地形对水文过程的作用，识别潜在地形含水积水区；另一方面，地形位置指数作为地形坡度的指标，是一种广泛使用的确定地貌分类的方法。针对上述指标，研究的技术路线图如图 8-14 所示。

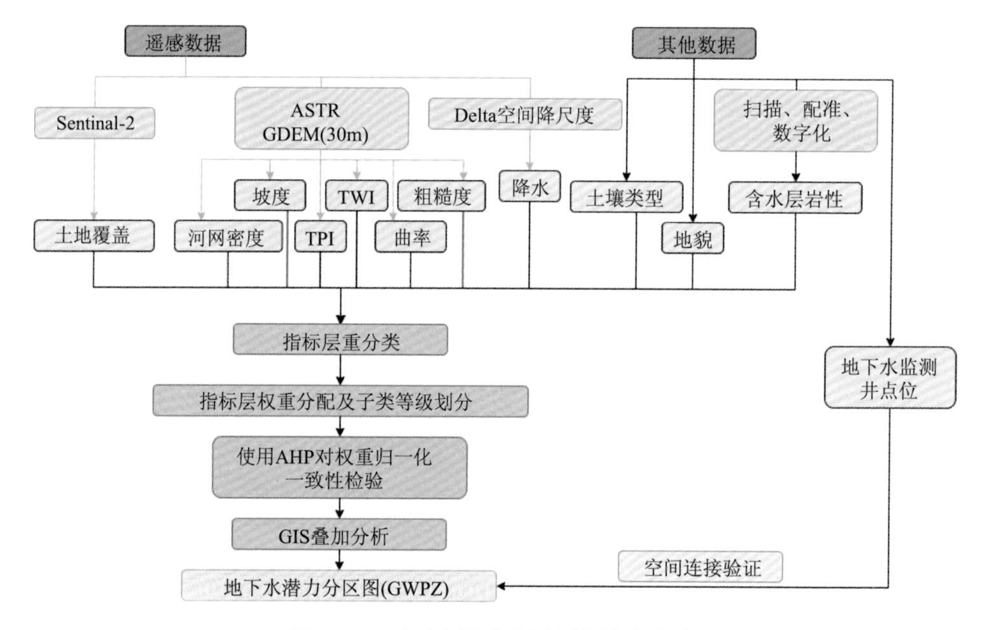

图 8-14　地下水潜力分区划分技术路线

8.3.3　层次分析法计算

层次分析法(analytic hierarchy process，AHP)是美国运筹学家 Saaty(1987)于 20 世纪 70 年代初期提出的一种主观赋值评价方法。AHP 将与决策有关的元素分解成目标、准则、方案等多个层次，并在此基础上进行定性和定量分析，是一种系统、简便、灵活有效的决策方法，可用于划分地下水潜力分区。本书利用 AHP 方法对选取的 11 个控制地下水赋存的影响因素进行整合，然而由于每个因素持水能力的差异，其对地下水存储具有不同影响程度。因此，根据 Saaty 的 1～9 等级排序方法(表 8-2)，将 11 个衡量地下水潜力的指标两两对比得出等级排序，构建指标的成对比较矩阵并计算各个指标相应的权重(表 8-3)。

表 8-2　Saaty 的 1～9 级排序方法

等级	含义
1	表示两个元素相比，具有同样的重要性
3	表示两个元素相比，前者比后者稍重要
5	表示两个元素相比，前者比后者明显重要
7	表示两个元素相比，前者比后者极其重要
9	表示两个元素相比，前者比后者强烈重要
2、4、6、8	表示上述相邻判断的中间值

表 8-3　影响因子成对比较矩阵

指标	岩性	地貌	土壤类型	LULC	河网密度	曲率	粗糙度	TPI	TWI	降水	坡度	权重	λ	λ_{max}
岩性	8/8	8/7	8/6	8/6	8/5	8/3	8/3	8/3	8/4	8/5	8/5	0.15	11	11
地貌	7/8	7/7	7/6	7/6	7/5	7/3	7/3	7/3	7/4	7/5	7/5	0.13	11	
土壤类型	6/8	6/7	6/6	6/6	6/5	6/3	6/3	6/3	6/4	6/5	6/5	0.11	11	
LULC	6/8	6/7	6/6	6/6	6/5	6/3	6/3	6/3	6/4	6/5	6/5	0.11	11	
河网密度	5/8	5/7	5/6	5/6	5/5	5/3	5/3	5/3	5/4	5/5	5/5	0.09	11	
曲率	3/8	3/7	3/6	3/6	3/5	3/3	3/3	3/3	3/4	3/5	3/5	0.05	11	
粗糙度	3/8	3/7	3/6	3/6	3/5	3/3	3/3	3/3	3/4	3/5	3/5	0.05	11	
TPI	3/8	3/7	3/6	3/6	3/5	3/3	3/3	3/3	3/4	3/5	3/5	0.05	11	
TWI	4/8	4/7	4/6	4/6	4/5	4/3	4/3	4/3	4/4	4/5	4/5	0.07	11	
降水	5/8	5/7	5/6	5/6	5/5	5/3	5/3	5/3	5/4	5/5	5/5	0.09	11	
坡度	5/8	5/7	5/6	5/6	5/5	5/3	5/3	5/3	5/4	5/5	5/5	0.09	11	

注：其中 CI=(11–11)×(11–1)=0，CR=0/1.51=0<0.1，即矩阵通过一致性检验。

对每个指标进行子类分类并排序，根据 Saaty 的 1～9 等级排序方法，为更适合地下水赋存的子类赋予更高的等级。如表 8-4 所示，其中，岩性、地貌、土壤类型、LULC 分别根据其类别进行了分类。将粗糙度、曲率、TPI、TWI、河网密度、降水量根据 Jenks 的自然间断点分类法划分为 5 个子类区间，将坡度按照缓坡、中坡、陡坡、急坡、峻坡划分为 5 个子类区间。

为验证矩阵的合理性，避免出现矛盾，这里采用一致性比率（CR）来对指标层、指标层子类所形成的两两对比矩阵进行一致性检验。一致性比率（CR）计算公式如下：

表 8-4　指标层排序及其子类归一化权重计算

	指标	等级	子类	等级	归一化权重	λ	λ_{max}	CI	RI	CR
1	坡度	5	0～5°	8	0.35	5	5	0	1.12	0
			5°～15°	6	0.26	5				
			15°～25°	4	0.17	5				
			25°～35°	3	0.13	5				
			>35°	2	0.09	5				
2	粗糙度	3	非常高	2	0.1	5	5	0	1.12	0
			较高	3	0.15	5				
			中等	4	0.2	5				
			较低	5	0.25	5				
			非常低	6	0.3	5				
3	曲率	3	非常低	2	0.1	5	5	0	1.12	0
			较低	3	0.15	5				
			中等	4	0.2	5				
			较高	5	0.25	5				
			非常高	6	0.3	5				
4	TPI	3	非常高	2	0.1	5	5	0	1.12	0
			较高	3	0.15	5				
			中等	4	0.2	5				
			较低	5	0.25	5				
			非常低	6	0.3	5				
5	TWI	4	非常低	2	0.1	5	5	0	1.12	0
			较低	3	0.15	5				
			中等	4	0.2	5				
			较高	5	0.25	5				
			非常高	6	0.3	5				

续表

	指标	等级	子类	等级	归一化权重	λ	λ_{max}	CI	RI	CR
6	河网密度/(km/km^2)	5	0.010～0.096	5	0.33	5	5	0	1.12	0
			0.096～0.13	4	0.27	5				
			0.132～0.162	3	0.20	5				
			0.162～0.194	2	0.13	5				
			0.194～0.292	1	0.07	5				
7	年降水量	5	非常低	2	0.1	5	5	0	1.12	0
			较低	3	0.15	5				
			中等	4	0.2	5				
			较高	5	0.25	5				
			非常高	6	0.3	5				
8	土壤类型	6	黄棕壤	5	0.15	8	8	0	1.41	0
			黄壤	5	0.15	8				
			红壤性土	3	0.09	8				
			红壤	3	0.09	8				
			紫色土	4	0.12	8				
			石灰土	1	0.03	8				
			水稻土	6	0.18	8				
			冲积土	7	0.21	8				
9	岩性	8	松散岩类孔隙含水岩组	5	0.33	5	5	0	1.12	0
			碎屑岩类孔隙裂隙含水岩组	4	0.27	5				
			碳酸盐岩类裂隙岩溶含水岩组	3	0.20	5				
			变质岩类裂隙含水岩组	2	0.13	5				
			岩浆岩类裂隙含水岩组	1	0.07	5				
10	LULC	6	裸地	2	0.06	7	7	0	1.32	0
			耕地	5	0.15	7				
			牧场	5	0.15	7				
			淹没植被	7	0.21	7				
			水	8	0.24	7				
			林地	6	0.18	7				
			建筑区	1	0.03	7				

续表

	指标	等级	子类	等级	归一化权重	λ	λ_{max}	CI	RI	CR
11	地貌	7	低海拔平原	7	0.22	8	8	0	1.41	0
			低海拔台地	6	0.19	8				
			低海拔丘陵	5	0.16	8				
			小起伏低山	4	0.13	8				
			小起伏中山	4	0.09	8				
			中起伏低山	4	0.13	8				
			中起伏中山	2	0.06	8				
			大起伏中山	1	0.03	8				

$$\mathrm{CR}=\frac{\mathrm{CI}}{\mathrm{RI}} \tag{8-4}$$

式中，RI 为随机一致性指数，RI 值由 Saaty 的随机一致性指数表查得(表 8-5)。CI 计算公式如下：

$$\mathrm{CI}=\frac{\lambda_{\max}-n}{n-1} \tag{8-5}$$

式中，$\lambda_{\max}$ 为表 8-3 和表 8-4 所示矩阵的特征向量计算得出的最大特征值。若 CR≤0.1，则可认为判断矩阵的一致性可以接受；若 CR＞0.1，则需要对判断矩阵进行修正，以找到不一致的原因并对其进行纠正，直到 CR≤0.1。

表 8-5　随机一致性指数 RI 值

矩阵阶数 n	1	2	3	4	5	6	7	8	9	10	11	12	13
RI	0	0	0.58	0.9	1.12	1.24	1.32	1.41	1.45	1.49	1.51	1.54	1.56

为每个指标图层排序并分配权重后，采用式(8-6)在 ArcGIS 的叠加分析工具将 11 个指标图层进行加权叠加来得到地下水潜力分区图：

$$\mathrm{GWPZ}=\sum_{i=1}^{n}(W_i \times R_i) \tag{8-6}$$

式中，GWPZ 表示地下水潜力分区；W_i 为每个指标的权重；R_i 为每个指标子类的等级排序。根据计算将流域地下水潜力划区分 5 个区间：非常差、很差、中等、较好和非常好。

8.3.4　指标重分类分析

鄱阳湖流域含水层岩性［图 8-16(a)］包括变质岩类裂隙含水岩组(37%)、碎屑岩类孔隙裂隙含水岩组(26%)、岩浆岩类裂隙含水岩组(21%)、松散岩类孔隙含水岩组(9%)、碳酸盐岩类裂隙岩溶含水岩组(7%)。其中，松散岩类孔隙含水岩组主要分布在鄱阳湖区周边，孔隙度大，富水性强，是最富水的岩类。此外，鄱阳湖流域主要为第四系松散沉积层与新生界含水层，共占流域 50%以上，主要包括河流冲积层、湖泊沉积层以及冲洪积扇等，以砂砾石、砂土、粉砂土等为主。总的来说，鄱阳湖流域发育的复杂地质构造，尤其是断裂和褶皱构造，对该区域地下水资源的形成、分布及动态过程产生了重要的控制作用。如图 8-15(b)所示，平原、台地、丘陵以及小起伏低山共占流域约 80%，大起伏的山主要分布在流域四周，流域北部主要为低海拔区，流域南部以山区为主。由于河流水的渗透，洪泛平原地下水的潜力通常较高，而高海拔地区的地下水潜力较低。研究区以红壤(43%)和红壤性土(24%)为主，其次是水稻土(21%)，其余类型只占 10%左右[图 8-15(c)]。石灰土通常分布在干旱地区，孔隙度低，渗透性差，富含地下水的能力最弱，因此被分配最低权重。颗粒细密的土壤入渗能力有限，导致地下水补给不足，因此研究区的红壤渗透性较差。紫色土通常分布在丘陵地区，具有中等的孔隙度和渗透性，富含地下水的能力一般。此外，黄壤、黄棕壤由于其较好的孔隙度和渗透性，有利于地下水的补给。冲积土孔隙度大，渗透性强，因此最高权重分配给冲积土；其次是水稻土，水稻土通常用于水稻种植，具有良好的保水性，能够保持较多的地下水。对于河网密度，使用自然间断点分级法将流域的河网密度划分为非常低(0～0.09km/km^2)、较低(0.9～0.13km/km^2)、中等(0.13～0.16km/km^2)、较高(0.16～0.19km/km^2)、非常高(＞0.19km/km^2)五个子类

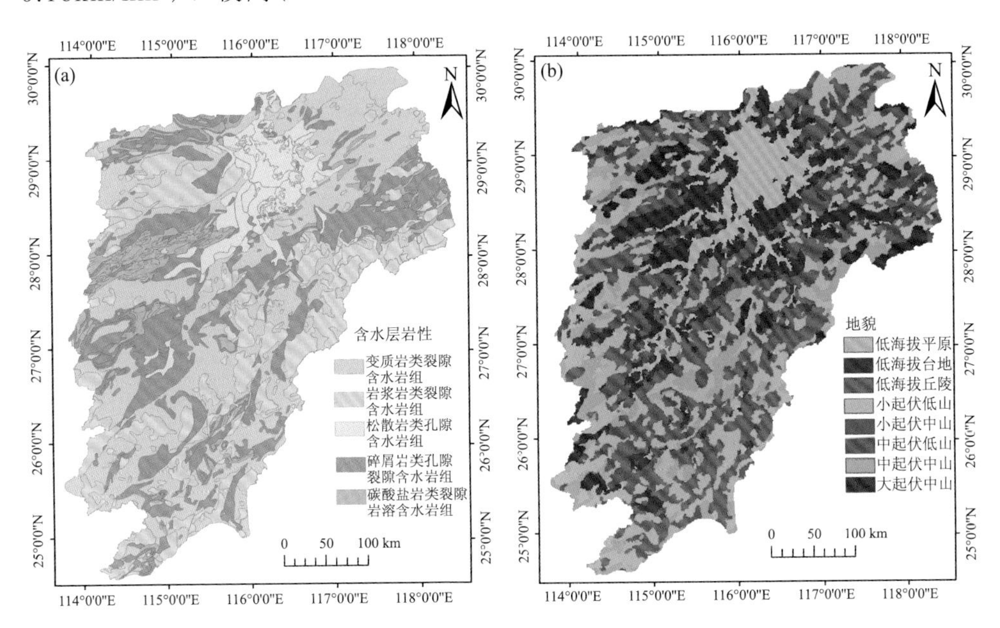

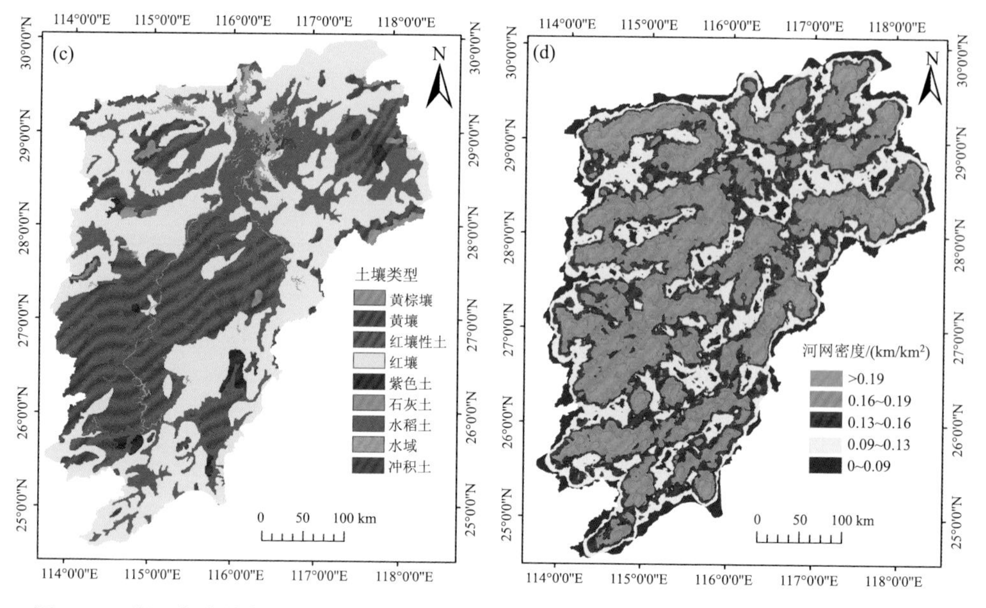

图 8-15 鄱阳湖流域含水层岩性(a)、地貌类型(b)、土壤类型(c)与河网密度(d)空间特征

[图 8-15(d)]。一个地区的河网密度较低，表明受地表径流弱的影响，可能存在着较高的地下水补给量，地下水潜力较大，因此研究中为河网密度较低的区域分配了相对较高的权重。然而，对于河网密度较高的地区，则分配了相对较小的权重。

研究区内 TWI 值在 4.0～28.1 之间[图 8-16(a)]，使用自然间断点分类法将 TWI 重分类为 5 个子类，即(4.0～6.9)、(6.9～9.0)、(9.0～11.8)、(11.8～15.6)和(15.6～28.1)。如前所述，将高权重分配给较高的 TWI；TPI>0 表示该点高于周围平均地形，位于山脊或凸起部位；TPI<0 表示该点低于周围平均地形，位于山谷或凹陷部位；TPI≈0 表示该点与周围平均地形高度接近，位于平坦或中间过渡区域。流域的 TPI 值划分为以下 5 个等级：(<–19.4)、(–19.4～–5.1)、(–5.1～7.1)、(7.1～24.1)和(>24.1)。因此，具有较低 TPI 的区域赋予较高的权重[图 8-16(b)]。鄱阳湖流域 DEM 粗糙度在 0.004～0.99 范围之间[图 8-16(c)]，将粗糙度划分为非常低(<0.32)、较低(0.32～0.41)、中等(0.41～0.48)、较高(0.48～0.55)、非常高(0.55～0.99)五个等级。较高的粗糙度意味着此处具有较高的地表径流，因而高权重值分配给低粗糙度区域，低权重值分配给高粗糙度区域；曲率>0，意味着该点处的地形曲率轮廓为向上的凸表面；曲率<0，则表示该点处的曲线呈现凹形；平坦表面曲率为 0。鄱阳湖流域地形曲率范围在(–4.7～4.4)之间，将曲率划分为(–4.7～–0.59)、(–0.59～–0.17)、(–0.17～0.18)、(0.18～0.64)和(0.64～4.4)五个子类。水在凸表面上趋于减速，而在凹表面上趋于积聚，因此，高曲率分配高权

重，低曲率分配低权重[图 8-16(d)]。

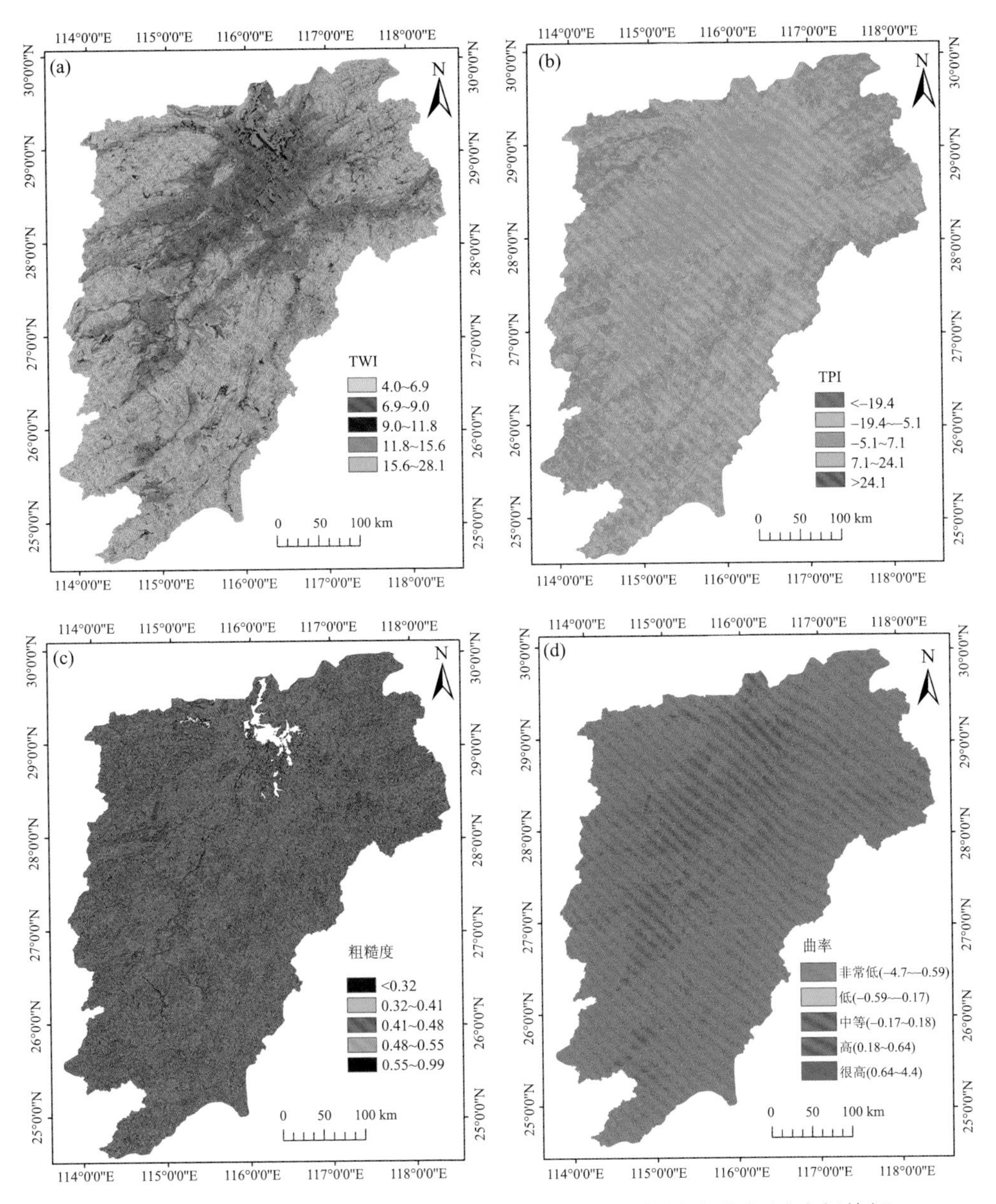

图 8-16　鄱阳湖流域 TWI(a)、TPI(b)、DEM 粗糙度(c)和曲率(d)空间特征

鄱阳湖流域东北部降水量较高[图 8-17(a)]，西南部降水量较低，将降水量划分为非常低(<1500 mm)、较低(1500～1750 mm)、中等(1750～2000 mm)、较高(2000～2250 mm)和非常高(>2250 mm)五个子类，分别覆盖流域的 19%、36%、

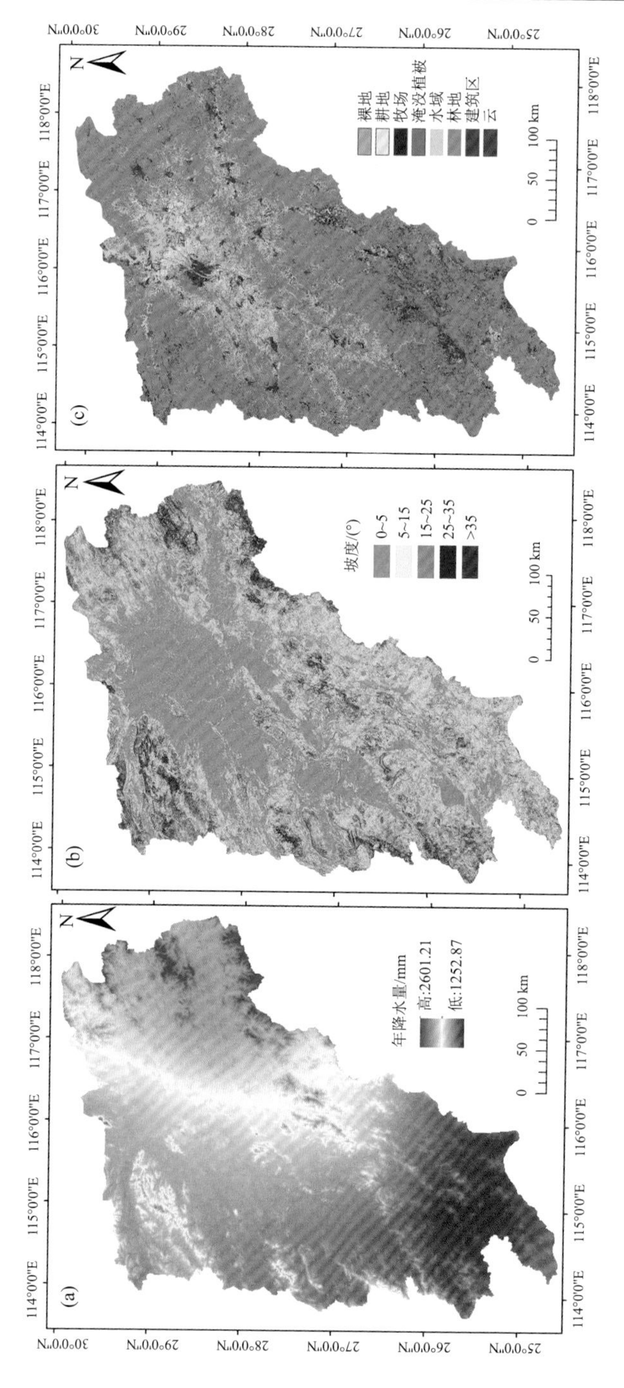

图 8-17　鄱阳湖流域年降水量(a)、坡度(b)和土地覆盖(c)空间特征

20%、21%和 4%，较高的权重被分配给降雨量较高的子类，较低的权重被分配给降雨量较低的子类；流域坡度范围在 0～60°之间，70%以上的区域坡度小于 15°(缓坡到中坡)。将坡度重分类为缓坡(0～5°)、中坡(5°～15°)、陡坡(15°～25°)、急坡(25°～35°)和峻坡(> 35°)五个子类，在缓坡、中坡、陡坡、急坡、峻坡的地形中，地下水存在的可能性为非常高、较高、中等、较低和非常低[图 8-17(b)]；土地覆盖类型结果显示[图 8-17(c)]，鄱阳湖流域林地占 63.8%，耕地 17.6%，建筑区占 9.8%，水域 5%，牧地 3.3%，淹没植被和裸地不到 0.5%，研究区主要以林地和耕地为主，水体、森林和农业用地对地下水补给具有重要意义，因此赋予水域、林地和耕地较高的权重值，而赋予农村和城市住宅区、工业用地等建筑区和裸地的权重较低。

8.3.5　地下水潜力评估与验证

本小节采用的地下水潜力值 GWPZ 计算公式为 $\text{GWPZ}=\sum_{i=1}^{n} W_i \times R_i$ =0.15×岩性+0.14×地貌+0.11×土壤类型+0.11×LULC+0.09×河网密度+0.05×曲率+0.05×粗糙度+0.05×TPI＋0.07×TWI＋0.09×降水＋0.09×坡度…

(8-7)

式中，W_i 是每个指标层的权重；R_i 是每个指标层的子类的等级。本书采用 GIS 平台中的自然间断点分级方法将研究区地下水潜力分为五类，分别为“非常差”“较差”“中等”“较好”和“非常好”等级[图 8-18(a)]。叠加分析结果显示，所绘制的地下水潜力分区图非常明显地刻画了鄱阳湖流域地下水潜力的空间变化。鄱阳湖流域 70%以上区域地下水潜力为中等及以上，地下水潜力中等、较好、非常好的区域各占流域的 34.2%、26%、12.1%[图 8-18(b)]，说明流域整体上地下水资源潜力较为优良。此外，约 9%区域具有非常差的地下水潜力，且这些区域分布有花岗岩和玄武质硬岩，非常容易受到地下水危机的影响。

为了验证划分结果的准确度，本书根据江西省地质调查勘查院地质环境监测所的江西省 2022 年极端干旱年份打井数据资料(共包含 51 口地下水井的出水量)，使用 SPSS 软件将井的出水量与本书所划分的地下水潜力分区图结果进行对比，绘制了 ROC 曲线从而直接验证划分结果[图 8-18(c)]。ROC 曲线绘制了变量不同截止点的真阳性率对假阳性率的曲线，并且曲线上的每个点表示对应于阈值的灵敏度对。另一方面，曲线下面积(AUC)是一个参数在两个诊断组之间区分程度的度量，AUC 值在 0.5～0.6 范围内表示预测准确度较差，而 AUC 值在 0.6～0.7、0.7～0.8、0.8～0.9 和 0.9～1 范围内分别表示预测准确度平均、良好、非常好和极佳。ROC 验证结果表明，鄱阳湖流域 GWPZ 图的 AUC 水平达到 0.75[图 8-18(c)]，说明 AHP 方法预测效果良好。

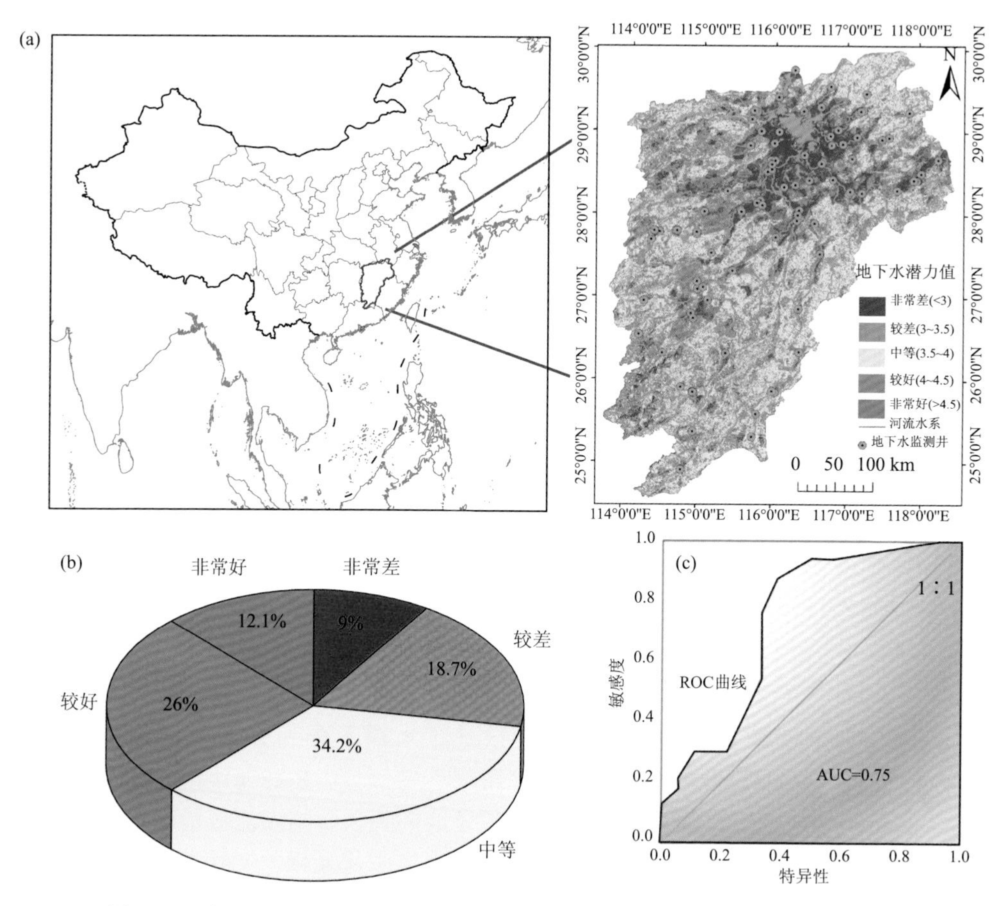

图 8-18　鄱阳湖流域地下水潜力值空间分布(a)及其占比(b)与 ROC 曲线(c)

此外，本书根据已获取的江西省水文监测中心 100 口常年性地下水井位置数据，利用 ArcGIS 空间连接方法叠加至地下水潜力图，用于辅助和间接验证划分结果的可靠性[图 8-18(a)]。用于空间连接验证的 100 口地下水监测井中，有 92 口监测井位于地下水潜力中等及以上的区域，并且其中有 61 口井地下水潜力位于较好和非常好的地区，总体表明了 AHP 预测结果的可靠性以及本书结果的可推广利用价值。进一步叠加鄱阳湖流域河流水系分布可见[图 8-18(a)]，沿着赣江、抚河、信江、饶河和修水五河水系分布着大量地下水潜力分区较好的区域，很大程度上是由于这些地区地表水体丰富并且保持着对地下水的补给。另外，流域五河下游与湖区之间的区域呈现出非常好的地下水潜力，这些区域主要为砂砾石或细粒粉砂组成的松散堆积岩。

8.4 鄱阳湖区地下水数值模型构建

8.4.1 地下水数值模型简介

FEFLOW 开发于 1979 年，最初是德国水资源规划与系统研究所 WASY 公司开发的地下水有限元数值模型，目前已成为丹麦水利研究所 DHI 模型系统的重要组成部分。FEFLOW 具有二维、三维模型设计；稳定、非稳定流模拟；显示分析地下水位、流速以及水均衡；溶质运移、热流传递、非饱和流模拟等诸多功能，且具有灵活的网格生成器、GIS/CAD 数据交换接口、先进的可视化工具以及复杂的求解方法等多重优点。

FEFLOW 适用于多种孔隙介质中水流和物质迁移过程的模拟，可以实现多孔介质达西流、非饱和流、潜水水流模拟和迁移、变密度流和裂隙等诸多实际问题。因此 FEFLOW 模型已被广泛应用于地下水动态预测、地下水资源利用分配、水热耦合运移、地下水污染运移、由于抽水引发的地面沉降以及海水入侵方面的研究，并取得了许多重要成果。FEFLOW 可以说是迄今为止功能最齐全的专业地下水流场、溶质运移及热流传递模拟软件系统之一，模型的操作界面如图 8-19 所示。

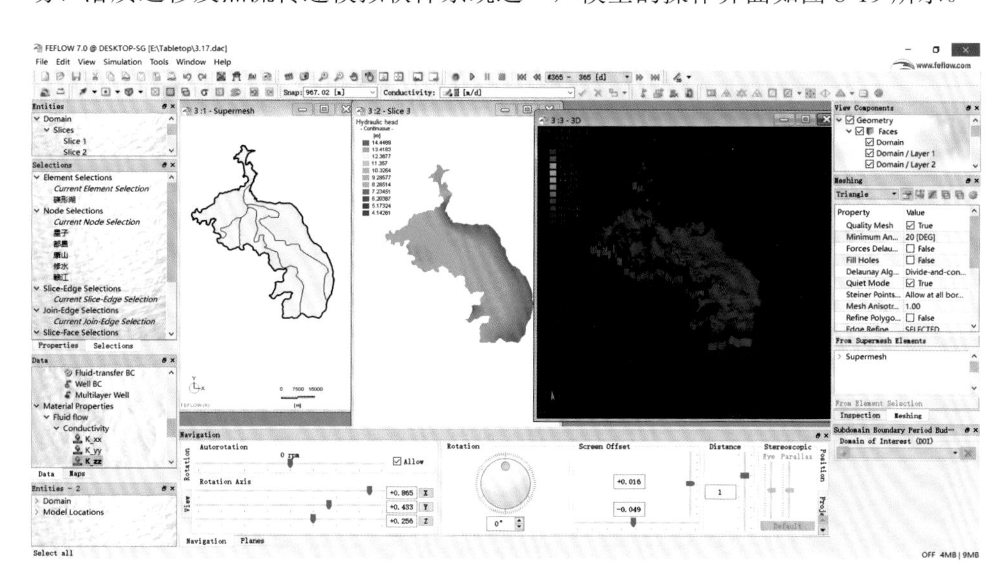

图 8-19 FEFLOW 地下水数值模型操作界面

FEFLOW 主要采用以伽辽金法为基础的有限单元离散方法进行三角网格剖分，其地下水流运动数学模型如公式(8-8)所示：

$$\begin{cases} \mu\dfrac{\partial H}{\partial t}=\dfrac{\partial}{\partial x}\left(K(H-B)\dfrac{\partial H}{\partial x}\right)+\dfrac{\partial}{\partial y}\left(K(H-B)\dfrac{\partial H}{\partial y}\right)+W \\ H(x,y,t)=H_0(x,y) \quad (x,y)\in\Omega，\ t=0 \\ H(x,y,t)\,|\,\Gamma_1=H_0(x,y,t) \quad (x,y)\in\Gamma_1，\ t>0 \\ K(H-B)\dfrac{\partial H}{\partial \vec{n}}\,|\,\Gamma_2=q(x,y,t) \quad (x,y)\in\Gamma_2，\ t>0 \end{cases} \tag{8-8}$$

式中，Ω 为模型模拟区域；Γ_1、Γ_2 为一类边界和二类边界；q 为二类边界上的已知流量函数；$\vec{n}$ 为二类边界的外法线方向；K 为渗透系数(m/d)；μ 为给水度；H 为地下水位标高(m)；B 为含水层底板标高(m)；W 为源汇项(m/d)。

8.4.2 湖区地下水数值模型构建

根据 ArcGIS 中的空间数据确定模拟区南北长 74 km，东西长 62 km，模拟区总面积 1646.23 km^2(图 8-20)。模拟研究区总体处于鄱阳湖流域的下游和鄱阳湖主湖区的西部。从广义上来说，属于鄱阳湖季节性淹水区域，通常可称之为洪泛区湿地。研究区受赣江、修水两条河流来水的作用，以及东部受到鄱阳湖主湖区季节性水位波动的影响。研究区内现有自行监测的地下水位观测井 7 口，江西省水文监测中心的湖泊水位观测站 3 处。

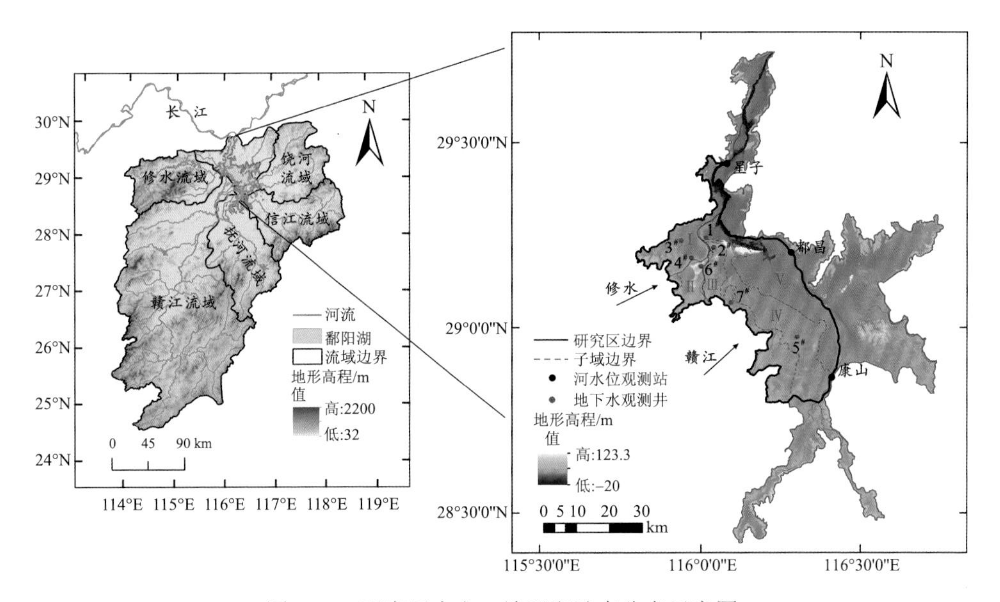

图 8-20　研究区水文、地形和站点分布示意图

根据研究区水文地质条件，模拟对象为鄱阳湖洪泛区第四系松散孔隙含水层，主要以潜水形式赋存于松散孔隙中，湖区主要岩性为第四纪松散岩类沉积物，周

围以变质岩为主，零星分布岩浆岩、碳酸岩及少量碎屑岩。进一步根据研究区及江西省煤田地质勘察研究院的 23 个钻孔资料，利用 FEFLOW 插值数据自动生成模型含水层结构，并形成含水层三维剖视图。第四系含水层主要为三层结构：上覆主要是粉质黏土，且其连续性较好；中间层大多为细砂，主要由石英砾组成，颗粒级配较好；下覆主要为中粗砂，局部含少量砾砂。含水层底板以下主要为砾石层，成分以石英、粉砂质泥岩为主，埋深位于 20～30 m 之间。通过前人研究、抽水试验和模型的边界条件可将研究区分为 5 个渗透系数分区(子域)，用于后续模型校准。子域 I 是修水冲积层及部分湖区，II 是修水及赣江武城支流冲积层，III是赣江下游冲积层，IV、V 是鄱阳湖和湿地的一部分(图 8-20)。本书根据鄱阳湖洪泛区的实际情况，对研究区的边界进行分区分段设定。研究区的东侧边界是鄱阳湖主河道，从北部星子一直延伸到南部康山，该边界主要受湖泊水位变化控制，因此模型东侧设置为给定水头边界条件，根据星子、都昌和康山三个水文站的水位观测资料进行插值，并根据水文站的位置，分为三段来分别给定，以体现东部边界的湖水位空间变化差异(图 8-21)。洪泛区西侧主要接受修水和赣江两大流域区间的地下水补给作用，该处主要通过地下水观测井的观测资料，运用达西定律计算出修水、赣江和研究区的交换通量，并根据修水和赣江的影响范围，划分为两段并分别设置为给定流量边界(图 8-21)。

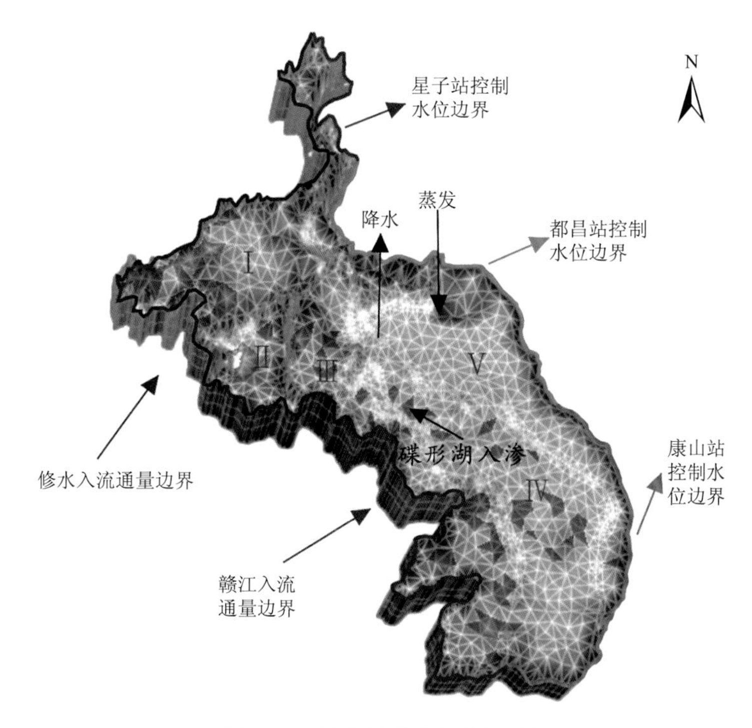

图 8-21　研究区模型概化示意图

本模拟研究区面积为 1646.23 km^2，根据鄱阳湖洪泛区 DEM 地形高程特征，共计提取出 41124 个高程点，采用克里金插值方法进行插值，将插值结果作为数值模型的实际地表高程进行输入。结合湖区地形地貌分布格局，在模型中将研究区共计剖分为 6329 个三角形有限单元网格和 8680 个节点，三角形网格边长变化范围介于 20～2000 m 之间，很好刻画了洪泛区的复杂地形特点(图 8-21)。

地下水的源汇项主要有：地下水开采量、垂直入渗补给量、蒸发量等。考虑到鄱阳湖没有开采井和灌溉渠等，研究区的主要源汇项为大气降水、地表蒸发以及碟形湖的入渗补给。其中大气降水和地表蒸发数据来自于中国科学院南京地理与湖泊研究所鄱阳湖湖泊湿地综合研究站。鄱阳湖洪泛区中还包括许多大大小小的碟形湖，这些碟形湖同样和鄱阳湖洪泛区地下水具有交互作用，但实际野外考察发现，碟形湖底部有明显的淤泥质弱透水层，厚度介于 0.3～0.6 m 之间，这大大降低了碟形湖对周边地下水的补给能力，因此碟形湖对鄱阳湖洪泛区的地下水补给较为微弱。根据前人的研究结果，碟形湖主要以低枯水位季节渗漏补给地下水为主，而高洪水位季节两者之间的交换通量较为微弱，其对地下水的最大补给通量约为 0.1 m/d。本书通过 MODIS 遥感影像在研究区中提取出 52 个碟形湖，将他们做同等处理，根据季节性水文变化，将其补给通量设置为 0～0.1 m/d 不等，输入到模型中。

考虑到本书典型洪泛区实属鄱阳湖区的一部分，相对大尺度流域而言，其地质类型和成因相对一致。但为了精细刻画洪泛区含水层特性，本书对一些水文地质参数考虑了分区特征，包括降雨入渗系数、渗透系数和给水度等。鄱阳湖洪泛区的土壤年蒸发量大概为 100～200 mm，约为年观测蒸发总量的 10%，并考虑到植物蒸腾作用主要发生在每年 3～5 月且此时植物主要吸收土壤水，地下水的贡献比重相对较小。因此，本书以水文站的日观测数据为基础，乘以折算系数 0.1 作为地下水的蒸发量。其他关键参数通过模型率定获得。

本书以 2018 年(平水年)作为模拟期，模拟正常年份下鄱阳湖洪泛区地下水变化情况。为保证模型模拟结果的合理性和准确性，本书先对研究区进行稳定流模拟，并以此作为鄱阳湖洪泛区地下水数值模型的初始条件，即稳定流模型模拟的地下水位结果作为地下水模型的初始水头。在稳定流模拟中，边界条件和源汇项均取全年平均值输入到模型中，水文地质参数条件不变，模型在问题设置中的“fluid flow”选项中勾选“steady”，并运行模型，获得稳定流模拟的地下水位结果，如图 8-22 所示。由图可知，稳定流时，研究区西侧滩地地下水位高于东侧主湖区附近地下水，且上游地下水位高于下游，这也和实际情况中年初鄱阳湖枯水期时的地下水位相符，故该稳定流结果可以作为非稳定流的初始条件。

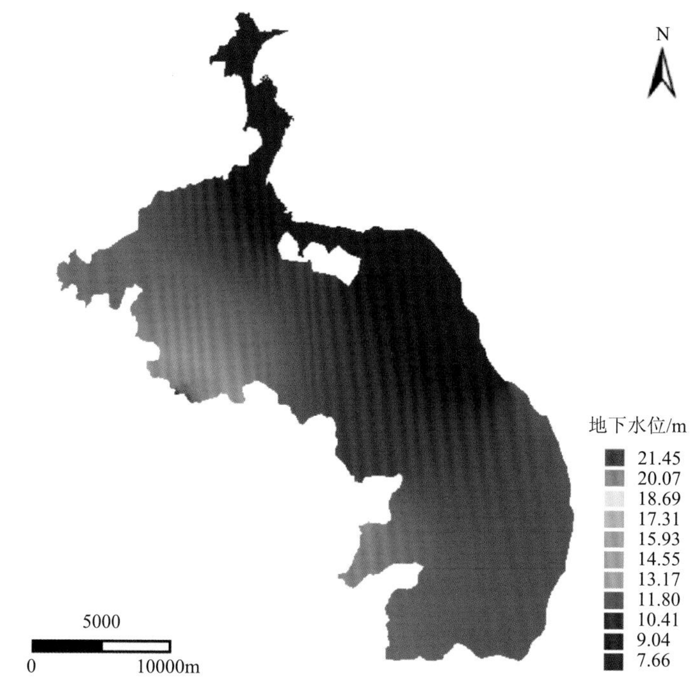

图 8-22　初始地下水位情况

模型模拟期为一年，计算时间步长为 1 d，迭代次数为 1000，误差容限为 0.001。鄱阳湖受季节性来水影响较大，湖泊水位高度变化。根据鄱阳湖洪泛区实际情况分析，涨水期湖水主要通过地表漫滩(称之为地表路径)以及渗漏补给(称之为地下路径)两种途径来影响洪泛区地下水系统。考虑到溢出面对研究区地下水的影响，本书通过鄱阳湖的 MODIS 遥感影像，选取丰水期和枯水期两幅影像，通过水面分布来概化不同时期湖水淹没对模型的影响，将其作为地表漫滩的水位边界输入模型(图 8-23)。

8.4.3　湖区地下水位模拟结果验证

采用纳希效率系数(NSE)、确定性系数(R^2)以及均方根误差(RMSE)对数值模型结果进行定量评价，具体计算方法可参考前文。

本书利用 2018 年 1 月 1 日的地下水位对稳态模型进行了校准，以生成瞬态地下水流的初始条件。在瞬态率定后，对各分区(Ⅰ～Ⅴ)、各层(3 层)的渗透系数、降水入渗系数、给水度等参数进行了率定(表 8-6)，总体上实现了模拟值与实测值的合理吻合。选择 7 个地下水观测井进行验证，其中 1#～4#位于蚌湖和沙湖湿地周边滩地，5#位于南矶湿地，6#位于吴城，7#位于昌邑附近(图 8-24)，地下水位校准结果见图 8-25。由图 8-25(a)～(g)可知，率定期内的地下水位模拟值与实

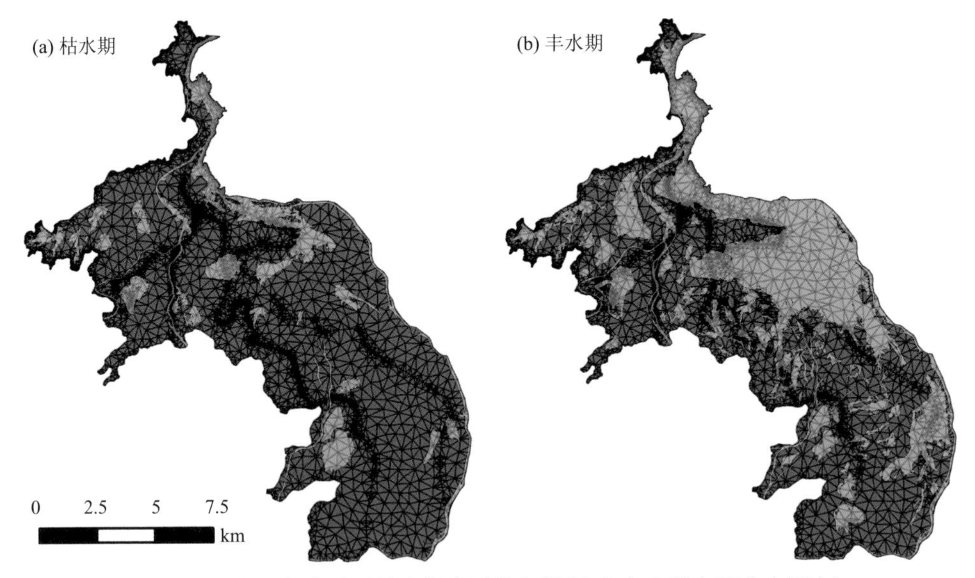

图 8-23　鄱阳湖洪泛区枯水期水面分布图(a)和丰水期水面分布图(b)

图中绿色表示地表淹水

测值的变化基本吻合。采用确定性系数(R^2)、纳希效率系数(NSE)和均方根误差(RMSE)评价模型的可靠性，结果见表 8-7。从评价结果来看，R^2 介于 0.88～0.96 之间，NSE 变化范围介于 0.72～0.93 之间，RMSE 均小于 0.4 m，可见识别期内地下水模拟效果可靠性较好。

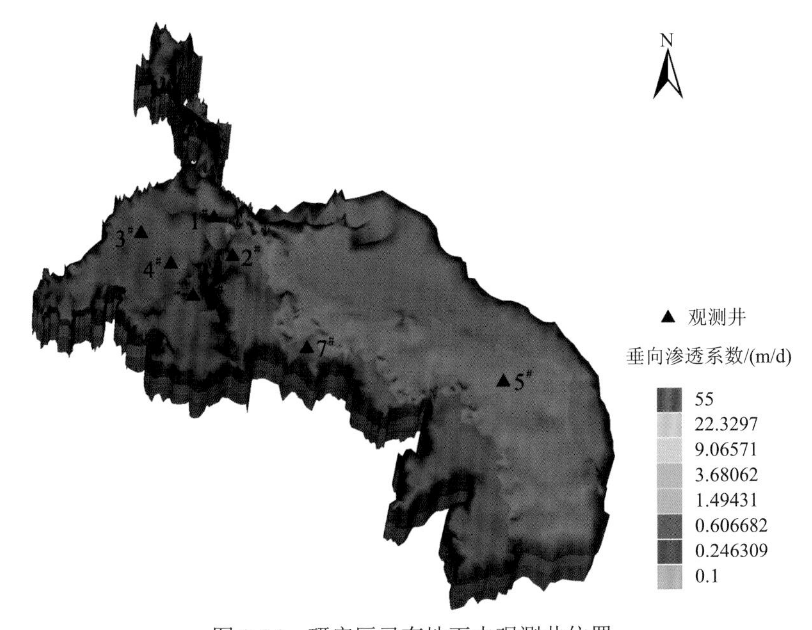

图 8-24　研究区已有地下水观测井位置

表 8-6　研究区各分区参数取值

子域	渗透系数/(m/d)			给水度			降雨入渗系数
	第 1 层	第 2 层	第 3 层	第 1 层	第 2 层	第 3 层	
I	0.15	8	40	0.02	0.04	0.07	0.08
II	0.2	10	50	0.01	0.05	0.09	0.19
III	0.15	10	45	0.01	0.05	0.08	0.1
IV	0.1	6	35	0.02	0.04	0.06	0.08
V	0.12	6	30	0.02	0.05	0.06	0.06

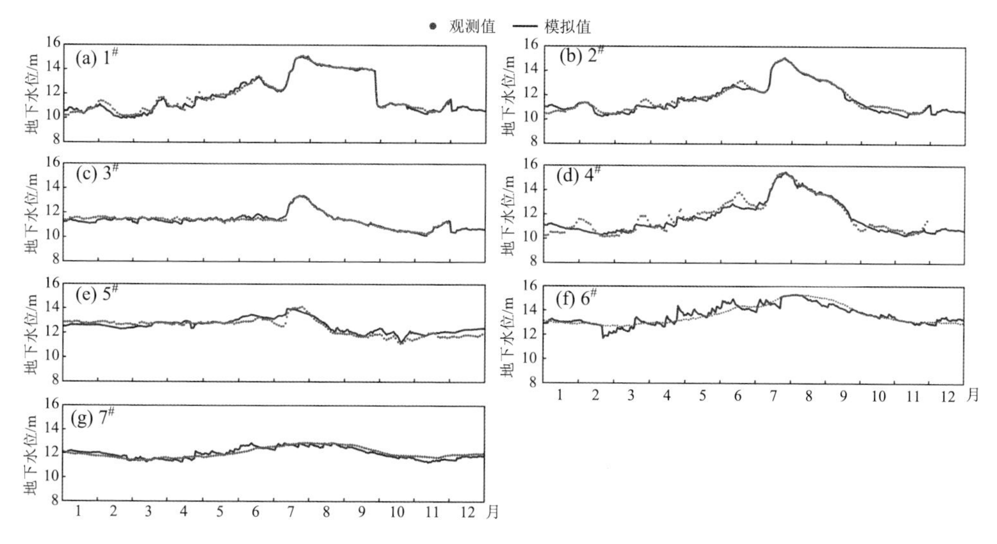

图 8-25　鄱阳湖洪泛区 2018 年地下水模拟效果验证与评价

表 8-7　率定期模型模拟效果评价

观测井	1#	2#	3#	4#	5#	6#	7#
R^2	0.95	0.93	0.90	0.96	0.88	0.90	0.88
NSE	0.93	0.90	0.86	0.91	0.75	0.93	0.72
RMSE/m	0.24	0.27	0.20	0.38	0.32	0.34	0.22

选择 2019 年和 2020 年作为模型的验证期，对校正后的模型及参数进行验证。由于部分地下水观测井资料缺乏，选用 2 个观测井(6#、7#)的观测值与模拟值匹配，结果见图 8-26。由图可知，2019 年和 2020 年的模拟值与实际值变化趋势一致，且模拟值基本趋近于观测值，仅有少部分地下水位存在偏差，但水位偏差几乎小于 0.5 m。综合评价结果(表 8-8)总体表明，验证期内洪泛区地下水模拟验证

效果较好，达到可接受的模拟预测水平。

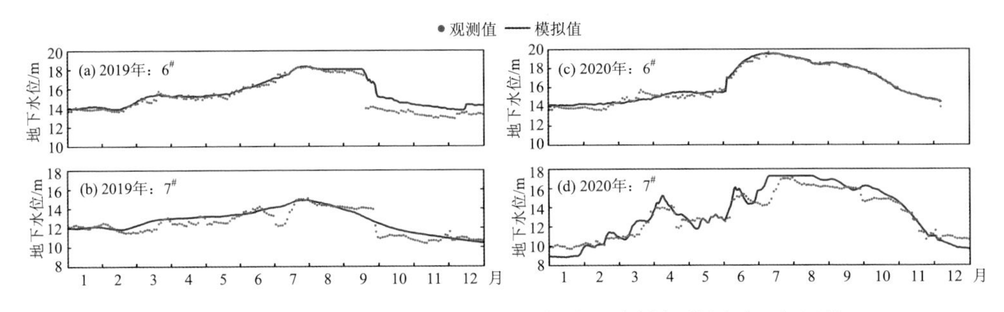

图 8-26　鄱阳湖洪泛区 2019 和 2020 年地下水模拟效果验证与评价

表 8-8　验证期模型模拟效果评价

验证期	2019 年		2020 年	
观测井	6#	7#	6#	7#
R^2	0.92	0.83	0.91	0.80
NSE	0.89	0.76	0.88	0.79
RMSE/m	0.31	0.40	0.28	0.42

8.4.4　模型敏感性及误差分析

为进一步验证各参数和边界条件对模型的影响情况，本书对这些变量进行了敏感性分析与误差分析。敏感性分析指模型指标对模型参数的导数，模拟值 y 对参数 b 的敏感性可以表示为 $\Delta y/\Delta b$。敏感性分析是在合理的范围内(模型参数值的不确定范围)改变模型输入参数，并观察模型响应的相对变化的过程。参数敏感性分析的目的是明确模型在模拟中对输入参数模拟的敏感性，同时表明了一个模型参数相对于其他参数的敏感性。敏感性分析可以帮助指示重要的观测值和参数，分辨哪些参数值得详细校正，而哪些方面的观测值需要进一步获取。

根据先前模型参数调整经验，本次模型的主要率定参数为给水度 μ 和渗透系数 K，本书基于单因子分析法，采用增加或减小 10%、20%偏移量的方法分别对渗透系数 K 和给水度 μ 开展了敏感性分析。如图 8-27 所示，为了便于分析，在研究区中分别选取洪泛区的北部(点位 1)、中部(点位 2)、南部(点位 3)、东部(点位 4)、西部赣江流域地下水影响区域(点位 5)和西部修水流域地下水影响区域(点位 6)，以此开展给水度 μ 和渗透系数 K 对空间不同区域地下水位的影响分析。

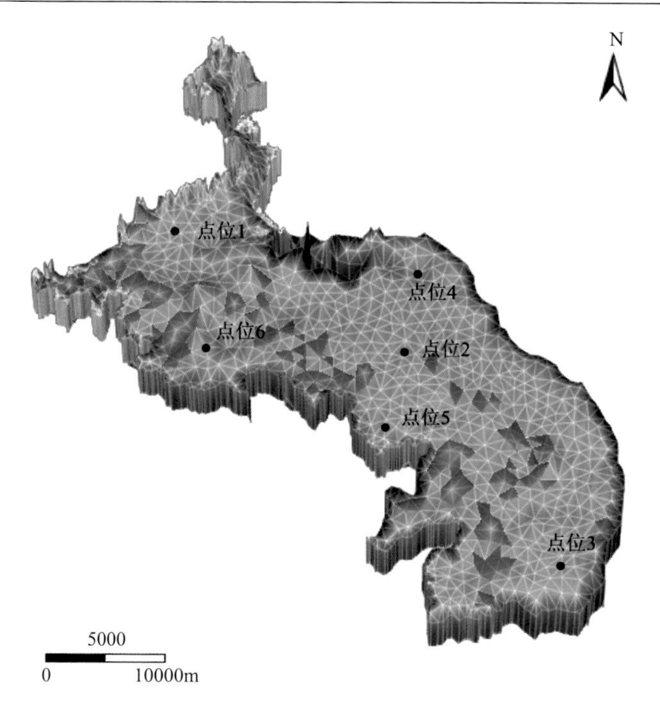

图 8-27　用于模型敏感性分析的地下水位置点选取

根据图 8-28 结果分析可知，从空间尺度上，给水度 μ 的改变对研究区各区域的影响趋势基本保持一致，但变化情况无明显规律。其中对洪泛区西部，修水流域影响区域的地下水影响较小(如图 8-28 点位 6 所示)，其他区域影响相差不大。从时间尺度上分析，给水度 μ 的改变对枯水期影响较小(<0.1 m)，对涨水期和丰水期的地下水位变化影响较大，最大变幅可达 0.3 m。模型对给水度 μ 的改变存在着很敏感的响应。如图 8-29 为渗透系数 K 变化对研究区地下水位的影响情况。从时间尺度分析，渗透系数 K 的变化对枯水期影响较小，而对其余时段影响较大，其变化情况也无明显的规律性。从空间尺度上分析，渗透系数 K 的改变在空间上相差不大，整个研究区地下水位对渗透系数 K 的响应程度基本保持一致。渗透系数的改变对研究区的地下水位存在一定的影响，相对于给水度对研究区地下水位的影响来讲，影响程度较小(<0.25 m)，但地下水位的变化幅度依旧不可忽视，模型对渗透系数 K 的改变也存在着较敏感的响应。综上所述，虽然模型中地下水对给水度 μ 和渗透系数 K 的响应情况不一致，响应程度存在一定差异(对给水度 μ 的敏感性要大于渗透系数 K)，但都具有较为敏感的响应。

研究区西侧很难找到一个完整的自然边界，因此本书将鄱阳湖最大淹没边界作为西侧的人为边界，并通过未控区的地下水位观测情况，运用达西定律计算出其与研究区的交换通量，将其视为通量边界。考虑到鄱阳湖西侧未控区间地形主

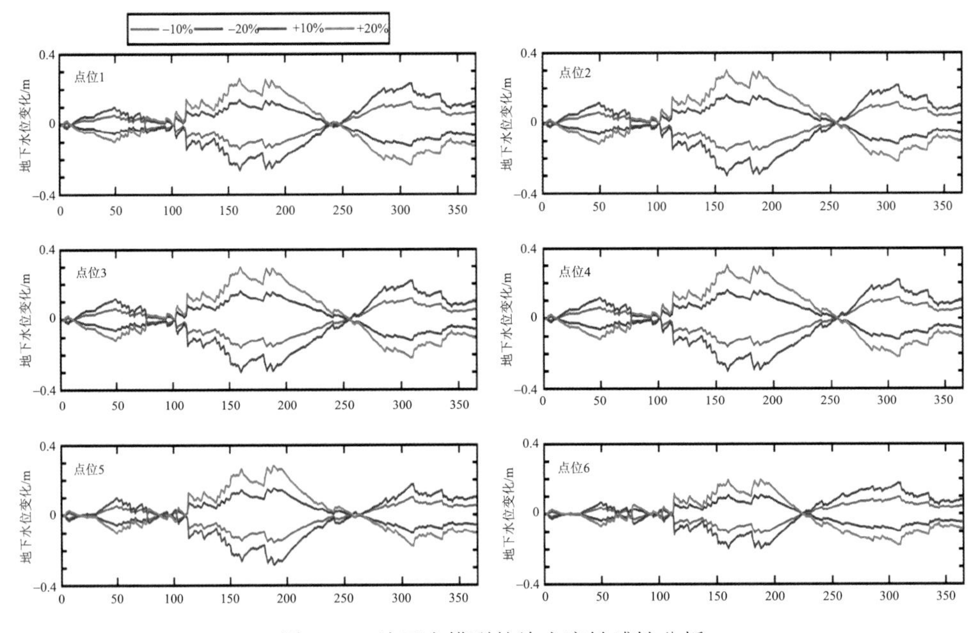

图 8-28　地下水模型的给水度敏感性分析

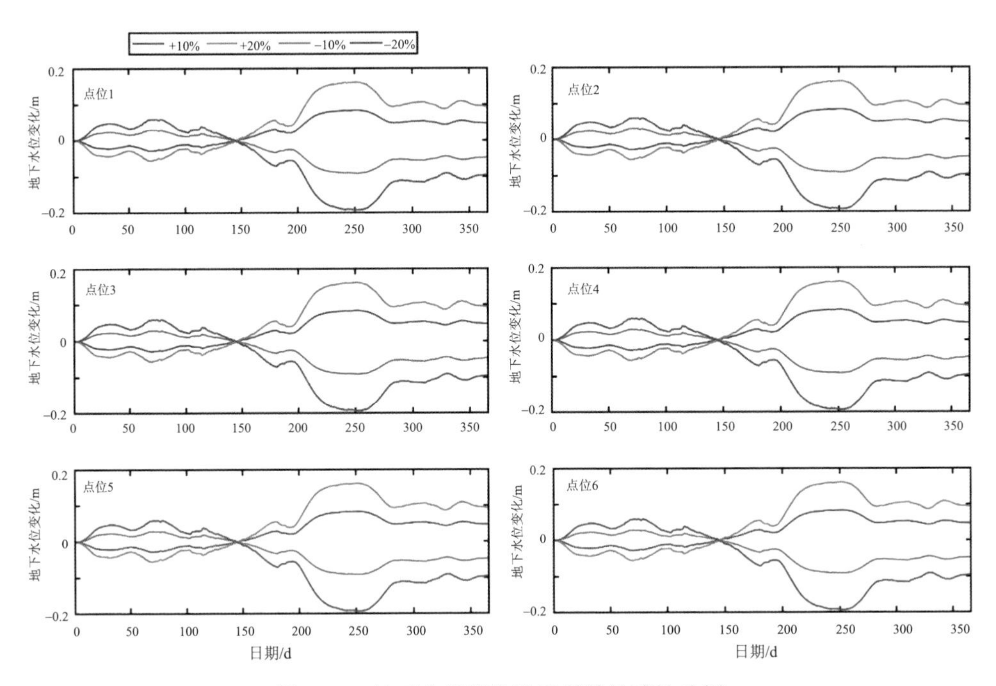

图 8-29　地下水模型的渗透系数敏感性分析

要为湖泊滩地，地形高程整体上起伏不大，并且相对于东侧靠近主湖区的河岸滩，其与湖泊之间的水量交换强度相对较弱，加上该西侧边界只有在鄱阳湖高水位时期才能淹没至此，因此尽管西侧边界流量对模型模拟结果带来一定的影响，但这种影响在强度上相对较弱、在持续时间上相对较短。为分析西侧边界通量对洪泛区产生的误差情况，本书通过改变西侧边界 10%、20%、30%、40%、50%的偏移量，对洪泛区不同位置的地下水位影响展开误差分析。结果表明，西侧边界的改变致使研究区地下水位变化的变幅在 0.1～0.4 m 之间，且越靠近东侧这种影响越小，因此认为西侧边界的改变对地下水模拟结果带来的误差较为有限。

8.5　2022 年极端干旱事件对湖区地下水的影响

8.5.1　正常年份下气候条件改变对地下水的影响

为进一步分析降水、蒸发等气候条件变化对鄱阳湖洪泛区地下水的影响情况，本书采用单因子分析法，在 2018 年平水年水文气象数据的基础上，分别对降水和蒸发数据采用增加或减少 10%、20%、50%偏移量的方法，分析地下水对降水和蒸发变化情况下的敏感程度，旨在为气候变化下的研究区地下水文过程进行解析，为水资源保护和生态保障提供重要的基础，更有利于对极端气候事件做出更快的对策制定与响应。为分析降水、蒸发等气候条件变化对鄱阳湖洪泛区地下水的影响，本书选取 6 个典型点来分析地下水变化的空间差异性，点位的选取情况与图 8-27 保持一致。

从时间尺度上分析可知，降水的改变对地下水的影响主要集中在 3 月及以后，这可能是因为 1～2 月鄱阳湖洪泛区的降水量较小，降水对地下水的补给占总补给量的比重较小，此时降水量的变化对地下水位动态变化的影响不大(图 8-30)。从空间变化的角度分析可以得知，研究区北部的地下水位变化幅度较大，南部的地下水位变化幅度较小。北部地下水位变幅较大可能是因为研究区北部靠近鄱阳湖入湖航道，受鄱阳湖由湖口向长江出流的影响，此时降雨加速了鄱阳湖的出流速率，导致此处地下水位下降较为敏感。而南部则靠近鄱阳湖上游的信江流域，受流域来水的影响较大，地下水常年处于较高水位，因此降雨量的变化对此处的地下水位影响较小，地下水位变化幅度小于 0.1 m。不仅如此，通过图 8-30 还可以发现，在降水量减少 20%时，研究区地下水基本还可以保持枯涨丰退的自然水文节律，但当降水量减少 50%时，研究区大部分区域的地下水位便不再保持自然的水文节律。从年尺度来看，地下水位呈常年下降的趋势，下降幅度在 5 m 以内。

由图 8-31 可以得出，相较于降水量的变化，蒸发量的改变对研究区地下水位的影响相对较大，尤其是研究区西部区域，50%蒸发量的减少将会导致该区域地下水位最大变幅可达 7 m。而南部和东部的地下水位对蒸发量的变化响应不太敏

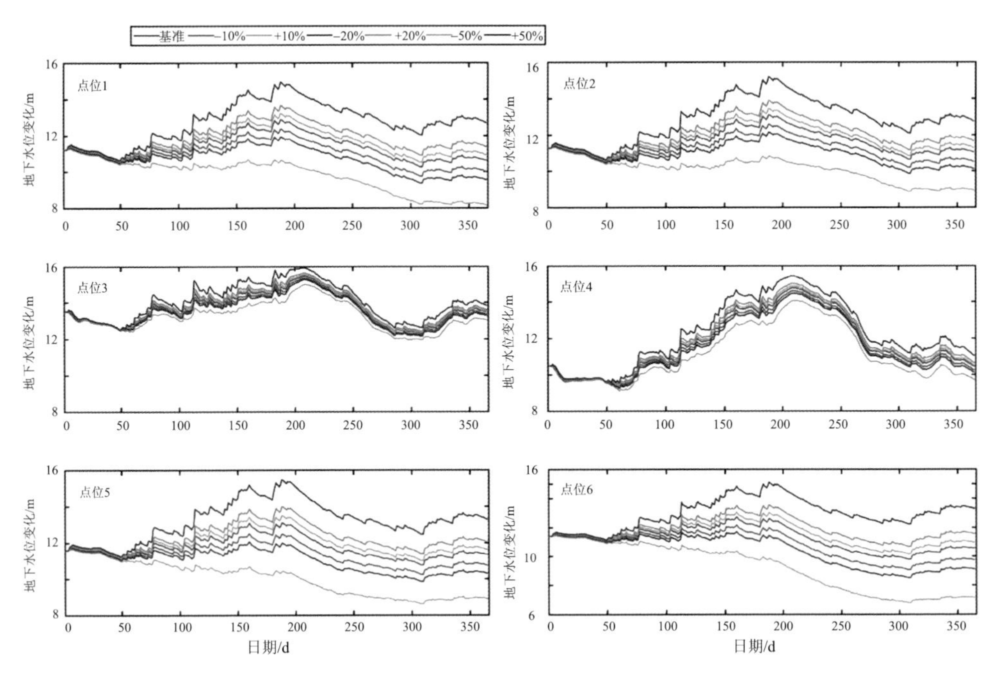

图 8-30　降水改变条件下的地下水位变化情况

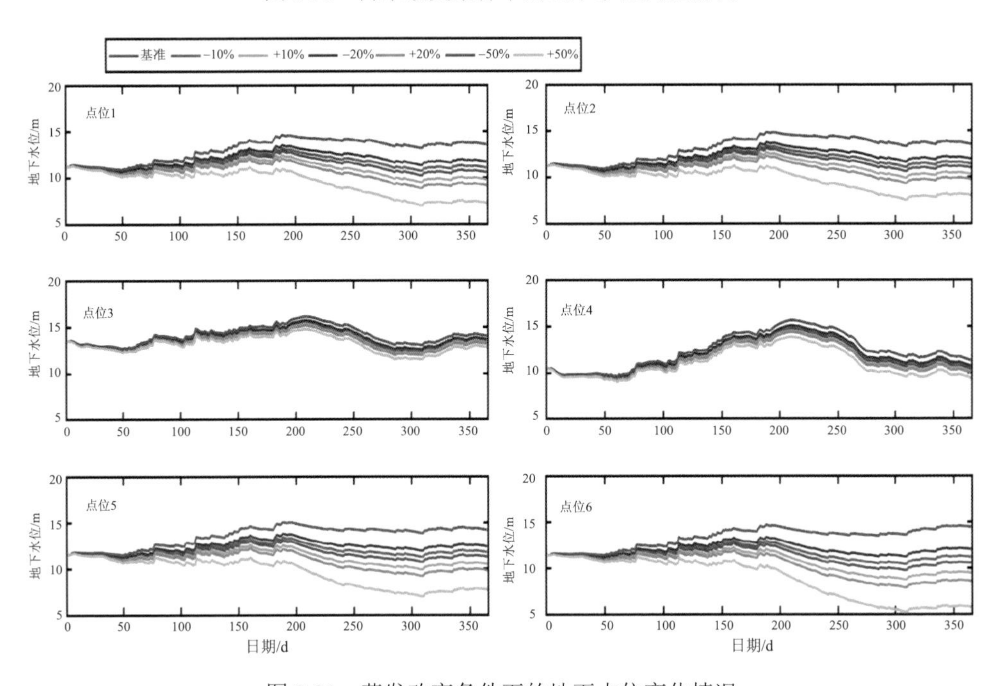

图 8-31　蒸发改变条件下的地下水位变化情况

感，地下水位变化一般小于 0.5 m。从时间尺度分析可得，蒸发量的变化对研究区秋冬季节的地下水位影响较大，对春夏季节地下水位影响较小。综上所述，蒸发量的变化对研究区西部地下水位影响较大(>7 m)，对南部和东部的地下水位影响较小(<0.5 m)。且蒸发量的大幅度增加或减少(50%)将会破坏鄱阳湖地下水位变化的自然水文节律，总体上使地下水位全年呈微弱上升或大幅度下降的变化趋势。

8.5.2 湖区地下水极端干旱模拟方案

由前文分析可知，极端干旱会导致鄱阳湖湖水的快速萎缩，湖水位下降明显，地表水的大量枯竭和萎缩势必会对研究区地下水产生较大影响，因此本书以 2022 年极端干旱事件为背景，采用 FEFLOW 地下水数值模型，模拟分析鄱阳湖洪泛区地下水文情势的响应变化。据前文分析可知，降水、蒸发和湖水位变化是影响极端干旱事件地下水的主要因素。因此，本书基于前文构建的地下水数值模型，在基准年(2018 年)地下水模拟与充分验证的基础上，以 2022 年极端干旱事件作为变化条件，通过改变湖泊水位边界条件(即模型右侧水位边界)和降水、蒸发输入(即模型源汇项)来分析地下水文情势对极端干旱的响应(图 8-32)。

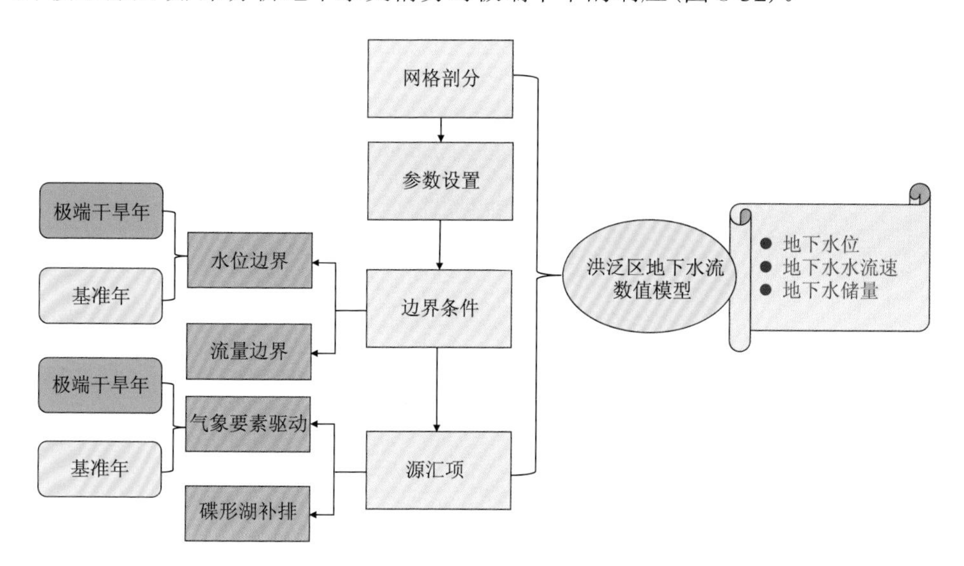

图 8-32 本书地下水情景模拟方案设计示意图

8.5.3 湖区地下水极端干旱模拟结果分析

本书选取了鄱阳湖洪泛区不同典型位置(与 8.4.4 节选取位置保持一致)来分析研究区地下水位对极端干旱的响应特征。图 8-33 模拟结果显示，与基准年相比，极端干旱年的上半年降水量相对较高，因此在上半年时(1～6 月)极端干旱年洪泛区的地下水位整体上要高于基准年水位，约为 2 m。从地下水位波动幅度来看，极端干旱将会导致研究区地下水位波动整体上增大，其中洪泛区东部的地下水位变化幅度最大，约为 10 m，其对极端干旱条件的响应最为敏感；其次是洪泛区南部，地下水位变化幅度约为 8 m；洪泛区北部和西部的地下水位变化幅度最小，约为 6 m。此外，研究区东部明显出现退水期提前的现象，退水期提前约 30 天。洪泛区东部退水期提前，退水变化幅度大的现象，可能是由于该区域靠近鄱阳湖主湖区，不仅受到高温少雨情况下降水量减小的影响，还受到主湖区水文情势变化影响，其中湖水位下降是该区域地下水位变化的主要原因。由此表明，地下水位和湖水位具有时间尺度上的同步响应特征。洪泛区南部靠近鄱阳湖上游流域，其地下水位可能受到流域来水偏少以及湖水位下降的共同影响，与基准年相比，其地下水位下降幅度可达 8 m，此处同样呈现出地下水位与湖水位下降同步响应的特征。与基准年相比，洪泛区西部和北部地下水的下降主要发生在 10 月，降幅基本保持在 1 m 以内，说明地下水位相对于湖水位的下降存在一定的滞后响应特征，这可能是因为这两处区域受到了流域地下水的持续补给作用。由图 8-33 可以得出，与基准年相比，极端干旱年在 6～10 月期间，洪泛区存在着地下水位下降速率明显增加的情况，其中东部区域地下水位下降的速率最大，南部次之，西部和北部地区地下水位下降速率相对较小。不仅如此，与基准年相比，极端干旱导

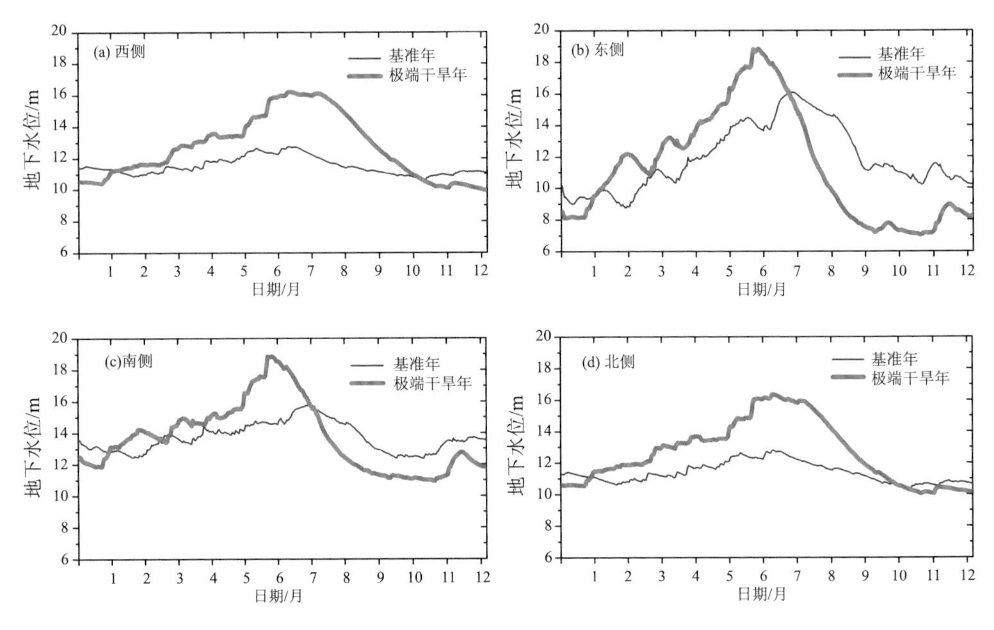

图 8-33　基准年与极端干旱年的地下水位时间序列变化图

致洪泛区地下水位降幅最大可达 5 m(在靠近主湖区的东部区域)。综上所述，极端干旱导致洪泛区地下水位的下降幅度明显增加，不同区域地下水位对干旱条件存在着不同时间尺度的响应特征。

上述分析可知，极端干旱情况的影响主要发生在下半年(7～12 月)，因此本书选取基准年和极端干旱年 7～12 月的地下水位情况，通过水位差值的方法(基准年-极端干旱年)，评估干旱对地下水的空间影响程度(图 8-34)。结合图 8-34 地下水位变化幅度结果，本书进而将其划分为三个等级，分别是弱(水位变化 0～2 m)、中(水位变化 2～4 m)、强(水位变化 4～6 m)，等级的划分有助于更清晰地认识地下水位对极端干旱响应的空间变异性。从空间尺度上分析，在 7～8 月，极端干旱对洪泛区月平均地下水位下降的最强影响区域主要分布在西部和北部；而 9～12 月时，极端干旱对地下水位下降的最强影响区域主要分布在洪泛区东部且靠近下游的广大区域，下降幅度约 4～5 m。

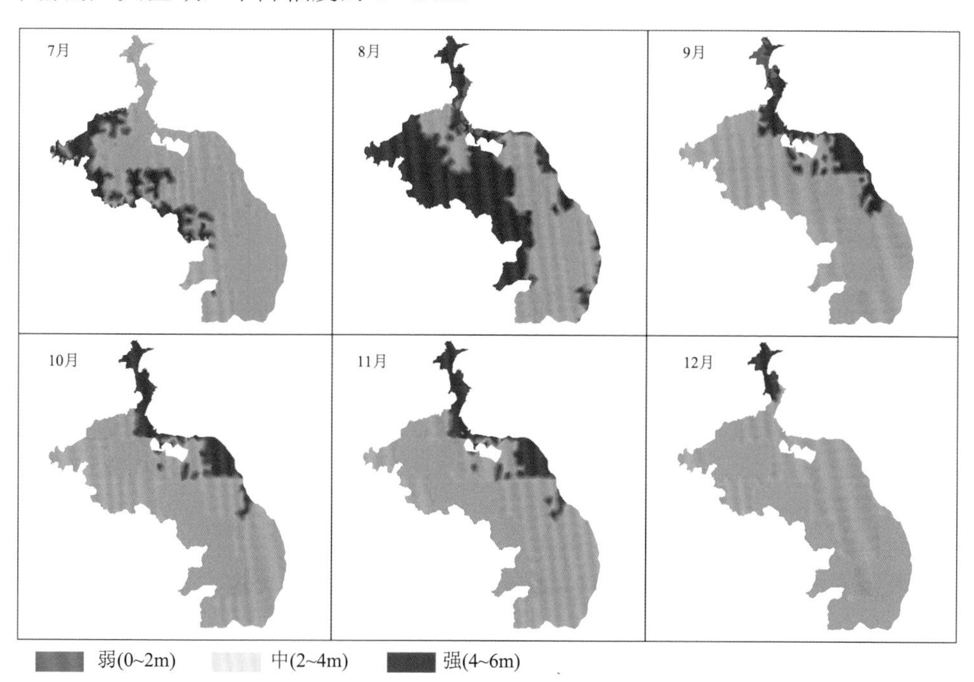

图 8-34　研究区下半年(7～12 月)地下水位对极端干旱情况的空间响应情况

为理解极端干旱对鄱阳湖洪泛区下半年(7～12 月)地下水动力场的影响情况，本书进一步分析了极端干旱对研究区地下水流速的影响。如图 8-35 所示，相对于基准年，极端干旱年地下水流速总体呈现出明显加快的变化趋势，尤其是研究区北部和东部两大区域，变化幅度较大。因为研究区北部靠近鄱阳湖入湖航道，受极端干旱和鄱阳湖出流加快的共同影响，其地下水流速变幅总体较大，约为 0.23 m/d。与基准年相比，地下水流速的最大增幅约为 0.17 m/d(发生在 8 月)，大约是正常年份下的 3 倍。研究区东部则因为该区域靠近鄱阳湖主槽，受湖水位动态变化影响较大，其地下水流速最大可达 0.3 m/d，与基准年相比，最大流速增幅发生在 8 月，流速出现峰值，较基准年地下水流速增加 0.16 m/d，地下水流速约是基准年的 2 倍。研究区南部的地下水流速先是呈下降趋势，8 月中旬开始，地下水流速逐渐增加，9 月增至 0.1 m/d，后趋于相对稳定状态。然而，研究区西部的地下水流速整体上变化微弱(0.02 m/d)，与基准年地下水流速相差不大，表明极端干旱对洪泛区西部地下水流速影响较小(图 8-35)。综上所述，空间上不同区域的地下水流速存在不同的响应特征，但 2022 年极端干旱会导致洪泛区地下水流速的普遍加快，意味着地下水向湖区的整体排泄强度增加，因而加剧了洪泛区地下水量的衰减程度。

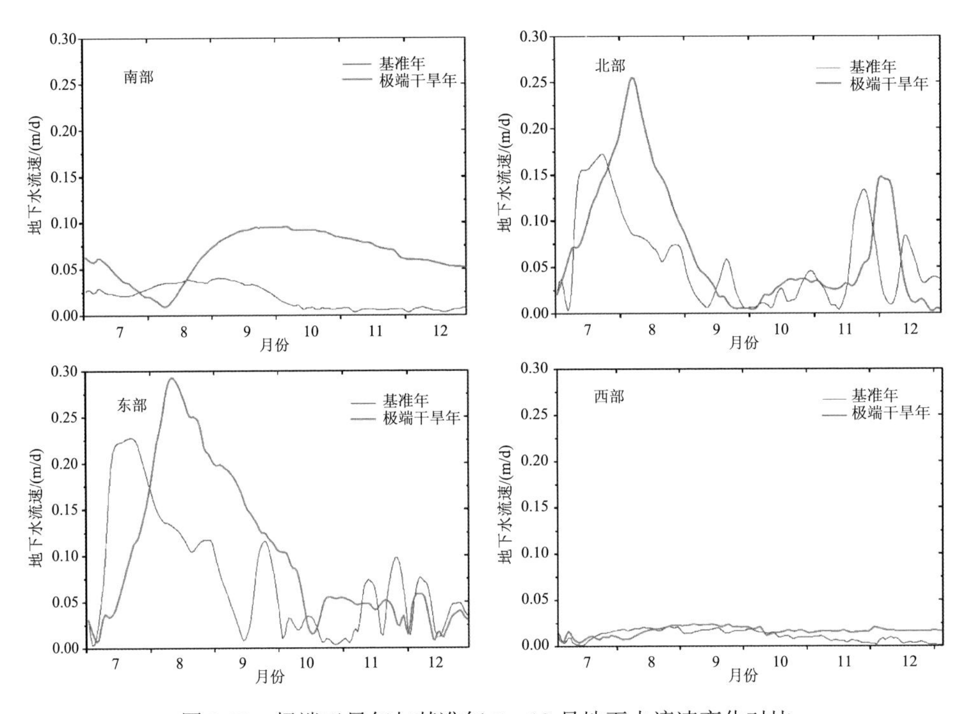

图 8-35　极端干旱年与基准年 7～12 月地下水流速变化对比

上述分析可知，极端干旱条件下地下水位的大幅度下降和地下水流速的普遍加快，导致研究区地下水储量的大幅减少。为分析极端干旱年地下水储量的变化情况，本书从月尺度上分析了鄱阳湖洪泛区的地下水输入和输出水量动态。通过表 8-9 结果可得，尽管从年尺度上来看，极端干旱年的降水补给量相对于基准年

表 8-9　基准年和极端干旱年鄱阳湖洪泛区地下水均衡对比分析表

月份	$Q_p/(10^6\ m^3)$		$Q_l/(10^6\ m^3)$		$NB_{in}/(10^6\ m^3)$		$DB_{in}/(10^6\ m^3)$		$Q_e/(10^6\ m^3)$		$NB_{out}/(10^6\ m^3)$		$DB_{out}/(10^6\ m^3)$	
	基准年	极端干旱年	基准年	极端干旱年	基准年	极端干旱年	基准年	极端干旱年	基准年	极端干旱年	基准年	极端干旱年	基准年	极端干旱年
1	3.35	17.26	0.61	0.61	0.98	1.00	4.42	2.94	3.97	1.95	0.62	0.65	8.55	11.72
2	4.46	9.17	0.55	0.55	0.83	0.91	2.69	6.55	7.83	2.13	0.52	0.60	5.09	1.40
3	15.25	20.05	0.61	0.61	1.00	1.07	7.85	3.37	8.31	4.11	0.65	0.72	2.72	7.38
4	19.72	17.01	0.59	0.59	1.03	1.07	6.97	4.27	12.74	6.73	0.69	0.74	5.08	4.90
5	17.52	16.49	0.61	0.61	1.05	1.11	6.56	8.87	10.96	9.33	0.72	0.75	1.76	0.65
6	7.14	30.66	0.59	0.59	0.97	1.22	6.07	7.87	13.49	6.67	0.65	0.89	1.54	2.63
7	7.94	8.01	0.00	0.00	0.92	1.07	16.64	0.10	19.02	14.17	0.99	1.12	0.84	15.41
8	1.69	1.43	0.00	0.00	0.81	1.07	6.35	0.56	19.60	25.58	0.87	1.14	0.53	19.35
9	1.12	0.01	0.00	0.00	0.74	0.87	0.92	2.35	14.72	27.10	0.80	0.93	7.00	6.46
10	3.46	1.30	0.61	0.61	0.77	0.83	3.88	5.00	13.00	17.26	0.58	0.65	1.43	3.48
11	8.65	8.82	0.59	0.59	0.82	0.96	7.37	7.28	6.68	7.42	0.55	0.67	3.91	3.50
12	8.28	0.46	0.61	0.61	0.94	0.81	3.81	4.66	6.31	5.23	0.66	0.55	6.21	5.31
累计	98.58	130.67	5.37	5.37	10.86	11.99	73.53	53.82	136.63	127.68	8.30	9.41	44.66	82.19

注：Q_p 表示降水入渗；Q_l 表示碟形湖对地下水的补给；NB_{in} 表示西侧二类边界的流入量；DB_{in} 表示东侧一类边界的流入量；Q_e 表示潜水蒸发量；NB_{out} 表示西侧二类边界的流出量；DB_{out} 表示东侧一类边界的流出量。

有所增加，但从月尺度上分析，极端干旱年的降水补给主要集中在上半年(1～6 月)，7 月降水量出现明显的转折，与 6 月相比，降雨量骤然减少了近 75%。下半年(7～12 月)的降水补给量约为 2.003×10^7 m^3，比基准年减小了 1.111×10^7 m^3，约是基准年下半年降水补给的 64%。尤其是 9 月，极端干旱年的地下水系统几乎没有受到降水补给，降水量的大幅度减少是导致 2022 年下半年极端干旱的主要原因。东侧水位边界的补给、排泄量的改变也是导致鄱阳湖洪泛区地下水储量减少的重要原因。东侧水位边界主要是洪泛区地下水与湖水之间水量交换的重要通道，极端干旱年的东侧边界补给量较基准年减少了 30%，而排泄量却增加了近一倍，显著增强了洪泛区湿地地下水的排泄，由此也表明了干旱时期地下水是湖泊水量平衡的重要贡献组分之一。综上所述，2022 年下半年的降水减少以及湖水位的下降，共同导致了鄱阳湖洪泛区地下水的排泄和含水层水储量明显减少。

图 8-36 进一步从地下水均衡系统的角度开展了月尺度地下水储量的动态变化分析，其中负值表示地下水储量减少，正值表示地下水储量增加。结果表明，在鄱阳湖的丰水期和退水期(7～12 月)，极端干旱年的地下水储量较基准年明显减少，尤其是 8 月份，极端干旱年的排泄量是基准年的 3.5 倍。其中 11 月地下水储量小幅度上升，这可能是因为 11 月时，鄱阳湖地区受降水影响，对洪泛区地下水存在一定的补给。尽管从月尺度上来看，研究区地下水均衡量发生了改变，但其补排状态并没有较大影响，极端干旱年仍保持在春夏季节研究区地下水系统以补给状态为主，秋冬季节主要以排泄状态为主。从年尺度分析(月尺度地下水均

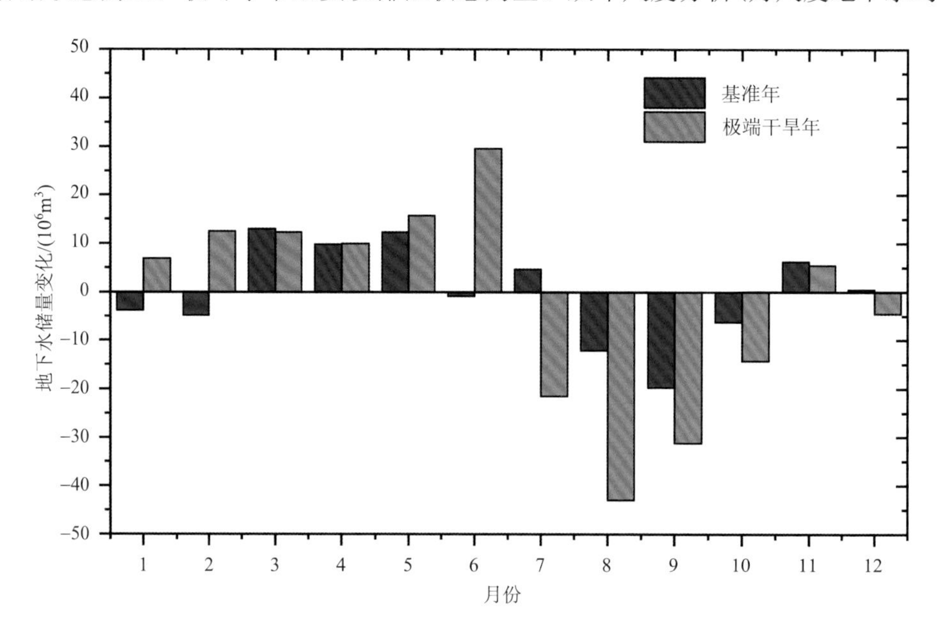

图 8-36　基准年和极端干旱年鄱阳湖洪泛区月平均地下水储量变化对比

衡累加获得)，基准年和极端干旱年的地下水储量均呈向外排泄，即年储量减小，相比于基准年，极端干旱年地下水排泄量(1.74×10^7 m^3)约为基准年地下水排泄量(1.2×10^6 m^3)的 14.5 倍，进一步表明了极端干旱年的“汛期返枯”现象加剧了鄱阳湖洪泛区地下水储量的衰减。

8.6　鄱阳湖流域未来气候变化和干旱情势预测

本节基于最新的耦合模式比较项目第六阶段(CMIP6)，在不同全球变暖目标(1.5～3℃)下，预测了鄱阳湖流域的未来气候变化。CMIP6(Coupled Model Intercomparison Project Phase 6)是政府间气候模型比较项目的第六阶段，是目前最新的一次全球气候模型比较项目，包含历史实验和预测实验两个部分。CMIP6 汇集了全球各地的气候模型研究机构和科学家，旨在提供更准确的气候变化预测数据，以帮助人们更好地理解未来气候变化的趋势和影响。SSP(shared socioeconomic pathways)是一种用于描述未来全球社会经济发展路径的情景框架，旨在为气候变化研究和政策制定提供一系列不同的发展情景，以便评估不同社会经济条件下对气候变化的影响和应对措施。SSP 情景框架是与 CMIP6 气候模型比较项目结合使用的，有助于将气候变化模型和社会经济发展模型进行整合和对比。

本节评估了 30 个 CMIP6 全球环流模式，根据模型在历史模拟期(1995～2014 年)的模拟精度，从中优选了 5 个 GCM 进行多模式集合分析，分别为 BCC-CSM2-MR(中国)、CanESM5(加拿大)、GFDL-ESM4(美国)、MPI-ESM-1-2-HAM(瑞士)和 MRI-ESM2-0(日本)。我们将选定模型在 2015～2100 年期间的未来预测与 1995～2014 年的历史模拟进行比较，以预测鄱阳湖流域的未来降水和气温的变化情势。在预测中，仅使用每个 GCM 输出的第一个实例(r1i1p1f1)。r1i1p1f1 表示模型按照基本配置和约束条件(相同的集合成员、初始化方法、物理和外部强迫)进行，没有额外的随机扰动。

因此，这里采用了四种 SSP 情景，分别是 SSP1-2.6(SSP126)、SSP2-4.5(SSP245)、SSP3-7.0(SSP370)和 SSP5-8.5(SSP585)，分别代表低、中、中高和高浓度情景，以考虑不同可能的未来温室气体排放和气候政策。

SSP1-2.6：这一情景代表了低排放、可持续发展路径。在 SSP126 情景下，未来人口增长缓慢，经济增长稳定，能源使用效率提高，全球合作加强，温室气体排放水平较低。

SSP2-4.5：这一情景代表了中等排放、稳定发展路径。在 SSP245 情景下，人口增长适中，经济增长稳定，能源使用继续增长但逐渐减缓，对气候变化的影响相对平衡。

SSP3-7.0：这一情景代表了中高排放、不平衡发展路径。在 SSP370 情景下，人口增长快速，经济增长不平衡，能源使用较高，地区间不平等，导致较高水平的温室气体排放。

SSP5-8.5：这一情景代表了高排放、高发展路径。在 SSP585 情景下，人口增长迅速，经济增长快速，能源使用高，技术创新激增，导致高水平的温室气体排放。

图 8-37 为鄱阳湖流域日平均气温(年平均值)的预测结果，其中不同颜色的折线代表不同的SSP情景下多种模型预测结果的均值，半透明的色带代表多种 GCM 预测值的范围。研究结果显示，在 SSP2-4.5 中等排放情景下，1.5℃、2℃和 3℃的变暖将分别在约 2040 年、2060 年以及 2075 年发生。相对于历史时期，到 2100年，气温在不同排放情景下，分别增加了约 0.06℃、3.44℃、4.35℃和 5.73℃，表明了鄱阳湖流域未来将会出现比较明显的变暖趋势。

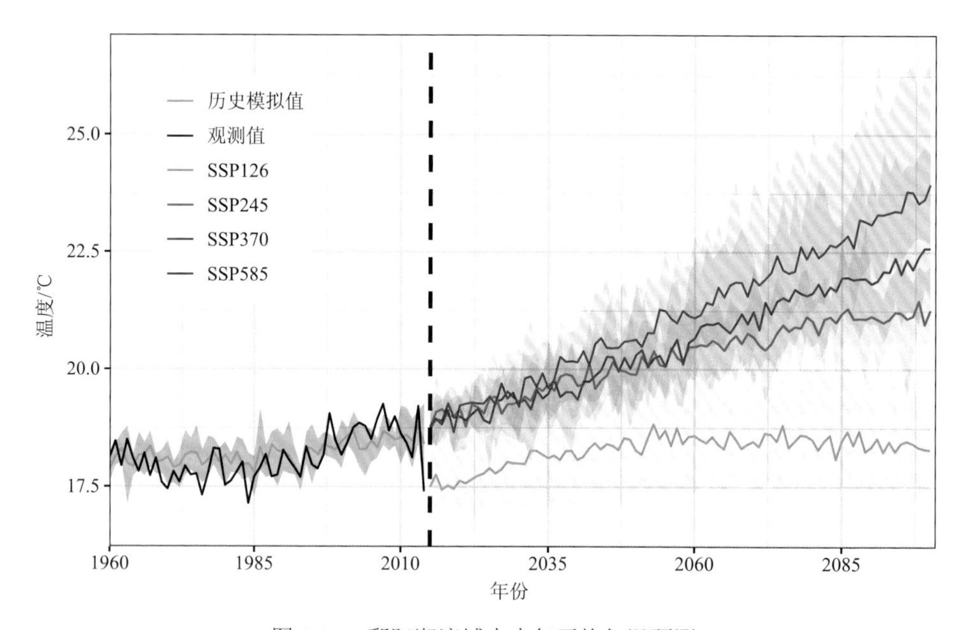

图 8-37　鄱阳湖流域未来年平均气温预测

图 8-38 为鄱阳湖流域极端高温日所占比例的未来情势预测结果。极端高温日定义为日最高温度大于 35℃，极端高温日所占比例为一年中极端高温日占全年总日数的比例，用以表征鄱阳湖流域的极端高温变化趋势。本书结果显示，历史模拟时期，极端高温日比例为 0.59%。在 SSP1-2.6、SSP2-4.5、SSP3-7.0 和 SSP5-8.5的排放情景下，到 2100 年，鄱阳湖流域的极端高温日比例将增加至 1.8%、6.3%、18.4%和 24.1%，表明了鄱阳湖流域极端高温天气的发生呈增加趋势。

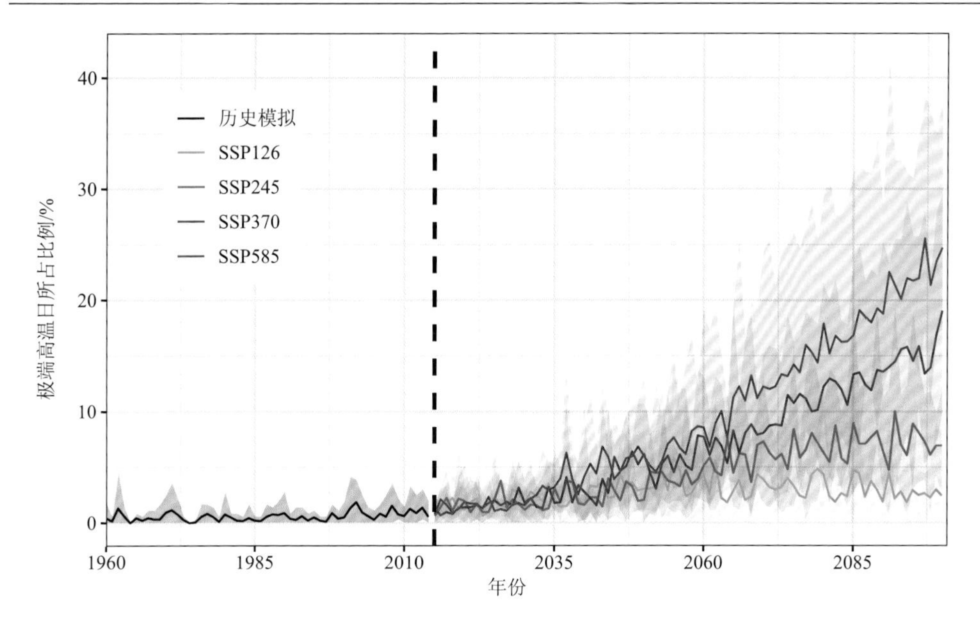

图 8-38　鄱阳湖流域未来极端高温情势预测

图 8-39 为鄱阳湖流域年降水量的预测结果。结果显示，在 1.5℃、2℃和 3℃的全球变暖目标下，相对于基准期，预测年降水量上升了 4.82%、6.92%和 8.91%。历史基准期，鄱阳湖年降水量均值模拟结果为 1480 mm。未来预测期内，对应

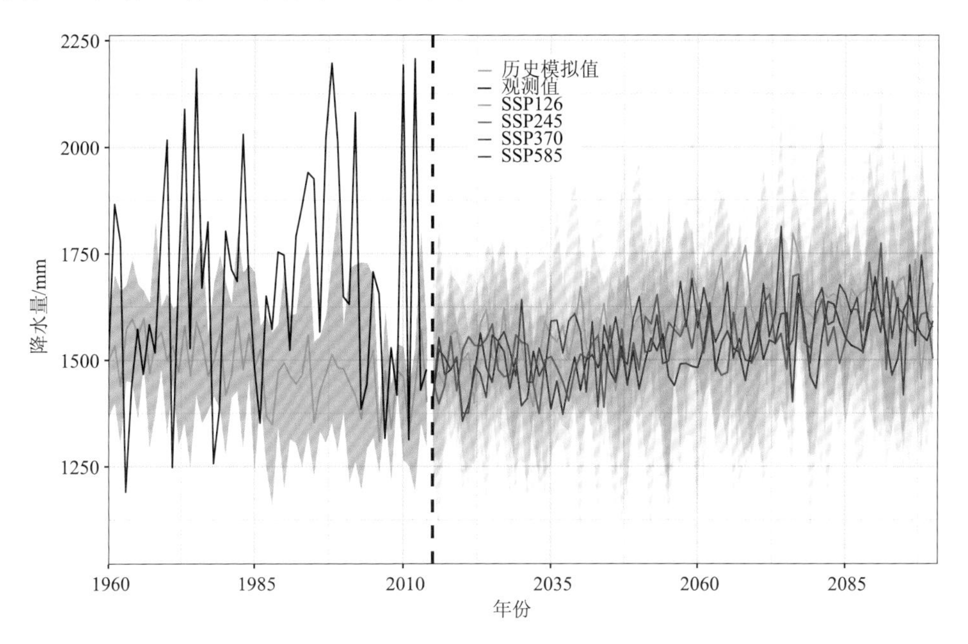

图 8-39　鄱阳湖流域未来年降水量预测变化

SSP1-2.6、SSP2-4.5、SSP3-7.0 和 SSP5-8.5 的排放情景，年降水量均值分别为 1590 mm、1543 mm、1511 mm 和 1561mm，相对基准期分别上升了 7.4%、4.2%、2.1%和 5.4%。此外，降水年内分配的季节性差异也呈显著增强的未来变化趋势，极端降水发生的概率在不同排放情景下均有一定程度的提高。

图 8-40 为鄱阳湖流域秋季干旱的未来预测结果，采用的干旱指标为降水亏缺指数，即秋季(9～11 月)累计降水量相对于多年同期平均降水量的变化率。当降水亏缺指数小于 0 时，表明该年秋季降水量较历史同期偏小，易发生气象干旱。预测结果显示，历史基准期，鄱阳湖流域秋季降水亏缺指数模拟结果为–6.92%。在未来预测期，对于 SSP1-2.6、SSP2-4.5、SSP3-7.0 和 SSP5-8.5 的排放情景，鄱阳湖流域的秋季降水亏缺指数分别为 0.36%、–4.57%、–1.68%和–0.51%。结果表明，在 SSP2-4.5 排放情景下，鄱阳湖流域未来秋季干旱呈显著加强的情势，在 SSP1-2.6 和 SSP5-8.5 情景下，未来秋季干旱的变化程度不是很明显。

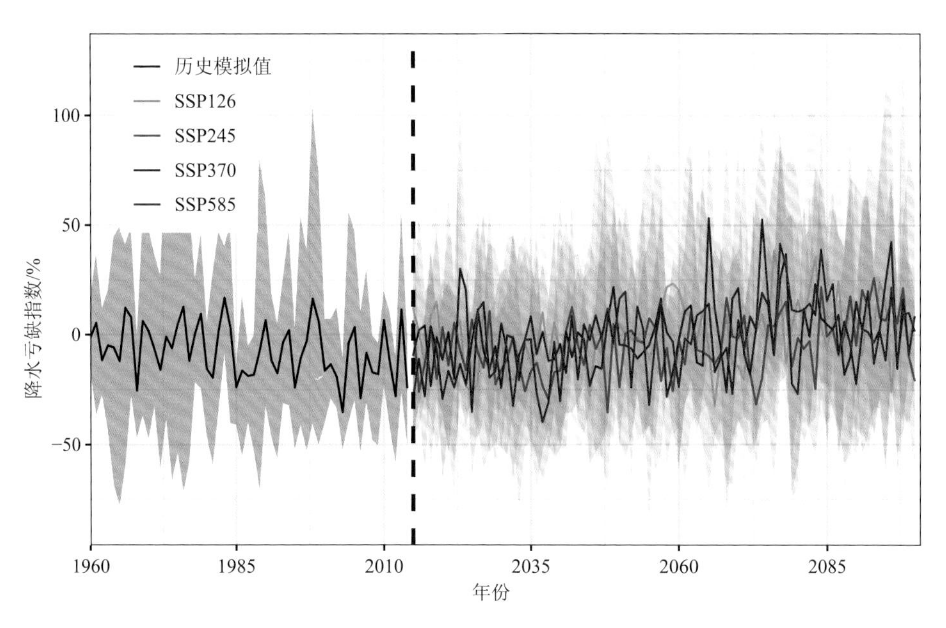

图 8-40　鄱阳湖流域未来秋季干旱情势预测

8.7 本 章 小 结

本章围绕近些年来鄱阳湖流域极端干旱事件开展了该区域地表-地下水响应过程和机理研究。在鄱阳湖湖区水位遭受 2022 年极端干旱严重影响的前提条件下，分析了 2022 年鄱阳湖水文条件的极端变化状况，探明了不同水文年鄱阳湖流域地下水文情势的基本特征及其对外部环境变化的响应。应用地下水流数学模型的构建与验证，进而模拟评估了 2022 年极端干旱对鄱阳湖区地下水文系统的影响，可为新时期变化环境影响下鄱阳湖地表和地下水资源的保障提供应对策略。本章主要得到以下结论。

(1) 极端干旱导致鄱阳湖枯水期提前、枯水期延长、枯水期水位持续偏低以及汛期返枯。2022 年秋季鄱阳湖水面积较同期减少 60%以上，枯水一线持续时间长达 4 个月。2022 年极端干旱达到了 60 年来最为严峻的干旱程度。

(2) 近 5 年来鄱阳湖流域每年有 70%以上的监测点位地下水位变幅在 0～4 m 之间，个别监测点位地下水位变幅大于 9 m，且分布鄱阳湖区周边，湖区周边地下水位变异系数可达 0.3。2022 极端干旱年相较于前 4 年而言，流域上、中、下游的地下水位从 7 月开始呈现明显的偏低态势，河湖水系分布和降雨条件很大程度上影响了地下水位的时空变化。

(3) 鄱阳湖流域地下水潜力分区划分结果显示，地下水潜力中等、较好、非常好的区域分别占流域的 34.2%、26%、12.1%，共计 70%以上，表明流域整体上地下水潜力较好。交叉验证的结果表明，层次分析法能够有效划定地下水潜力分区，有助于水资源管理和确定有效钻井区域，也有助于从事水资源管理和土地利用规划相关部门，在极端干旱时期确定地下水来源。

(4) 湖区地下水数值模型可很好再现湖区不同年份的地下水位波动情况以及年内枯涨丰退 4 个主要阶段的水文节律变化特点，能较为敏感地捕捉到地下水的极值变化情况。渗透系数和给水度改变，均可以引起较大的地下水位变化，说明模型对给水度和渗透系数存在很强敏感性。

(5) 地下水对降水、蒸发等气候变化的响应较为敏感。从空间尺度上分析，气候变化对湖区北部、西部地下水位影响较大，对南部和东部的影响相对较小。当降水、蒸发变化超过 50%，鄱阳湖区地下水将难以维持原有的水文节律。2022 年极端干旱情况下，降水补给的减少以及地下水向湖水的大量排泄共同导致了鄱阳湖区地下水储量大幅度减少，导致湖区地下水位的下降幅度明显增加，且不同区域地下水位对干旱发生存在着不同时间尺度的响应特征。总的来说，湖区地下水储量相较于正常年份减少量约 1.74×10^7 m^3，这是正常年份的 14 倍之多。

(6) 基于 CMIP6 的预测结果显示，到 2100 年，气温在不同排放情景下，同历史基准期相比分别增加了约 0.06℃、3.44℃、4.35℃和 5.73℃，表明了鄱阳湖流域未来将会出现比较明显的变暖趋势。鄱阳湖流域的极端高温日比例将增加 1.8%、6.3%、18.4%和 24.1%，表明了鄱阳湖流域极端高温天气的发生呈增加趋势。降水年内分配的季节性差异也呈显著增强的未来变化趋势，极端降水发生的概率在不同排放情景下均有一定程度的提高。在 SSP2-4.5 排放情景下，鄱阳湖流域未来秋季干旱呈显著加强的情势，在 SSP1-2.6 和 SSP5-8.5 情景下，未来秋季干旱的变化程度不是很明显。

参 考 文 献

陈海山, 孙照渤. 2002. 陆气相互作用及陆面模式的研究进展. 南京气象学院学报, 25(2): 277-288.

陈素景, 李丽娟, 李九一, 等. 2017. 近55年来澜沧江流域降水时空变化特征分析. 地球信息科学学报, 19(3): 365-373.

程兵芬, 严登华, 罗先香, 等. 2014. 干旱对地表水体水质的影响研究进展. 干旱区研究, 31(1): 32-37.

程浩秋, 魏江峰, 宋媛媛, 等. 2023. 2022年夏季长江流域干旱的水循环模拟和分析. 大气科学学报, 46(6): 813-824.

程智, 徐敏, 罗连升, 等. 2012. 淮河流域旱涝急转气候特征研究. 水文, 32(1): 73-79.

储小东. 2022. 环鄱阳湖城市群区域地下水环境演化与分区防控研究. 南昌: 南昌大学.

樊哲文, 黄灵光, 钱海燕, 等. 2009. 鄱阳湖流域土地利用变化的土壤侵蚀效应. 资源科学, 31(10): 1787-1792.

高辉, 王永光. 2007. ENSO对中国夏季降水可预测性变化的研究. 气象学报, 65(1): 131-137.

官满元. 2007. 2004年特大干旱成因分析. 气象研究与应用, 28(1): 60-63.

郭华, Hu Q, 张奇, 等. 2012. 鄱阳湖流域水文变化特征成因及旱涝规律. 地理学报, 67(5): 699-709.

郝增超, 侯爱中, 张璇, 等. 2020. 干旱监测与预报研究进展与展望. 水利水电技术, 51(11): 30-40.

胡娟, 晏红明, 周建琴. 2018. 影响东亚夏季风降水异常的前期海温信号. 热带气象学报, 34: 401-409.

胡毅鸿, 李景保. 2017. 1951—2015年洞庭湖区旱涝演变及典型年份旱涝急转特征分析. 农业工程学报, 33(7): 107-115.

胡振鹏. 2023. 2022年鄱阳湖极端干旱及防旱减灾对策建议. 中国防汛抗旱, 33(2): 1-6.

黄会平. 2010. 1949－2007年我国干旱灾害特征及成因分析. 冰川冻土, 32: 659-665.

黄荣辉. 1990. 引起我国夏季旱涝的东亚大气环流异常遥相关及其物理机制的研究. 大气科学, 14: 108-117.

黄荣辉. 2006. 我国重大气候灾害的形成机理和预测理论研究. 地球科学进展, 21(6): 564-575.

黄荣辉, 蔡榕硕, 陈际龙, 等. 2006. 我国旱涝气候灾害的年代际变化及其与东亚气候系统变化的关系. 大气科学, 30: 730-743.

黄荣辉, 陈际龙, 周连童, 等. 2003. 关于中国重大气候灾害与东亚气候系统之间关系的研究. 大气科学, 27: 770-787.

黄荣辉, 傅云飞, 臧晓云. 1996. 亚洲季风与ENSO循环的相互作用. 气候与环境研究, 1: 38-54.

黄荣辉, 顾雷, 陈际龙, 等. 2008. 东亚季风系统的时空变化及其对我国气候异常影响的最近研究进展. 大气科学, 32: 691-719.

黄茹. 2015. 淮河流域旱涝急转事件演变及应对研究. 北京: 中国水利水电科学研究院.

贾楠, 程杰, 李因帅, 等. 2025. 中国长江流域干旱: 从山到海的连锁影响. 中国科学: 地球科学, 55(3): 985-990.

贾建伟, 王栋, 徐伟峰, 等. 2023. 2022 年鄱阳湖流域干旱综合评估及成因分析. 人民长江, 54: 36-42.

江西省水利厅, 江西省统计局. 2013. 江西省第一次水利普查公报. 江西水利科技, 39(2): 79-82.

金斌松, 聂明, 李琴, 等. 2012. 鄱阳湖流域基本特征、面临挑战和关键科学问题. 长江流域资源与环境, 21(3): 268-275.

琚建华, 吕俊梅, 任菊章. 2006. 北极涛动年代际变化对华北地区干旱化的影响. 高原气象, 25: 74-81.

兰盈盈. 2016. 赣江三角洲地下水与地表水交互关系及其生态效应. 武汉: 中国地质大学.

雷声, 全智平, 王能耕. 2023a. 2022 年江西省极端干旱回顾与思考. 中国防汛抗旱, 33: 1-6.

雷声, 石莎, 屈艳萍, 等. 2023b. 2022 年鄱阳湖流域极端干旱特征及未来应对启示. 水利学报, 54: 333-346.

李俊, 袁媛, 王遵娅, 等. 2020. 2019 年长江中下游伏秋连旱演变特征. 气象, 46: 1641-1650.

李启芬, 吴哲红, 王兴菊, 等. 2020. 1981 年以来中国夏季降水变化特征及其与 SST 和前期环流的联系. 高原气象, 39(1): 58-67.

李倩, 林毅, 林益同, 等. 2022 . 辽宁省旱涝急转事件客观识别与分类方法. 辽宁省, 沈阳区域气候中心.

李忆平, 张金玉, 岳平, 等. 2022. 2022 年夏季长江流域重大干旱特征及其成因研究. 干旱气象, 40: 733-747.

李云良, 张奇, 谭志强, 等. 2022. 鄱阳湖洪泛系统地表-地下水文水动力过程与模拟. 北京: 科学出版社.

林明丽, 廖忠辉, 刘炼烨, 等. 2008. 2007 年湘潭夏季高温干旱成因分析. 气象水文海洋仪器, 3: 64-66.

刘斌涛, 陶和平, 宋春风, 等. 2012. 基于重心模型的西南山区降雨侵蚀力年内变化分析. 农业工程学报, 28(21): 113-120.

刘卫林, 朱圣男, 刘丽娜, 等. 2020. 基于 SPEI 的 1958—2018 年鄱阳湖流域干旱时空特征及其与 ENSO 的关系. 中国农村水利水电, 4: 116-128.

刘元波, 赵晓松, 吴桂平. 2014. 近十年鄱阳湖区极端干旱事件频发现象成因初析. 长江流域资源与环境, 23(1): 131-138.

罗伯良, 李易芝. 2014. 2013 年夏季湖南严重高温干旱及其大气环流异常. 干旱气象, 32: 593-598.

齐述华, 张秀秀, 江丰, 等. 2019. 鄱阳湖水文干旱化发生的机制研究. 自然资源学报, 34: 168-178.

闪丽洁, 张利平, 张艳军, 等. 2018. 长江中下游流域旱涝急转事件特征分析及其与ENSO的关系. 地理学报, 73(1): 25-40.

沈柏竹, 张世轩, 杨涵宥, 等. 2012. 2011年春夏季长江中下游地区旱涝急转特征分析. 物理学报, 61: 109202.

唐国华, 胡振鹏. 2017. 气候变化背景下鄱阳湖流域历史水旱灾害变化特征. 长江流域资源与环境, 26(8): 1274-1283.

王浩. 2023. 长江流域水资源保障能力不断夯实. 人民日报, 2023-10-23(015).

王然丰, 李志萍, 赵贵章, 等. 2017. 近60年鄱阳湖水情演变特征. 热带地理, 37(4): 512-521.

王蕊, 陈阿娇, 贺新光. 2018. 长江流域月降水的时空变化及其与AO/NAO的时滞相关分析. 气象科学, 38: 730-738.

魏信祥, 杨周白露, 张望. 2023. 洪涝灾害对鄱阳湖流域地下水水质的影响—以乐安河乐平段为例. 江西科学, 41(4): 773-780.

吴桂平, 刘元波, 赵晓松, 等. 2013. 基于MOD16产品的鄱阳湖流域地表蒸散量时空分布特征. 地理研究, 32(4): 617-627.

吴庆华, 汪啸, 范越. 2022. 长江中下游地下水资源战略储备选址适宜性评价指标体系. 长江科学院院报, 39(8): 145-151.

吴志伟, 李建平, 何金海, 等. 2006. 大尺度大气环流异常与长江中下游夏季长周期旱涝急转. 科学通报, 14: 103-110.

武炳义, 卞林根, 张人禾. 2004. 冬季北极涛动和北极海冰变化对东亚气候变化的影响. 极地研究, 16(3): 211-220.

夏军, 陈进, 佘敦先. 2022a. 2022年长江流域极端干旱事件及其影响与对策. 水利学报, 53: 1143-1153.

夏军, 刁艺璇, 佘敦先, 等. 2022b. 鄱阳湖流域水资源生态安全状况及承载力分析. 水资源保护, 38(3): 1-8.

夏星辉, 吴琼, 牟新利. 2012. 全球气候变化对地表水环境质量影响研究进展. 水科学进展, 23:(1): 124-133.

熊梦雅. 2016. 人类活动对鄱阳湖流域侵蚀产沙与输沙的影响. 南昌: 江西师范大学.

许继军, 吴江. 2024. 长江流域建立水资源刚性约束制度的关键问题与对策研究. 中国水利, 9: 34-38.

杨家伟, 陈华, 侯雨坤, 等. 2019. 基于气象旱涝指数的旱涝急转事件识别方法. 地理学报, 74(11): 2358-2370.

袁晓玉, 马德贞. 2005. 2003年江南干旱的成因分析. 气象, 31(7): 37-41.

袁星, 马凤, 李华, 等. 2020. 全球变化背景下多尺度干旱过程及预测研究进展. 大气科学学报, 43(1): 225-237.

张奇, 薛晨阳, 夏军. 2023. 鄱阳湖极端干旱的影响, 成因与对策. 中国科学院院刊, 12: 1894-1902.

张强, 肖风劲. 2005. 2004年全国干旱灾害及其影响. 中国减灾, 4: 38-40.

张水锋, 张金池, 闵俊杰, 等. 2012. 基于径流分析的淮河流域汛期旱涝急转研究. 湖泊科学,

24(5): 679-686.

张云昌, 赵进勇. 2023. 强干扰河流生态学基本问题与技术体系探析. 中国水利, 22: 6-9, 41.

张云帆, 翟丽妮, 林沛榕, 等. 2021. 长江中下游典型流域旱涝与旱涝/涝旱急转演变规律及其驱动因子研究. 武汉大学学报(工学版), 54: 887-933.

赵海燕, 张强, 高歌, 等. 2010. 中国 1951—2007 年农业干旱的特征分析. 自然灾害学报, 19: 201-206.

赵志龙, 罗娅, 余军林, 等. 2018. 贵州高原 1960-2016 年降水变化特征及重心转移分析. 地球信息科学学报, 20(10): 1432-1442.

郑金丽, 严子奇, 周祖昊, 等. 2021. 基于综合干旱指数的鄱阳湖流域干旱时空分异特征研究. 水利水电技术, 52(8): 91-100.

朱益民, 杨修群, 陈晓颖, 等. 2007. ENSO 与中国夏季年际气候异常关系的年代际变化. 热带气象学报, 23: 105-116.

Abedi M, Shafizadeh-Moghadam H, Morid S, et al. 2020. Evaluation of ECMWF mid-range ensemble forecasts of precipitation for the Karun River Basin. Theoretical and Applied Climatology, 141(1): 61-70.

Abiy A Z, Melesse A M, Abtew W. 2019. Teleconnection of regional drought to ENSO, PDO, and AMO: Southern Florida and the Everglades. Atmosphere, 10: 1-15.

Abramowitz M, Stegun I A. 1965. Handbook of Mathematical Functions, with Formulas, Graphs, and Mathematical Tables. Washington D C: Dover Publications.

Ambaum M H P, Hoskins B J, Stephenson D B. 2001. Arctic Oscillation or North Atlantic Oscillation? Journal of Climate, 14(16): 3495-3507.

Apurv T, Cai X. 2020. Drought propagation in contiguous U. S. watersheds: A process-based understanding of the role of climate and watershed properties. Water Resources Research, 55: e2020WR027755.

Arnal L, Cloke H L, Stephens E, et al. 2018. Skilful seasonal forecasts of streamflow over Europe? Hydrology and Earth System Sciences, 22(4): 2057-2072.

Ascott M, Brauns B, Crewdson E, et al. 2023. A conceptual model of the groundwater contribution to streamflow during drought in the Afon Fathew catchment, Wales. Nottingham, UK, British Geological Survey, 64.

Ashok K, Yamagata T. 2009. The El Niño with a difference. Nature, 461: 481-484.

Bachmair S, Svensson C, Hannaford J, et al. 2016. A quantitative analysis to objectively appraise drought indicators and model drought impacts. Hydrology and Earth System Sciences, 20(7): 2589-2609.

Báez J C, Gimeno L, Gómez-Gesteira M, et al. 2013. Combined effects of the North Atlantic Oscillation and the Arctic Oscillation on sea surface temperature in the Alborán Sea. PLoS One, 8(4): e62201.

Baker J C A, Castilho de Souza D, Kubota P Y, et al. 2021. An assessment of land-atmosphere interactions over South America using satellites, reanalysis, and two global climate models.

Journal of Hydrometeorology, 22 (4) : 905-922.

Barbieri M, Barberio M D, Banzato F, et al. 2023. Climate change and its effect on groundwater quality. Environmental Geochemistry and Health, 45 (4) : 1133-1144.

Barendrecht M H, Matanó A, Mendoza H, et al. 2024. Exploring drought - to - flood interactions and dynamics: A global case review. Wiley Interdisciplinary Reviews: Water, e1726.

Beckers J V L, Weerts A H, Tijdeman E, et al. 2016. ENSO-conditioned weather resampling method for seasonal ensemble streamflow prediction. Hydrology and Earth System Sciences, 20 (8) : 3277-3287.

Behera S K, Luo J J, Masson S, et al. 2006. A CGCM study on the interaction between IOD and ENSO. Journal of Climate, 19 (9) : 1688-1705.

Beusen A H W, Bouwman A F, Van Beek L P H. 2016. Global riverine N and P transport to ocean increased during the 20th century despite increased retention along the aquatic continuum. Biogeosciences, 13 (8) : 2441-2451.

Björnsson H, Venegas S A. 1997. A manual for EOF and SVD analyses of climate data, McGill University. Montréal, Québec. Report No. 97-1.

Bourdin D R, Fleming S W, Stull R B. 2012. Streamflow modelling: A primer on applications, approaches and challenges. Atmosphere-Ocean, 50 (4) : 507-536.

Breiman L. 2001. Random forests. Machine Learning, 45 (1) : 5-32.

Charney J G. 1975. Dynamics of deserts and drought in the Sahel. Quarterly Journal of the Royal Meteorological Society, 101 (428) : 193-202.

Chen H P, Sun J Q. 2015. Changes in drought characteristics over China using the standardized precipitation evapotranspiration index. Journal of Climate, 28 (13) : 5430-5447.

Chen J, Li Y, Shu L, et al. 2023. The influence of the 2022 extreme drought on groundwater hydrodynamics in the floodplain wetland of Poyang Lake using a modeling assessment. Journal of Hydrology, 626: 130194.

Chen J F, Li M, Wang W G. 2012. Statistical uncertainty estimation using random forests and its application to drought forecast. Mathematical Problems in Engineering, 1-13.

Chen Y, Zhai P, Liao Z, et al. 2019. Persistent precipitation extremes in the Yangtze River Valley prolonged by opportune configuration among atmospheric teleconnections. Quarterly Journal of the Royal Meteorological Society, 145 (723) : 2603-2626.

Cheung H N, Zhou W, Mok H Y, et al. 2012. Relationship between Ural-Siberian Blocking and the East Asian winter monsoon in relation to the Arctic oscillation and the El Niño-Southern Oscillation. Journal of Climate, 25 (12) : 4242-4257.

Chevuturi A, Turner A G, Johnson S, et al. 2021. Forecast skill of the Indian Monsoon and its onset in the ECMWF seasonal forecasting system 5 (SEAS5) . Climate Dynamics, 56 (9) : 2941-2957.

Cooper D J, Sanderson J S, Stannard D I, et al. 2006. Effects of long-term water table drawdown on evapotranspiration and vegetation in an arid region phreatophyte community. Journal of Hydrology, 325 (1/2/3/4) : 21-34.

Cremona A, Huss M, Landmann J M, et al. 2023. European heat waves 2022 : Contribution to extreme glacier melt in Switzerland inferred from automated ablation readings. The Cryosphere, 17(5): 1895-1912.

Da Silva R, Lamb L C, Barbosa M C. 2016. Universality, correlations, and rankings in the Brazilian universities national admission examinations. Physica A: Statistical Mechanics and its Applications, 457: 295-306.

Dai A. 2011. Drought under global warming: A review. Wiley Interdisciplinary Reviews: Climate Change, 2(1): 45-65.

Danandeh Mehr A, Kahya E, Özger M. 2014. A gene-wavelet model for long lead time drought forecasting. Journal of Hydrology, 517: 691-699.

Dash S S, Sahoo B, Raghuwanshi N S. 2021. How reliable are the evapotranspiration estimates by Soil and Water Assessment Tool(SWAT) and Variable Infiltration Capacity(VIC) models for catchment-scale drought assessment and irrigation planning? Journal of Hydrology, 592: 125838.

David J, Cooper J S, Sanderson D I, et al. 2005. Effects of long-term water table drawdown on evapotranspiration and vegetation in an arid region phreatophyte community. Journal of Hydrology, 325(1): 21-34.

Deng S, Cheng L, Yang K, et al. 2019. A multi-scalar evaluation of differential impacts of canonical ENSO and ENSO Modoki on drought in China. International Journal of Climatology, 39: 1985-2004.

Di Baldassarre G, Martinez F, Kalantari Z, et al. 2016. Drought and flood in the anthropocene: Modelling feedback mechanisms. Earth System Dynamics Discussions, 1-24.

Dikshit A, Pradhan B, Alamri A M. 2020. Short-term spatio-temporal drought forecasting using random forests model at New South Wales, Australia. Applied Sciences, 10(12): 4254.

Dikshit A, Pradhan B, Alamri A M. 2021. Long lead time drought forecasting using lagged climate variables and a stacked long short-term memory model. Science of the Total Environment, 755: 142638.

Donges J F, Schleussner C F, Siegmund J F, et al. 2016. Event coincidence analysis for quantifying statistical interrelationships between event time series: On the role of flood events as triggers of epidemic outbreaks. European Physical Journal: Special Topics, 225: 471-487.

Dutra E, Di Giuseppe F, Wetterhall F, et al. 2013. Seasonal forecasts of droughts in African Basins using the Standardized Precipitation Index. Hydrology and Earth System Sciences, 17(6): 2359-2373.

Dutra E, Pozzi W, Wetterhall F, et al. 2014. Global meteorological drought-Part 2: Seasonal forecasts. Hydrology and Earth System Sciences, 18(7): 2669-2678.

Enfield D B, Mestas-Nuñez A M, Trimble P J. 2001. The Atlantic Multidecadal Oscillation and its relation to rainfall and river flows in the continental U. S. Geophysical Research Letters, 28(10): 2077-2080.

FAO. 1984. The taungya system in south-west Ghana, in: The FAO Informal Meeting on Improvements in Shifting Cultivation, 183-185.

Feng P, Wang B, Luo J J, et al. 2020. Using large-scale climate drivers to forecast meteorological drought condition in growing season across the Australian wheatbelt. Science of the Total Environment, 724: 138162.

Fildes S G, Doody T M, Bruce D, et al. 2023. Mapping groundwater dependent ecosystem potential in a semi-arid environment using a remote sensing-based multiple-lines-of-evidence approach. International Journal of Digital Earth, 16(1): 375-406.

Forootan E, Khaki M, Schumacher M, et al. 2019. Understanding the global hydrological droughts of 2003–2016 and their relationships with teleconnections. Science of the Total Environment, 650: 2587-2604.

Ganguli P, Ganguly A R. 2016. Space-time trends in U. S. meteorological droughts. Journal of Hydrology: Regional Studies, 8: 235-259.

Gao T, Wang H J, Zhou T. 2017. Changes of extreme precipitation and nonlinear influence of climate variables over monsoon region in China. Atmospheric Research, 197: 379-389.

Geirinhas J L, Russo A, Libonati R, et al. 2023. An insight into the severe 2019–2021 drought over Southeast South America from a daily to decadal and regional to large-scale variability perspective. Copernicus Meetings.

Geris J, Comte J C, Franchi F, et al. 2022. Surface water-groundwater interactions and local land use control water quality impacts of extreme rainfall and flooding in a vulnerable semi-arid region of Sub-Saharan Africa. Journal of Hydrology, 609: 127834.

Gies L, Agusdinata D B, Merwade V. 2014. Drought adaptation policy development and assessment in East Africa using hydrologic and system dynamics modeling. Natural Hazards, 74(2): 789-813.

Gonzalez-Hidalgo J C, Trullenque-Blanco V, Beguería S, et al. 2024. Seasonal precipitation changes in the western Mediterranean Basin: The case of the Spanish mainland, 1916–2015. International Journal of Climatology, 44(5): 1800-1815.

Gore M, Abiodun B J, Kucharski F. 2020. Understanding the influence of ENSO patterns on drought over southern Africa using SPEEDY. Climate Dynamics, 54(1): 307-327.

Grinsted A, Moore J C, Jevrejeva S. 2004. Application of the cross wavelet transform and wavelet coherence to geophysical time series. Nonlinear Processes in Geophysics, 11: 561-566.

Gubler S, Sedlmeier K, Bhend J, et al. 2020. Assessment of ECMWF SEAS5 seasonal forecast performance over South America. Weather and Forecasting, 35(2): 561-584.

Guo R, Zhu Y, Liu Y. 2020. A comparison study of precipitation in the Poyang and the Dongting Lake Basins from 1960–2015. Scientific Reports, 10: 1-12.

Haile G G, Tang Q, Li W, et al. 2020. Drought: Progress in broadening its understanding. WIREs Water, 7(2): e1407.

Hao Z, Hong Y, Xia Y, et al. 2016. Probabilistic drought characterization in the categorical form using ordinal regression. Journal of Hydrology, 535: 331-339.

Hao Z C, Singh V P, Xia Y L. 2018. Seasonal drought prediction: advances, challenges, and future prospects. Reviews of Geophysics, 56(1): 108-141.

Hao Z C, Singh V P. 2016. Review of dependence modeling in hydrology and water resources. Progress in Physical Geography: Earth and Environment, 40(4): 549-578.

Hao Z C, Xia Y L, Luo L F, et al. 2017. Toward a categorical drought prediction system based on U. S. Drought Monitor(USDM) and climate forecast. Journal of Hydrology, 551: 300-305.

He X G, Estes L, Konar M, et al. 2019. Integrated approaches to understanding and reducing drought impact on food security across scales. Current Opinion in Environmental Sustainability, 40: 43-54.

He X G, Wada Y, Wanders N, et al. 2017. Intensification of hydrological drought in California by human water management. Geophysical Research Letters, 44(4): 1777-1785.

Hermanson L, Ren H L, Vellinga M, et al. 2017. Different types of drifts in two seasonal forecast systems and their dependence on ENSO. Climate Dynamics, 51(4): 1411-1426.

Hoell A, Eischeid J, Barlow M, et al. 2020. Characteristics, precursors, and potential predictability of Amu Darya Drought in an Earth system model large ensemble. Climate Dynamics, 55(7): 2185-2206.

Hong X J, Guo S L, Xiong L H, et al. 2014. Spatial and temporal analysis of drought using entropy-based standardized precipitation index: a case study in Poyang Lake basin, China. Theoretical and Applied Climatology, 122(3): 543-556.

Hong X J, Guo S L, Zhou Y L, et al. 2015. Uncertainties in assessing hydrological drought using streamflow drought index for the upper Yangtze River basin. Stochastic Environmental Research and Risk Assessment, 29: 1235-1247.

Huang P, Huang R H. 2009. Delayed atmospheric temperature response to ENSO SST: Role of high SST and the western Pacific. Advances in Atmospheric Sciences, 26: 343-351.

Huang S Z, Huang Q, Chang J X, et al. 2016. Linkages between hydrological drought, climate indices and human activities: A case study in the Columbia River basin. International Journal of Climatology, 36(1): 280-290.

Huang T, Xu L G, Fan H X. 2019. Drought characteristics and its response to the global climate variability in the Yangtze River Basin, China. Water, 11: 1-19.

Hurrell J W, Deser C. 2010. North Atlantic climate variability: The role of the North Atlantic Oscillation. Journal of Marine Systems, 79: 231-244.

IPCC. 2021. Chapter 8. In: Climate Change 2021: The Physical Science Basis.

Jevrejeva S, Moore J C, Grinsted A. 2003. Influence of the Arctic Oscillation and El Niño-Southern Oscillation(ENSO) on ice conditions in the Baltic Sea: The wavelet approach. Journal of Geophysical Research: Atmospheres, 108: 1-11.

Jiang P, Yu Z B, Acharya K. 2019. Drought in the western United States: Its connections with large-scale oceanic oscillations. Atmosphere, 10: 1-12.

Jiang Z, Sharma A, Johnson F, 2020. Refining predictor spectral representation using wavelet theory for improved natural system modeling. Water Resources Research, 56(3): 1-17.

Johnson S J, Stockdale T N, Ferranti L, et al. 2019. SEAS5: The new ECMWF seasonal forecast system. Geoscientific Model Development, 12(3): 1087-1117.

Jury W A, Vaux H. 2005. The role of science in solving the world's emerging water problems. Proceedings of the National Academy of Sciences of the United States of America, 102(44): 15715-15720.

Kalnay E, Kanamitsu M, Kistler R, et al. 1996. The NCEP/NCAR 40-year reanalysis project. Bulletin of the American Meteorological Society, 77(3): 437-472.

Kanamitsu M, Lu C H, Schemm J, et al. 2003. The predictability of soil moisture and near-surface temperature in hindcasts of the NCEP Seasonal Forecast model. Journal of Climate, 16(3): 510-521.

Kim J S, Seo G S, Jang H W, et al. 2017. Correlation analysis between Korean spring drought and large-scale teleconnection patterns for drought forecasting. KSCE Journal of Civil Engineering, 21(1): 458-466.

Konapala G, Mishra A. 2020. Quantifying climate and catchment control on hydrological drought in the continental United States. Water Resources Research, 56(1): 1-25.

Lamontagne S, Cook P G, O'Grady A, et al. 2005. Groundwater use by vegetation in a tropical savanna riparian zone (Daly River, Australia). Journal of Hydrology, 310(1-4): 280-293.

Lang X M, Wang H. 2010. Improving extraseasonal summer rainfall prediction by merging information from GCMs and observations. Weather and Forecasting, 25(4): 1263-1274.

Laux P, Rötter R P, Webber H, et al. 2021. To bias correct or not to bias correct? An agricultural impact modelers' perspective on regional climate model data. Agricultural and Forest Meteorology, 304-305: 108406.

Lavaysse C, Vogt J, Pappenberger F. 2015. Early warning of drought in Europe using the monthly ensemble system from ECMWF. Hydrology and Earth System Sciences, 19(7): 3273-3286.

Lestari R K, Koh T Y. 2016. Statistical evidence for asymmetry in ENSO–IOD interactions. Atmosphere-Ocean, 54(5): 498-504.

Li J, Wang Z L, Wu X S, et al, 2021. Robust meteorological drought prediction using antecedent SST fluctuations and machine learning. Water Resources Research, 57(8): 1-20.

Li X H, Ye X C. 2015. Spatiotemporal characteristics of dry-wet abrupt transition based on precipitation in Poyang Lake basin, China. Water, 7(5): 1943-1958.

Li Y, Lu G H, Wu Z Y, et al. 2017. High-resolution dynamical downscaling of seasonal precipitation forecasts for the Hanjiang basin in China using the weather research and forecasting model. Journal of Applied Meteorology and Climatology, 56(5): 1515-1536.

Li Y L, Zhang Q, Liu X G, et al. 2019. The role of a seasonal lake groups in the complex Poyang Lake-floodplain system (China): Insights into hydrological behaviors. Journal of Hydrology, 578: 124055.

Li Y L, Zhang Q, Yao J, et al. 2014. Hydrodynamic and hydrological modeling of the Poyang Lake catchment system in China. Journal of Hydrologic Engineering, 19(3): 607-616.

Li Z, Chen T T, Wu Q, et al. 2020. Application of penalized linear regression and ensemble methods for drought forecasting in Northeast China. Meteorology and Atmospheric Physics, 132(1): 113-130.

Liang M L, Yuan X. 2021. Critical role of soil moisture memory in predicting the 2012 central United States flash drought. Frontiers in Earth Science, 9: 1-10.

Lilhare R, Pokorny S, Déry S J, et al. 2020. Sensitivity analysis and uncertainty assessment in water budgets simulated by the variable infiltration capacity model for Canadian subarctic watersheds. Hydrological Processes, 34(9): 2057-2075.

Lin Q X, Wu Z Y, Singh V P, et al. 2017. Correlation between hydrological drought, climatic factors, reservoir operation, and vegetation cover in the Xijiang Basin, South China. Journal of Hydrology, 549: 512-524.

Lincoln U O N. 2006. What is Drought? National Drought Mitigation Center.

Lipczynska-Kochany E. 2018. Effect of climate change on humic substances and associated impacts on the quality of surface water and groundwater: A review. Science of the Total Environment, 640: 1548-1565.

Liu D, Wang G L, Mei R, et al. 2014. Impact of initial soil moisture anomalies on climate mean and extremes over Asia. Journal of Geophysical Research, 119(2): 529-545.

Liu P C. 1994. Wavelet Spectrum Analysis and Ocean Wind Waves, NOAA Great Lakes Environmental Research Laboratory. Academic Press, INC.

Liu W L, Liu L N. 2019. Analysis of dry/wet variations in the Poyang Lake basin using standardized precipitation evapotranspiration index based on two potential evapotranspiration algorithms. Water, 11: 1-22.

Liu W L, Zhu S N, Huang Y P, et al. 2020. Spatiotemporal variations of drought and their teleconnections with large-scale climate indices over the Poyang Lake Basin, China. Sustainability, 12(9): 1-18.

Liu Y, Song P, Peng J, et al. 2011. Recent increased frequency of drought events in Poyang Lake basin, China: Climate change or anthropogenic effects?//Proceedings of Symposium J-H02 Held during IUGG2011 in Melbourne, Australia, 99-104.

Liu Z Y, Zhang X, Fang R H. 2018. Multi-scale linkages of winter drought variability to ENSO and the Arctic Oscillation: A case study in Shaanxi, North China. Atmospheric Research, 200: 117-125.

Lorenz C, Portele T C, Kumar-Shrestha P, et al. 2015a. Regionalized global and seasonal information for the transboundary water management: Examples from the Tekeze-Atbara and Blue Nile basins.

Lorenz C, Portele T C, Laux P, et al. 2021. Bias-corrected and spatially disaggregated seasonal forecasts: a long-term reference forecast product for the water sector in semi-arid regions. Earth

System Science Data, 13(6): 2701-2722.

Lorenz C, Tourian M J, Devaraju B, N. et al. 2015b. Basin-scale runoff prediction: An Ensemble Kalman Filter framework based on global hydrometeorological data sets, Water Resour. Res. , 51: 84508475.

Lucatero D, Madsen H, Refsgaard J C, et al. 2018. On the skill of raw and post-processed ensemble seasonal meteorological forecasts in Denmark. Hydrology and Earth System Sciences, 22(12): 6591-6609.

Madadgar S, Moradkhani H. 2013. A Bayesian framework for probabilistic seasonal drought forecasting. Journal of Hydrometeorology, 14(6): 1685-1705.

Manning C, Widmann M, Bevacqua E, et al. 2018. Soil moisture drought in Europe: A compound event of precipitation and potential evapotranspiration on multiple time scales. Journal of Hydrometeorology, 19(8): 1255-1271.

Mantua N J, Hare S R, Zhang Y, et al. 1997. A Pacific interdecadal climate oscillation with impacts on salmon production. Bulletin of the American Meteorological Society, 78(6): 1069-1079.

Maracchi G. 2000. Agricultural drought: A practical approach to definition, assessment and mitigation strategies//Vogt J V, Somma F. Drought and Drought Mitigation in Europe. Dordrecht: Springer, 63-75.

Marengo J A, Espinoza J C. 2016. Extreme seasonal droughts and floods in Amazonia: causes, trends and impacts. International Journal of Climatology, 36(3): 1033-1050.

Mariotti A, Zeng N, Lau K M. 2002. Euro-Mediterranean rainfall and ENSO-a seasonally varying relationship. Geophysical Research Letters, 29: 591-594.

Marj A F, Meijerink A M J. 2011. Agricultural drought forecasting using satellite images, climate indices and artificial neural network. International Journal of Remote Sensing, 32(24): 9707-9719.

McKee T B, Doesken N J, Kleist J. 1993. Analysis of Standardized Precipitation Index (SPI) data for drought assessment. Eighth Conference on Applied Climatology, 26: 1-72.

Mehran A, Mazdiyasni O, AghaKouchak A. 2015. A hybrid framework for assessing socioeconomic drought: Linking climate variability, local resilience, and demand. Journal of Geophysical Research: Atmospheres, 120(15): 7520-7533.

Meng L, Ford T, Guo Y. 2017. Logistic regression analysis of drought persistence in East China. International Journal of Climatology, 37(3): 1444-1455.

Mishra A K, Desai V R. 2005. Drought forecasting using stochastic models. Stochastic Environmental Research and Risk Assessment, 19(5): 326-339.

Mishra A K, Singh V P. 2010. A review of drought concepts. Journal of Hydrology, 391(1-2): 202-216.

Mishra A K, Singh V P. 2011. Drought modeling: A review. Journal of Hydrology, 403: 157-175.

Molteni F, Stockdale T, Balsameda M, et al. 2011. The new ECMWF seasonal forecast system (System 4).

Mooney S, O'Dwyer J, Lavallee S, et al. 2021. Private groundwater contamination and extreme weather events: the role of demographics, experience and cognitive factors on risk perceptions of Irish private well users. Science of the Total Environment, 784: 147118.

Moore G W K, Renfrew I A, Pickart R S. 2013. Multidecadal mobility of the North Atlantic oscillation. Journal of Climate, 26(8): 2453-2466.

Mortensen E, Wu S, Notaro M, et al. 2018. Regression-based season-ahead drought prediction for southern Peru conditioned on large-scale climate variables. Hydrology and Earth System Sciences, 22(1): 287-303.

Mosley L M. 2015. Drought impacts on the water quality of freshwater systems; review and integration. Earth-Science Reviews, 140: 203-214.

Mtilatila L, Bronstert A, Bürger G, et al. 2020. Meteorological and hydrological drought assessment in Lake Malawi and Shire River basins(1970–2013). Hydrological Sciences Journal, 65(16): 2750-2764.

Najafi H, Robertson A W, Massah Bavani A R, et al. 2021. Improved multi-model ensemble forecasts of Iran's precipitation and temperature using a hybrid dynamical-statistical approach during fall and winter seasons. International Journal of Climatology, 41(12): 5698-5725.

National Research Council, 2010. Assessment of Intraseasonal to Interannual Climate Prediction and Predictability. Washington D C: National Academies Press.

Nguyen P L, Min S K, Kim Y H. 2021. Combined impacts of the El Niño-Southern Oscillation and Pacific Decadal Oscillation on global droughts assessed using the standardized precipitation evapotranspiration index. International Journal of Climatology, 41: E1645-E1662.

Nguyen-Huy T, Deo R C, An-Vo D A, et al. 2017. Copula-statistical precipitation forecasting model in Australia's agro-ecological zones. Agricultural Water Management, 191: 153-172.

Nguyen-Huy T, Deo R C, Mushtaq S, et al. 2020. Probabilistic seasonal rainfall forecasts using semiparametric d-vine copula-based quantile regression// Handbook of Probabilistic Models. Amsterdam: Elsevier: 203-227.

Okofo L B. 2023. Hydrogeological assessment for evaluating the feasibility of managed aquifer recharge in Northeastern Ghana. BTU Cottbus-Senftenberg.

Peng Z L, Wang Q J, Bennett J C, et al. 2014. Statistical calibration and bridging of ECMWF System4 outputs for forecasting seasonal precipitation over China. Journal of Geophysical Research: Atmospheres, 119(12): 7116-7135.

Peñuela A, Hutton C, Pianosi F. 2020. Assessing the value of seasonal hydrological forecasts for improving water resource management: Insights from a pilot application in the UK. Hydrology and Earth System Sciences, 24(12): 6059-6073.

Pillai P A, Ramu D A, Nair R C. 2021. Recent changes in the major modes of Asian summer monsoon rainfall: influence of ENSO-IOD relationship. Theoretical and Applied Climatology, 143(3): 869-881.

Portele T C, Lorenz C, Dibrani B, et al. 2021. Seasonal forecasts offer economic benefit for hydrological decision making in semi-arid regions. Scientific Reports, 11: 17167.

Qian S, Chen J, Li X, et al. 2020. Seasonal rainfall forecasting for the Yangtze River basin using statistical and dynamical models. International Journal of Climatology, 40(1): 361-377.

Qing Y M, Wang S, Ancell B C, et al. 2022. Accelerating flash droughts induced by the joint influence of soil moisture depletion and atmospheric aridity. Nature Communications, 13: 1-10.

Rajagopalan B, Cook E, Lall U, et al. 2000. Spatiotemporal variability of ENSO and SST teleconnections to summer drought over the United States during the twentieth century. Journal of Climate, 13(24): 4244-4255.

Rehman A, Islam F, Tariq A, et al. 2024. Groundwater potential zone mapping using GIS and Remote Sensing based models for sustainable groundwater management. Geocarto International, 39(1): 2306275.

Ren W N, Wang Y X, Li J Z, et al. 2017. Drought forecasting in Luanhe River Basin involving climatic indices. Theoretical and Applied Climatology, 130(3): 1133-1148.

Rodriguez S. 2022. Seen from space: Extreme drought dries up rivers across the globe. Climate Home News.

Rogers J, McHugh M. 2002. On the separability of the North Atlantic oscillation and Arctic oscillation. Climate Dynamics, 19(7): 599-608.

Saaty R W. 1987. The analytic hierarchy process—what it is and how it is used. Mathematical Modelling, 9(3-5): 161-176.

Saber A, James D E, Hannoun I A. 2020. Effects of lake water level fluctuation due to drought and extreme winter precipitation on mixing and water quality of an alpine lake, Case Study: Lake Arrowhead, California. Science of the Total Environment, 714: 136762.

Saha S, Moorthi S, Wu X R, et al. 2014. The NCEP climate forecast system version 2. Journal of Climate, 27(6): 2185-2208.

Saji N H, Goswami B N, Vinayachandran P N, et al. 1999. A dipole mode in the tropical Indian Ocean. Nature, 401: 360-363.

Schefzik R, Thorarinsdottir T L, Gneiting T. 2013. Uncertainty quantification in complex simulation models using ensemble Copula coupling. Statistical Science, 28: 616-640.

Schick S, Rössler O, Weingartner R. 2019. An evaluation of model output statistics for subseasonal streamflow forecasting in European Catchments. Journal of Hydrometeorology, 20: 1399-1416.

Sehgal V, Sridhar V. 2018. Effect of hydroclimatological teleconnections on the watershed-scale drought predictability in the southeastern United States. International Journal of Climatology, 38: 1139-1157.

Sen Z. 2012. Innovative trend analysis methodology. Journal of Hydrologic Engineering, 17(9): 1042-1046.

Shan L J, Zhang L P, Song J Y, et al. 2018. Characteristics of dry-wet abrupt alternation events in the middle and lower reaches of the Yangtze River Basin and the relationship with ENSO. Journal of Geographical Sciences, 28(8): 1039-1058.

Shang S S, Zhu G F, Wei J H, et al. 2021. Associated atmospheric mechanisms for the increased cold season precipitation over the three-river headwaters region from the late 1980s. Journal of Climate, 34: 8033-8046.

Shankman D, Keim B D, Nakayama T, et al. 2012. Hydroclimate analysis of severe floods in China's Poyang Lake Region. Earth Interactions, 16(14): 1-16.

Shankman D, Keim B D, Song J. 2006. Flood frequency in China's Poyang lake region: Trends and teleconnections. International Journal of Climatology, 26: 1255-1266.

Shi H Y, Chen J, Wang K Y, et al. 2018. A new method and a new index for identifying socioeconomic drought events under climate change: A case study of the East River basin in China. Science of the Total Environment, 616: 363-375.

Shi P F, Yang T, Xu C Y, et al. 2017. How do the multiple large-scale climate oscillations trigger extreme precipitation? Global and Planetary Change, 157: 48-58.

Shi W Z, Huang S Z, Liu D F, et al. 2021. Drought-flood abrupt alternation dynamics and their potential driving forces in a changing environment. Journal of Hydrology, 597: 126179.

Siegmund J F, Sanders T G M, Heinrich I, et al. 2016. Meteorological drivers of extremes in daily stem radius variations of beech, oak, and pine in Northeastern Germany: An event coincidence analysis. Frontiers in Plant Science, 7: 1-14.

Siegmund J F, Siegmund N, Donner R V. 2017. CoinCalc—A new R package for quantifying simultaneities of event series. Computers and Geosciences, 98: 64-72.

Siegmund J, Bliefernicht J, Laux P, et al. 2015. Toward a seasonal precipitation prediction system for West Africa: Performance of CFSv2 and high-resolution dynamical downscaling. Journal of Geophysical Research, 120(15): 7316-7339.

Singh V P, Guo H, Yu F X. 1993. Parameter estimation for 3-parameter log-logistic distribution (LLD3) by Pome. Stochastic Hydrology and Hydraulics, 7(3): 163-177.

Smetacek V, Zingone A. 2013. Green and golden seaweed tides on the rise. Nature, 504(7478): 84-88.

Soldatova E, Guseva N, Sun Z, et al. 2017. Sources and behaviour of nitrogen compounds in the shallow groundwater of agricultural areas (Poyang Lake basin, China). Journal of Contaminant Hydrology, 202: 59-69.

Sordo C, Frías M D, Herrera S, et al. 2008. Interval-based statistical validation of operational seasonal forecasts in Spain conditioned to El Niño-Southern Oscillation events. Journal of Geophysical Research: Atmospheres, 113: 1-11.

Šperac M, Zima J. 2022. Assessment of the impact of climate extremes on the groundwater of eastern Croatia. Water, 14(2): 254.

Stuecker M F, Timmermann A, Jin F F, et al. 2017. Revisiting ENSO/Indian Ocean Dipole phase relationships. Geophysical Research Letters, 44(5): 2481-2492.

Su B D, Huang J L, Fischer T, et al. 2018. Drought losses in China might double between the 1.5℃ and 2.0℃ warming. Proceedings of the National Academy of Sciences of the United States of

America, 115(42): 10600-10605.

Su H, Dickinson R E. 2017. On the spatial gradient of soil moisture-precipitation feedback strength in the April 2011 drought in the southern Great Plains. Journal of Climate, 30(3): 829-848.

Su L, Lettenmaier D P, Pan M, et al. 2024. Improving runoff simulation in the Western United States with Noah-MP and variable infiltration capacity. Hydrology and Earth System Sciences, 28(13): 3079-3097.

Sud Y C, Mocko D M, Lau K M, et al. 2003. Simulating the midwestern U. S. drought of 1988 with a GCM. Journal of Climate, 16(23): 3946-3965.

Sun B, Wang H J, Li H X, et al. 2022. A long-lasting precipitation deficit in South China during autumn-winter 2020/2021: Combined effect of ENSO and Arctic Sea ice. Journal of Geophysical Research: Atmospheres, 127(6): 1-18.

Suryawanshi S L, Singh P K, Kothari M, et al. 2023. Spatial and decision-making approaches for identifying groundwater potential zones: a review. Environmental Earth Sciences, 82(20): 463.

Taher M, Mourabit T, Etebaai I, et al. 2023. Identification of groundwater potential zones(GWPZ) using geospatial techniques and AHP method: A case study of the Boudinar Basin, Rif Belt(Morocco). Geomatics and Environmental Engineering, 17(3): 83-105.

Tang Q H, Zhang X J, Duan Q Y, et al. 2016. Hydrological monitoring and seasonal forecasting: progress and perspectives. Journal of Geographical Sciences, 26(7): 904-920.

Tedeschi R G, Cavalcanti I F A, Grimm A M. 2013. Influences of two types of ENSO on South American precipitation. International Journal of Climatology, 33(6): 1382-1400.

Teng J K, Xia S X, Liu Y, et al. 2023. An integrated model for prediction of hydrologic anomalies for habitat suitability of overwintering geese in a large floodplain wetland, China. Journal of Environmental Management, 331: 117239.

Thompson D W J, Wallace J M. 1998. The Arctic oscillation signature in the wintertime geopotential height and temperature fields. Geophysical Research Letters, 25(9): 1297-1300.

Thornthwaite C W. 1948. An approach toward a rational classification of climate. Geographical Review, 38(1): 55-94.

Tian D, Wood E, Yuan X. 2017. CFSv2-based sub-seasonal precipitation and temperature forecast skill over the contiguous United States. Hydrology and Earth System Sciences, 21(3): 1477-1490.

Trenberth K E, Dai A, Van Der Schrier G, et al. 2014. Global warming and changes in drought. Nature Climate Change, 4(1): 17-22.

Tu X J, Wu H O, Singh V P, et al. 2018. Multivariate design of socioeconomic drought and impact of water reservoirs. Journal of Hydrology, 566: 192-204.

Van de Vyver H, Van den Bergh J. 2018. The Gaussian copula model for the joint deficit index for droughts. Journal of Hydrology, 561: 987-999.

Van Loon A F, Van Huijgevoort M H J, Van Lanen H A J. 2012. Evaluation of drought propagation in an ensemble mean of large-scale hydrological models. Hydrology and Earth System Sciences,

16(11): 4057-4078.

Van Loon A F. 2015. Hydrological drought explained. Wiley Interdisciplinary Reviews: Water, 2(4): 359-392.

Vicente-Serrano S M, Beguería S, López-Moreno J I. 2010. A multiscalar drought index sensitive to global warming: The standardized precipitation evapotranspiration index. Journal of Climate, 23(7): 1696-1718.

Vicente-Serrano S M, Beguería S, Lorenzo-Lacruz J, et al. 2012. Performance of drought indices for ecological, agricultural, and hydrological applications. Earth Interactions, 16(10): 1-27.

Vicente-Serrano S M, López-Moreno J I, Gimeno L, et al. 2011. A multiscalar global evaluation of the impact of ENSO on droughts. Journal of Geophysical Research: Atmospheres, 116: 1-23.

Vicente-Serrano S M, McVicar T R, Miralles D G, et al. 2020. Unraveling the influence of atmospheric evaporative demand on drought and its response to climate change. Wiley Interdisciplinary Reviews: Climate Change, 11: 1-31.

Wallace J M, Gutzler D S. 1980. Teleconnections in the geopotential height field during the Northern Hemisphere winter. Monthly Weather Review, 109: 784-812.

Wang A, Kong X. 2020. Regional climate model simulation of soil moisture and its application in drought reconstruction across China from 1911 to 2010. International Journal of Climatology, 1-17.

Wang H, Kumar A, Murtugudde R, et al. 2019a. Covariations between the Indian Ocean dipole and ENSO: a modeling study. Climate Dynamics, 53(9): 5743-5761.

Wang H, Liu J G, Klaar M, et al. 2024. Anthropogenic climate change has influenced global river flow seasonality. Science, 383: 1009-1014.

Wang Q J, Shao Y W, Song Y, et al. 2019b. An evaluation of ECMWF SEAS5 seasonal climate forecasts for Australia using a new forecast calibration algorithm. Environmental Modelling and Software, 122: 104550.

Wang R N, Peng W Q, Liu X B, et al. 2020. Characteristics of runoff variations and attribution analysis in the Poyang Lake basin over the past 55 years. Sustainability, 12(3): 944.

Wang S, Yuan X, Li Y. 2017. Does a Strong El Niño Imply a Higher Predictability of Extreme Drought? Scientific Reports, 7: 1-7.

Wang W P, Zhu Y L, Liu B, et al. 2019d. Innovative variance corrected Sen's trend test on persistent hydrometeorological data. Water, 11(10): 2119.

Wang W Z, Dong Z C, Lall U, et al. 2019c. Monthly streamflow simulation for the headwater catchment of the Yellow River Basin with a hybrid statistical-dynamical model. Water Resources Research, 55(9): 7606-7621.

Wang W, Ertsen M W, Svoboda M D, et al. 2016. Propagation of drought: From meteorological drought to agricultural and hydrological drought, Advances in Meteorology, 2016: 6547209.

Wang Y M, Yuan X. 2021. Anthropogenic speeding up of South China flash droughts as exemplified by the 2019 summer-autumn transition season. Geophysical Research Letters, 48(9): 1-9.

Wilhite D A. 2000. Chapter1 Drought as a Natural Hazard//Drought: A Global Assessment. 147-162.

Williams A P, Cook B I, Smerdon J E. 2022. Rapid intensification of the emerging southwestern North American megadrought in 2020–2021. Nature Climate Change, 12: 232-234.

Wood A W, Leung L R, Sridhar V, et al. 2004. Hydrologic implications of dynamical and statistical approaches to downscaling climate model outputs. Climatic Change, 62(1): 189-216.

Wu H J, Su X L, Singh V P, et al. 2021. Agricultural drought prediction based on conditional distributions of vine copulas. Water Resources Research, 57(8): 1-23.

Wu J F, Chen X H. 2019. Spatiotemporal trends of dryness/wetness duration and severity: The respective contribution of precipitation and temperature. Atmospheric Research, 216: 176-185.

Wu J F, Chen X H, Yao H X, et al. 2018. Hydrological drought instantaneous propagation speed based on the variable motion relationship of speed-time process. Water Resources Research, 54(11): 9549-9565.

Wu J F, Chen X W, Chang T J. 2020. Correlations between hydrological drought and climate indices with respect to the impact of a large reservoir. Theoretical and Applied Climatology, 139(1): 727-739.

Wu Z Y, Lu G H, Wen L, et al. 2011. Reconstructing and analyzing China's fifty-nine year (1951–2009) drought history using hydrological model simulation. Hydrology and Earth System Sciences, 15(9): 2881-2894.

Xiao M Z, Zhang Q, Singh V P, et al. 2016. Transitional properties of droughts and related impacts of climate indices in the Pearl River basin, China. Journal of Hydrology, 534: 397-406.

Xing Z K, Ma M M, Zhang X J, et al. 2021. Altered drought propagation under the influence of reservoir regulation. Journal of Hydrology, 603: 127049.

Xu K, Yang D W, Yang H B, et al. 2015. Spatio-temporal variation of drought in China during 1961–2012: A climatic perspective. Journal of Hydrology, 526: 253-264.

Xu L, Chen N C, Zhang X. 2018. A comparison of large-scale climate signals and the North American Multi-Model Ensemble (NMME) for drought prediction in China. Journal of Hydrology, 557: 378-390.

Xu Y, Zhang X, Wang X, et al. 2019. Propagation from meteorological drought to hydrological drought under the impact of human activities: A case study in Northern China. Journal of Hydrology, 579: 124147.

Yaduvanshi A, Srivastava P K, Pandey A C. 2015. Integrating TRMM and MODIS satellite with socio-economic vulnerability for monitoring drought risk over a tropical region of India. Physics and Chemistry of the Earth, Parts A/B/C, 83/84: 14-27.

Yan G X, Wu Z Y, Li D H, et al. 2018. A comparative frequency analysis of three standardized drought indices in the Poyang Lake Basin, China. Natural Hazards, 91(1): 353-374.

Yang T, Zhou X D, Yu Z B, et al. 2015. Drought projection based on a hybrid drought index using Artificial Neural Networks. Hydrological Processes, 29(11): 2635-2648.

Yu M X, Li Q F, Hayes M J, et al. 2014. Are droughts becoming more frequent or severe in China based on the Standardized Precipitation Evapotranspiration Index: 1951–2010? International Journal of Climatology, 34(3): 545-558.

Yu M X, Liu X L, Li Q F. 2020. Responses of meteorological drought-hydrological drought propagation to watershed scales in the upper Huaihe River Basin, China. Environmental Science and Pollution Research, 27(15): 17561-17570.

Yuan X, Roundy J K, Wood E F, et al. 2015. Seasonal forecasting of global hydrologic extremes: system development and evaluation over GEWEX basins. Bulletin of the American Meteorological Society, 96(11): 1895-1912.

Yuan X, Wood E F. 2013. Multimodel seasonal forecasting of global drought onset. Geophysical Research Letters, 40(18): 4900-4905.

Yuan Y, Li C Y. 2008. Decadal variability of the IOD-ENSO relationship. Chinese Science Bulletin, 53(11): 1745-1752.

Zaitchik B F, Santanello J A, Kumar S V, et al. 2013. Representation of soil moisture feedbacks during drought in NASA unified WRF(NU-WRF). Journal of Hydrometeorology, 14(1): 360-367.

Zhang Q, Li J F, Singh V P, et al. 2012. SPI-based evaluation of drought events in Xinjiang, China. Natural Hazards, 64(1): 481-492.

Zhang Q, Sun P, Chen X H, et al. 2011. Hydrological extremes in the Poyang Lake basin, China: Changing properties, causes and impacts. Hydrological Processes, 25(20): 3121-3130.

Zhang Q, Wang Y, Singh V P, et al. 2016. Impacts of ENSO and ENSO Modoki+A regimes on seasonal precipitation variations and possible underlying causes in the Huai River basin, China. Journal of Hydrology, 533: 308-319.

Zhang Q, Xiao M Z, Singh V P, et al. 2015. Spatiotemporal variations of temperature and precipitation extremes in the Poyang Lake basin, China. Theoretical and Applied Climatology, 124(3): 855-864.

Zhang Q, Yao Y B, Li Y H, et al. 2020. Causes and changes of drought in China: research progress and prospects. Journal of Meteorological Research, 34(3): 460-481.

Zhang Q, Yao Y B, Wang Y, et al. 2019. Characteristics of drought in Southern China under climatic warming, the risk, and countermeasures for prevention and control. Theoretical and Applied Climatology, 136(3): 1157-1173.

Zhang Y H, Li B, Zhu H Y, et al. 2023. The aquatic ecological health-state assessment and the influencing mechanism of Poyang Lake. Marine and Freshwater Research, 74(10): 807-816.

Zhang Y, Wang J C, Jing J H, et al. 2014. Response of groundwater to climate change under extreme climate conditions in North China Plain. Journal of Earth Science, 25(3): 612-618.

Zhao T, Chen H L, Pan B X, et al. 2021. Correspondence relationship between ENSO teleconnection and anomaly correlation for GCM seasonal precipitation forecasts. Climate Dynamics, 58(3): 633-649.

Zhong F L, Cheng Q P, Wang P. 2020. Meteorological drought, hydrological drought, and NDVI in the Heihe River Basin, Northwest China: evolution and propagation. Advances in Meteorology, 2020: 2409068.

Zhou L, Wang S Y, Du M Y, et al. 2021. The influence of ENSO and MJO on drought in different ecological geographic regions in China. Remote Sensing, 13: 1-19.

Zhu X F, Hou C Y, Xu K, et al. 2020. Establishment of agricultural drought loss models: a comparison of statistical methods. Ecological Indicators, 112: 106084.

Zimmerman B G, Vimont D J, Block P J, 2016. Utilizing the state of ENSO as a means for season-ahead predictor selection. Water Resources Research, 52(5): 3761-3774.

后　记

在全球变暖的大背景下，干旱造成的负面影响日益凸显，尤其是在社会经济活跃和生态环境敏感的江西省鄱阳湖流域。鄱阳湖流域作为长江流域最大的通江湖泊流域，其水安全和水生态对长江经济带发展十分重要。近年来，鄱阳湖流域频繁发生的干旱灾害，引发了生态功能退化、农业产量下降、生活用水困难等多方面严重后果，一直是社会舆论关注的焦点。本书以长江大保护与绿色发展为背景，聚焦长江地区大湖流域气象水文变化，以干旱及其影响为研究主线，较为深入地分析了鄱阳湖流域气象水文干旱的历史演变特征、气候驱动机制和水文情势影响，构建了水文气象干旱预报模型，提升了鄱阳湖流域干旱和旱涝急转的预测能力，并系统评估了流域极端干旱和典型干旱过程对区域地表-地下水文情势的影响。

鄱阳湖及其流域几乎涵盖了水文学、生态学和环境学等多个学科领域的所有热点研究问题。团队成员从十年前的鄱阳湖流域水文过程模拟、湖泊水动力水环境模拟与江-湖-河-库作用关系分析，一直到现阶段围绕湖泊洪泛湿地开展了地表-地下水相互转化方面的相关工作，让我们逐渐掌握了该区域许多水文过程、水力学特征以及湿地生态水文变化，对鄱阳湖流域水文系统有了颇为深入的理解。因此，在 2022 年出版专著《鄱阳湖洪泛系统地表-地下水文水动力过程与模拟》基础上，笔者团队近年来在国家和地方项目的大力支持下，获得了一些关于鄱阳湖流域干旱方面的认知，故加以整理和总结，谨以此书与广大学者交流分享。

全球气候变暖是一个被广泛认可的科学事实，气候变暖导致极端天气事件频发，包括更强的热浪、更频繁的暴雨和更猛烈的飓风。针对日益复杂且严峻的极端气候情势，为保障鄱阳湖流域水安全，维持流域生态系统和社会经济健康发展，建议未来可深入开展以下几个方面的研究，以进一步揭示湖泊流域极端气候的过程机理，提高极端气候的应对水平，促进新质生产力发展等国家战略的实施。

1. 鄱阳湖流域复合极端气候的发生机制及风险调控

气候变化背景下，极端高温、强降水、干旱、强风等极端气候事件空间联系越发紧密，组成并发或者继发的复合极端事件，造成的影响更加严重，发生机理和变化规律更加复杂(图 1)，已成为威胁鄱阳湖流域水安全的重大挑战。目前，对鄱阳湖流域复合极端事件的研究尚处于起步阶段，复合极端事件在湖泊流域的影响尚未得到深入的理解。亟须系统开展鄱阳湖流域复合极端事件的历史变化、检测归因和未来风险预估研究，定量评估复合极端事件的影响，提出未来极端气候事件的风险调控策略和应急保障措施，这已经成为鄱阳湖流域极端气候研究及水安全系统保障在新形势下的新要求。

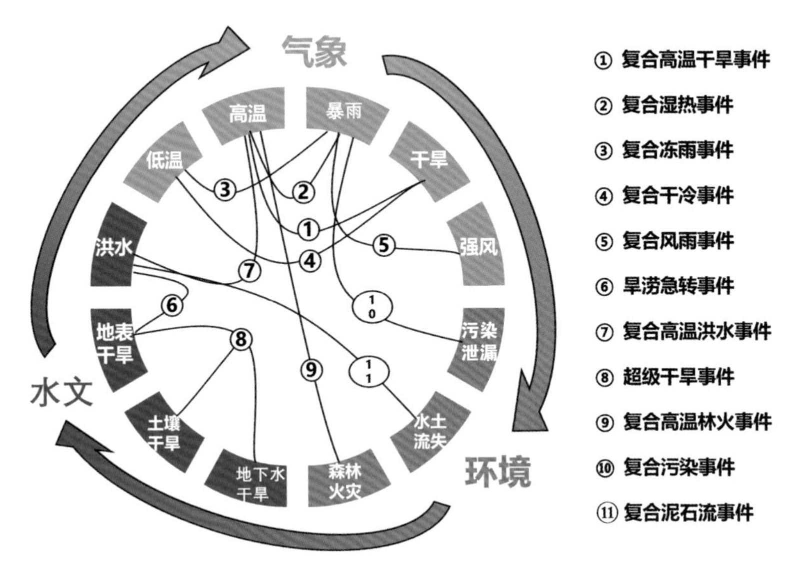

图 1　河湖流域典型复合极端事件组成示意图

2. 鄱阳湖及其周边水体对极端气候的调节潜力及韧性提升

鄱阳湖湖区及周边水体作为区域生态系统典型下垫面和局地气候系统关键组成部分，通过与大气间的水分-能量-动量交换，对局部地区的极端气候具有显著调节作用(图 2)。近年来鄱阳湖的枯水化显著降低了其对极端气候的调节潜力，改变了未来极端气候的发展态势。那么，针对可能发生的一些极端条件或者特殊场景，如何有针对性地、通过合理保障措施来提高湖泊这种气候调节潜力？如果确实通过改变或者调控湖泊起到气候调节作用，这就是湖泊水体的调节潜力问题；如果湖泊通过多方面改变，但又能维持自身的生态环境服务功能，这就是韧性提升问题。因此，需要进一步揭示鄱阳湖水热储量的历史演变及驱动因素，阐明湖泊-大气界面水热交换路径和水能迁移转化机制，深刻理解鄱阳湖湖区时空变化特征对极端高温或干旱的调节反馈机制，从而提出极端气候情势下鄱阳湖水储量调节与管控策略，提升湖泊流域应对极端气候的韧性提升模式。

3. 鄱阳湖洪泛湿地水热传输过程对极端气候的缓解机制

洪泛湿地作为鄱阳湖流域乃至全球生态系统的典型下垫面，洪泛过程主导下的动态界面水热交换及其过程机制复杂多变，其对极端干旱或高温胁迫的缓解效应及调节机制具有气候变化背景下的重大研究意义。为此，未来亟须开展洪泛过

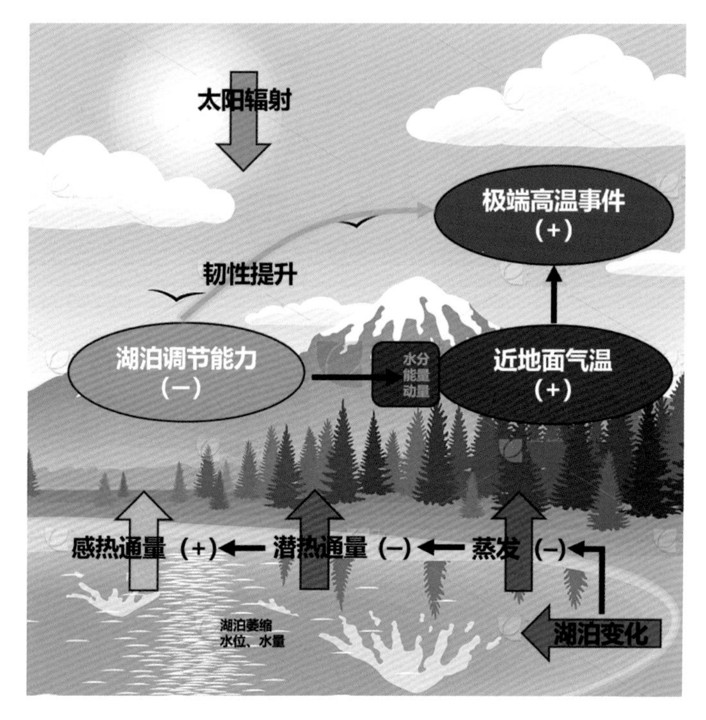

图2　湖库对极端气候的调节机制示意图

+：代表增强；−：代表减弱

程扰动对湿地-大气界面热交换过程的驱动机理研究，分析洪泛湿地水-气-热多要素时空分布特征，辨析动态界面辐射能量分配的关键驱动因子，识别洪泛湿地对历史极端高温的缓解效应，揭示洪泛过程驱动下湿地动态界面对极端高温的调节机制(图 3)，从而为洪泛湿地气候效应评估和极端气候事件预测提供理论基础，为制定气候变化下长江中游洪泛湖泊湿地保护规划与极端气候应对措施提供科学依据。

4. 自然-人为强干扰下鄱阳湖地下水资源潜力及其生态效应

江西省鄱阳湖地区是我国南方平原区河湖水系发达、水资源储量高度动态的典型地域，由于近几十年极端干旱事件愈发频发，加之周边存在重大人类活动的干预，原本地表水储量充沛的鄱阳湖区水文系统遭受了根本性转变，对江西省社会经济及湖区周边人民生活生产等多方面产生不利影响，阻碍了生态文明建设。深入研究河湖系统中地下水的动力演化过程及其驱动机制是水污染溯源、湖区生态保护的前提，更是推进河湖湿地可持续发展以及水资源管理的基础和保障(图 4)。在自然-人为强干扰的作用背景下，结合江西省当前生态系统韧性提升的

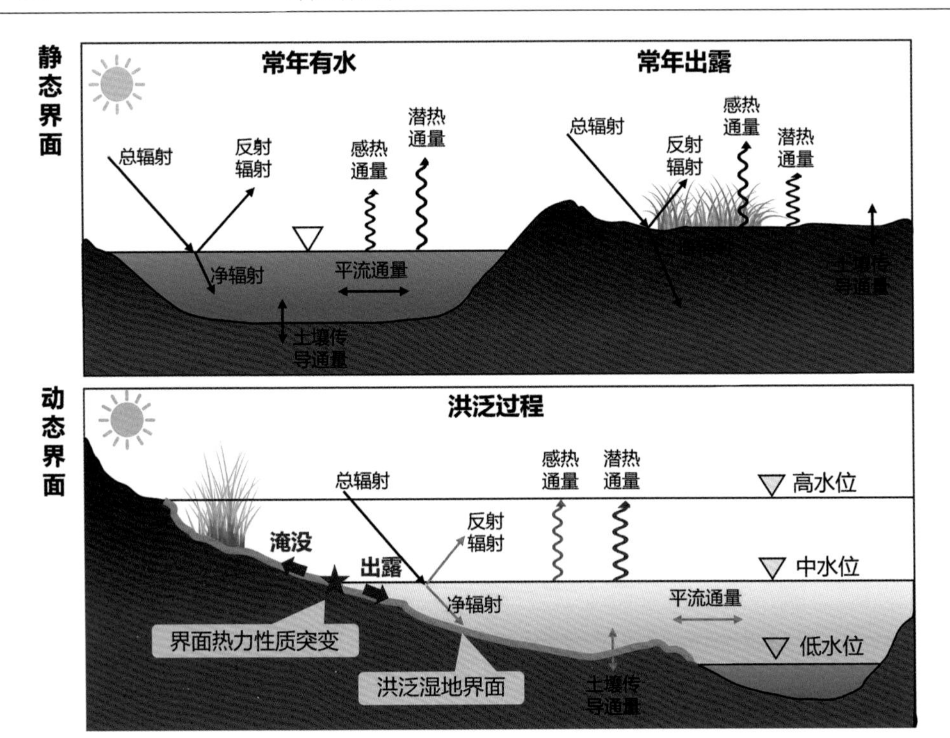

图 3　洪泛过程驱动下湿地动态界面对极端高温的调节机制示意图

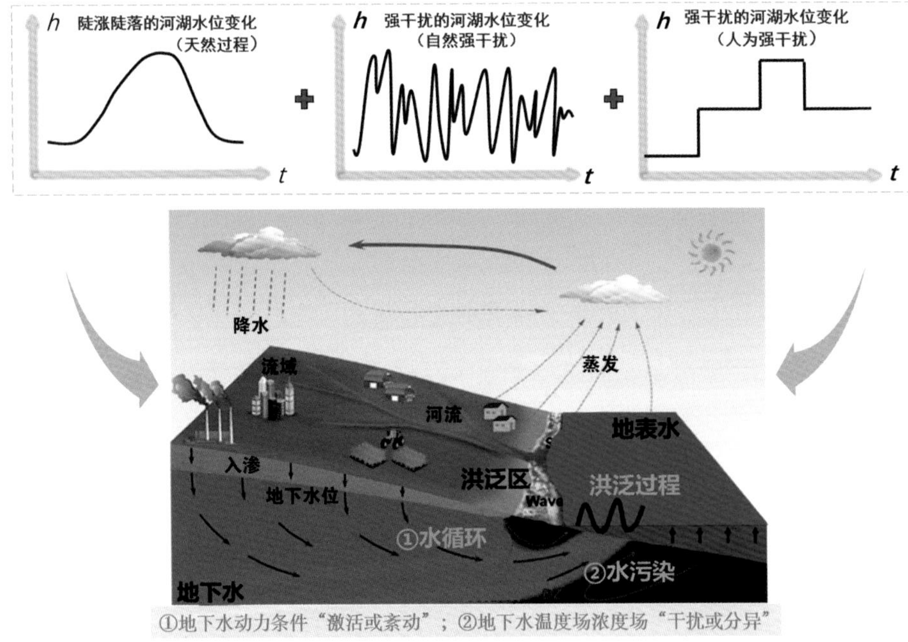

图 4　河湖洪泛扰动过程对地下水环境系统的影响示意图

切实需求，地下水资源作为一种优质的备用水源地，尤其在2022年干旱季节发挥了前所未有的贡献，因而研究地下水综合开发与利用策略对助力新时期江西省水利科技的发展具有重大意义。以往大量研究工作聚焦江西省重点河流和湖库水体，围绕地表水资源变化以及水环境污染等问题取得相关进展颇多，但对水资源整体性的理解以及重视程度仍不够深入，导致对湖泊流域生态效应的诠释存在不足。因此，干旱背景下的地下水文系统响应机制及其生态地质效应研究是新时期江西省水利事业高质量发展的一个重要方面。

5. 防范和应对极端旱涝事件的水库群联合调度研究

针对鄱阳湖流域极端旱涝问题，应创新研发耦合 WRF 等气候预报模式的大尺度湖泊-流域数值模拟器(lake-catchment simulator)，结合人工智能等新型技术方法，在准确预测洪旱发生、发展和消退过程的基础上，实施长江梯级水库群和鄱阳湖“五河”水库群联合调度已成为重要的灾害风险调控手段(图 5)。因此，亟须深入研究防范和应对极端水文事件的江-湖-河-库系统水量联合调度方法，制定相应的水资源调控策略，构建以鄱阳湖流域水资源调控、水生态完整和水环境保护多目标为核心的灾前、灾中和灾后多阶段水库群调度技术体系，提出面向湖泊流域极端水旱的新型江-湖-河-库协同防御模式，实现全流域江-湖-河-库水文水资源的统一管理与调度，形成有效的应急防御体系。

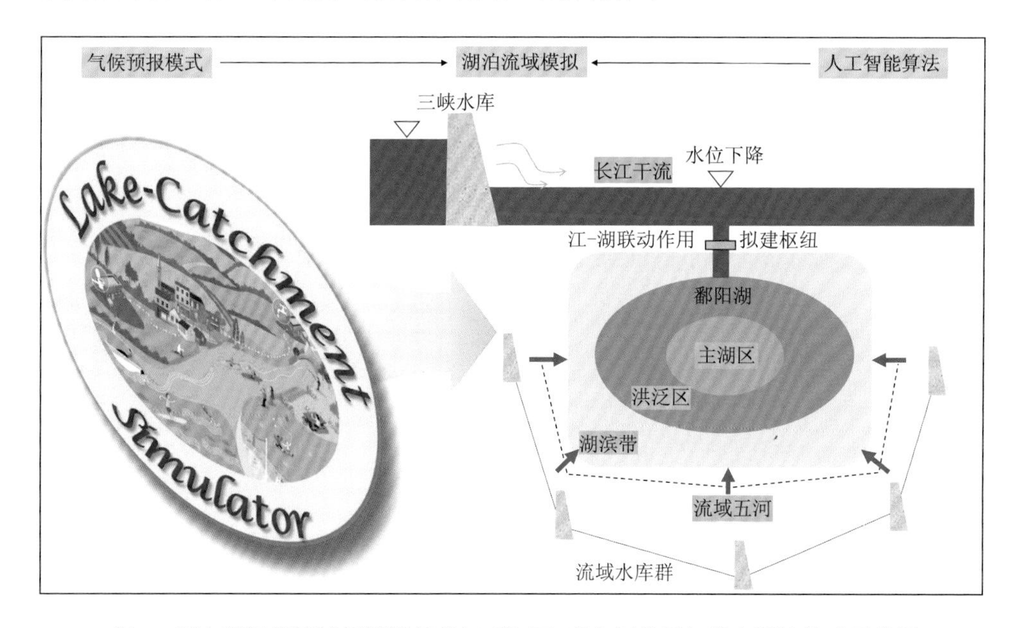

图 5　面向鄱阳湖流域极端洪旱的江-湖-河-库空间关系与联合调控模式示意图